测量放线工入门与技巧

赵桂生　刘爱军　焦有权　编

彭军还　主审

（第二版）

·北京·

本书在编写过程中，充分听取了部分高校和土木工程现场施工人员的意见，在调研的基础上，编写人员经过认真的讨论，本着体现“理论够用、突出技能、实用性强”的原则，对书中内容进行了调整，加注了仪器使用的小窍门、重点内容的注意事项等内容，并增加了视频，方便读者掌握。本书在介绍基本测量方法及相关仪器使用的基础上，着重介绍了建筑施工测量的有关规定、要求和测量方法。全书主要内容包括：施工测量的基础知识、测量仪器及使用、三项基本测量工作、测量精度的评定、施工测量基本方法、施工测量前的准备工作、施工控制测量、民用建筑施工测量、建筑变形测量等内容。

本书可供建设施工工地测量工和其他工程技术人员使用，也可作为高职、中专、技校、培训班的学习教材或参考用书。

图书在版编目（CIP）数据

测量放线工入门与技巧：附视频/赵桂生，刘爱军，焦有权编．—2版．—北京：化学工业出版社，2019.7（2023.3重印）
ISBN 978-7-122-34252-2

Ⅰ．①测… Ⅱ．①赵…②刘…③焦… Ⅲ．①建筑测量 Ⅳ．①TU198

中国版本图书馆CIP数据核字（2019）第064061号

责任编辑：彭明兰　　装帧设计：关　飞
责任校对：王鹏飞

出版发行：化学工业出版社（北京市东城区青年湖南街13号　邮政编码100011）
印　　刷：北京云浩印刷有限责任公司
装　　订：三河市振勇印装有限公司
880mm×1230mm　1/32　印张9¾　字数289千字
2023年3月北京第2版第8次印刷

购书咨询：010-64518888　　售后服务：010-64518899
网　　址：http：//www.cip.com.cn
凡购买本书，如有缺损质量问题，本社销售中心负责调换。

定　　价：49.00元

前 言

建筑、水利等土建类工程市场需要大量的工程测量放线员、验线员，但测量技术是理论性比较强，同时又要求有很强的动手能力和实操能力的一门技术。 而且，测量工作为土建、水利工程的基础性工作，因此，市场上需要针对性强、实用的适合测量技术人员的参考书。 本书第一版出版后，很多读者在学习了测量仪器的基本构造和使用方法、测量基础理论、测量技术和方法后，也提出希望能有相关视频指导实践，本书针对读者和各方面反馈的信息，查遗补缺，对部分原有内容进行补充、完善和修改。

本书在调研的基础上，编写人员经过认真的讨论，本着体现“理论够用、突出技能、实用性强”的原则，对书中内容进行了调整，加注了仪器使用的小窍门、重点内容的注意事项等内容，并增加了直观的视频，方便读者掌握。 本书具有以下特点。

(1) 对第一版进行修改，将书中涉及的规范替换成最新版本；

(2) 对仪器使用方法描述详细，适合初学者使用；

(3) 编写了仪器使用小窍门，极大地提高了工作效率；

(4) 计算部分配有例题，读者可以在工程中参照；

(5) 仪器使用方法、特殊测量方法、难度较大的计算题配有相应的视频，便于读者学习掌握。

本书由北京农业职业学院赵桂生教授、刘爱军副教授、焦有权副教授编写。 赵桂生对全书文字进行统改，刘爱军、赵桂生负责视频录制和制作工作，中国地质大学（北京）彭军还教授对本书进行了审定，在此表示衷心感谢。

由于编者水平有限，书中难免有不妥之处，请广大读者批评指正，提出宝贵意见。

编　者

2019 年 2 月

第一版前言

工程建设中，测量放线是第一道也是必需的工序，还是确保整个工程质量和设计意图的关键工序。作为工程建设全过程的一项极其重要的技术性工作，测量工作是建设项目具体建造实施的关键环节，工程测量技能是施工一线工程技术人员必备的岗位能力。本书根据“测量放线工”工种职业操作技能，在结合编者多年现场实践经验的基础之上，体现“理论够用、突出技能、实用性强”的原则，以提高现场测量技术人员的基本能力为目标，力求学以致用，突出技术实践，精练理论，详细介绍了测量仪器的基本构造和使用方法、测量的基础理论、现场施工测量技术和方法。

全书共分9章。第1章为施工测量的基础知识，介绍了施工测量应该具备和掌握的技术要求；第2章为常用测量仪器的构造和使用方法，介绍了一些仪器使用的小窍门；第3章为基本测量工作，介绍高程测量、角度测量和距离测量方法；第4章为测量精度的衡量标准；第5章为施工测量常用的基本方法；第6章介绍了施工测量的前期准备工作；第7和第8章为建筑施工测量的控制方法和建筑定位放线的内容；第9章介绍了建筑变形观测的有关内容和竣工图的编绘方法。

本书具有如下特点:

1. 对测量仪器使用方法描述详细，以便初学者使用；
2. 总结出测量仪器的使用小窍门，极大地提高了工作效率；
3. 配有大量计算例题，读者可以在工程中进行参照。

本书由赵桂生、焦有权主编，刘爱军、谭江山副主编。高杰、李广兴、任立军参加了本书的编写。全书由赵桂生统稿并校对。杨胜敏教授对全书进行了审定，并提出了修改意见，在此表示衷心感谢。

由于编者水平有限，书中难免有不妥之处，请广大读者批评指正，并提出宝贵意见。

编　者

2013年4月

目录

第2章 测量仪器及使用 23

第6章 施工测量前的准备工作 170

第1章 施工测量的基础知识

1.1 施工测量的作用、特点、原则

1.1.1 施工测量的作用

（1）施工测量 各种工程建设都要经过规划设计、建筑施工、经营管理等几个阶段，每一阶段都有测量工作，在施工阶段所进行的测量工作，称为施工测量。

（2）施工测量的任务 施工测量的基本任务是按照设计要求，使用测量工具，按照一定的测量方法，满足一定的测量精度要求，将设计部门设计的建筑测设到地面上，包括建筑的形状（角度）、大小（长度）、方位（方位角）、高低（高程）等要素，同时衔接和指导各工序间的施工。

（3）施工测量的内容 施工测量贯穿于整个施工过程中，它的主要任务包括以下几点。

① 施工场地平整测量。各项工程建设开工时，首先要进行场地平整。平整时可以利用勘测阶段所测绘的地形图来求场地的设计高程并估算土石方量。如果没有可供利用的地形图或计算精度要求较高，也可采用方格水准测量的方法来计算土石方量。

② 建立施工控制网。施工测量也按照“从整体到局部、先控制后碎部”的基本原则进行。为了把规划设计的建筑准确地在实地标定出来，以及便于各项工作的平行施工，施工测量时要在施工场地建立平面控制

网和高程控制网，作为建筑定位及细部测设的依据。

③ 施工放样与安装测量。施工前，要按照设计要求，利用施工控制网把建筑和各种管线的平面位置和高程在实地标定出来，作为施工的依据；在施工过程中，要及时测设建筑的轴线和标高位置，并对构件和设备安装进行校准测量。

④ 竣工测量。每道工序完成后，都要通过实地测量检查施工质量并进行验收，同时根据检测验收的记录整理竣工资料和编绘竣工图，为鉴定工程质量和日后维修与改扩建提供依据。

⑤ 建筑的变形观测。对于高层建筑、大型厂房或其他重要建筑，在施工过程中及竣工后一段时间内，应进行变形观测，测定其在荷载作用下产生的平面位移和沉降量，以保证建筑的安全使用，同时也为鉴定工程质量、验证设计和施工的合理性提供依据。

1.1.2 施工测量的特点

(1) 目的不同 测图（测定）工作是将地面上的地物、地貌测绘到图纸上，而施工测量（测设）是将图纸上设计的建筑或构筑物放样到实地。

(2) 精度要求不同 建筑测设的精度可分为以下两种。

① 测设整个建筑（也就是测设建筑的主要轴线）对周围原有建筑或与设计建筑之间相对位置的精度。

② 建筑各部分对其主要轴线的测设精度。对于不同的建筑或同一建筑中的各个不同的部分，这些精度要求并不一致。测设的精度主要取决于建筑的大小、性质、用途、建材、施工方法等因素。例如：高层建筑测设精度高于低层建筑；自动化和连续性厂房测设精度高于一般厂房；钢结构建筑测设精度高于钢筋混凝土结构、砖石结构；装配式建筑测设精度高于非装配式建筑。放样精度不够，将造成质量事故；精度要求过高，则增加放样工作的困难，降低工作效率。因此，应该选择合理的施工测量精度。

(3) 工程知识要求 工程施工测量贯穿建筑施工的全过程，测量工作直接影响工程质量和进度。因此，施工测量人员必须具备一定的施工知识，了解建筑设计的基本思路、设计内容、工程性质、对测量的精度要求，熟悉建筑图纸，了解施工过程，密切配合施工进度，确保施工质量。

(4) 默契配合　施工现场地面情况变动大，建筑平面、建筑立面造型复杂，测量人员需要与施工技术人员密切配合，制订合理的测量方案，保证施工正常进行。

(5) 受施工干扰　施工场地上工种多、交叉作业频繁，并要填、挖大量土、石方，地面变动很大，又有车辆等机械振动，因此，各种测量标志必须埋设稳固且不易被破坏。常用方法是将这些控制点远离现场。但控制点常直接用于放样，且使用频繁，控制点远离现场会给放样带来不便，因此，常采用二级布设方式，即设置基准点和工作点。基准点远离现场，工作点布设于现场，当工作点密度不够或者现场受到破坏时，可用基准点增设或恢复之。工作点的密度应尽可能地满足一次安置仪器就可放样的要求。

(6) 安全要求高　施工现场工序繁多，车辆出行频繁，高空作业连续不断，需要测量人员注意安全，包括：人员安全、仪器安全、测量标注的安全、测量数据的精度等，因此需要测量人员合理安排测量与其他施工工序。

1.1.3　施工测量的原则

(1) 程序原则　测量结果误差是不可避免的，错误是不允许存在的，测量必须遵守“从整体到局部、先控制后碎部”的基本原则。先在测区（测量区域）内选择若干个一定范围内具有一定控制意义的点组成控制网，并确定这些点的平面位置和高程，以此为基础对周围的施工点位进行测量定位。

这样做的好处在于可以控制误差的积累和传递，确保测区的整体精度。由于控制网的存在可以将整个测区分成若干个区域，同时测量可以提高测量工作效率，缩短测量工期。

(2) 检核原则　为减少测量误差的积累和传递，测量一定要做到“步步检核”，前一步合格才可进行下一步工作，防止发生错误，保证测量质量。

1.2 施工测量的有关要求

1.2.1 测量放线工作的基本准则

① 认真学习与执行国家法令、政策与规范，明确为工程服务，达到对按图施工与工程进展负责的工作目的。

② 遵守先整体后局部、高精度控制低精度的工作程序。即先测设精度较高的场地整体控制网，再以控制网为依据进行各局部建筑的定位、放线和测图。

③ 严格审核测量原始依据的正确性，坚持测量作业与计算工作步步有校核的工作方法。测量原始依据包括：设计图纸、文件、测量起始点、数据、测量仪器和量具的计量检定等。

④ 遵循测量方法要科学、简捷，精度要合理、相称的工作原则。仪器选择要适当，使用要精细。在满足工程需要的前提下，力争做到省工、省时、省费用。

⑤ 定位、放线工作必须执行经自检、互检合格后，由有关主管部门验线的工作制度。此外，还应执行安全、保密等有关规定，用好、管好设计图纸与有关资料。实测时要当场做好原始记录，测后要及时保护好桩位。

⑥ 紧密配合施工，发扬团结协作、不畏艰难、实事求是、认真负责的工作作风。

⑦ 虚心学习，及时总结经验，努力开创新局面，以适应建筑业不断发展的需要。

1.2.2 测量验线工作的基本准则

① 验线工作应主动及时，验线工作要从审核施工测量方案开始，在施工的各主要阶段前，均应对施工测量工作提出预防性的要求，以做到防患于未然。

② 验线的依据必须原始、正确、有效。主要是设计图纸、变更洽商记录与起始点位（如红线桩点、水准点等）及其已知数据（如坐标、高程等），要最后定案有效且是正确的原始资料。

③ 仪器与钢尺必须按计量法有关规定进行检验和校正。

④ 验线的精度应符合规范要求，主要包括：

a. 仪器的精度应适应验线要求，并校正完好；

b. 必须按规程作业，观测误差必须小于限差，观测中的系统误差应采取措施进行改正；

c. 验线本身应进行附合（或闭合）校核。

⑤ 验线工作与放线工作独立进行。包括：

a. 观测人员独立；

b. 仪器独立；

c. 测量方法和观测路线独立。

⑥ 应在关键环节与最弱部位验线。包括：

a. 定位依据桩及定位条件；

b. 建筑区域平面控制网、主要轴线及控制桩；

c. 建筑区域高程控制网及±0.000高程线；

d. 控制网及定位放线中最弱部位。

⑦ 场区平面控制网与建筑定位，应在平差计算中评定其最弱部位的精度，并实地验测，精度不符合要求时应重测。

⑧ 细部测量，可用不低于原测量放线的精度进行验测，验线成果与原放线成果之间的误差处理如下：

a. 两者之差小于$1/\sqrt{2}$限差时，对放线工作评为优良；

b. 两者之差略小于或等于$1/\sqrt{2}$限差时，对放线工作评为合格（可不改正放线成果获取两者的平均值）；

c. 两者之差超过$1/\sqrt{2}$限差时，原则上不予验收，尤其是要害部位，次要部位可令其局部返工。

1.2.3 测量记录的基本要求

① 测量记录基本要求：原始真实、数字正确、内容完整、字体工整。

② 记录要填写在规定的表格内，并注意表格内容和相应填写位置。

③ 测量记录要当场填写清楚，不允许转抄、誊写，确保记录的原始性。数据要符合法定计量单位。

④ 记录要清楚、工整，将小数点对齐，上下成行，左右成列。对

于记错或算错的数字，在其上画一斜线，将正确数字写在同格错数的上方。

⑤ 记录数字的位数要反映观测精度。如水准读数至 mm，1.45m 应记录 1.450m。

⑥ 记录过程的简单计算应在现场及时完成，并作校核，如平均数、高差、角度等的计算。

⑦ 记录人员应及时校对观测数据，根据观测数据域现场实际情况作出判断，及时发现并改正明显错误。

⑧ 现场勾绘草图、点之记，包括方向、地名、有关数据等均需一一记录清楚。

⑨ 注意保密，测量数据大多具有保密性，应妥善保管，工作结束后，测量数据应立即上交有关部门保存。

1.2.4 测量计算的基本要求

(1) 测量计算工作的基本要求 依据正确、方法科学、严谨有序、步步校核、结果正确。

(2) 计算依据 外业观测成果是内业计算的基本依据，计算开始前要对外业观测记录、草图、点之记等进行认真审核，发现错误应及时补救和改正。

(3) 计算过程 一般需要在规定的表格内进行，严禁抄错数据，需要反复校对。

(4) 步步检核 为保证计算结果的正确性，必须遵守步步校核的原则，校核方法以独立、有效、科学、简捷为原则，常用方法有以下5种。

① 复算校核。将结算结果重新计算一遍，做好换人进行校核计算，以免因习惯性错误的再次发生而失去复核的意义。

② 总和校核。例如水准测量中，观测高差 h 的总和 $\sum h$ 应等于后视读数 a 的总和 $\sum a$ 与前视读数 b 的总和 $\sum b$ 之差，即

$$\sum h=\sum a-\sum b=H_{终}-H_{始}$$

③ 几何条件校核。例如几条边的闭合导线计算中，调整后各内角 β 之和应与 n 边形的内角之和的理论值相等，即

$$\sum\beta=(n-2)\times180°$$

④ 变换计算方法校核。例如坐标反算中，可采用公式计算和按计算程序计算两种方法。

⑤ 概略估算校核。在开始计算之前，可按已知数据与计算公式，预估结果的符号与数值，此结果虽不能与精确计算结果完全吻合，但一般不会有很大差错，这对防止出现错误至关重要。

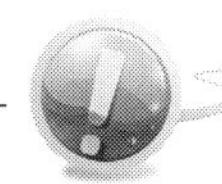

注意

任何一种校核计算都只能发现计算过程中出现的错误，不能发现原始依据的错误，所以对原始计算依据的校核至关重要。

(5) **适应精度**　计算中数字应与观测精度相适应，在不影响成果精度的情况下，要及时合理地删除多余数字，提高计算速度。删除数字应遵守“四舍、六入、整五凑偶”的原则。

1.2.5　测量人员应具备的能力

(1) **审核图纸**　能读懂设计图纸，结合测量放线工作审核图纸，能绘制放线所需大样图或现场平面图。

(2) **放线要求**　掌握不同工程类型、不同施工方法对测量放线的要求。

(3) **仪器使用**　了解仪器的构造和原理，并能熟练地使用、检校、维修仪器。

(4) **计算校核**　能对各种几何形状、数据和点位进行计算与校核。

(5) **误差处理**　能利用误差理论分析误差产生的原因，并能采取有效的措施对观测数据进行处理。

(6) **熟悉理论**　熟悉测量理论，能对不同的工程采用适合的观测方法和校核方法，按时保质保量地完成测量任务。

(7) **应变能力**　能够针对施工现场出现的不同情况，综合分析和处理有关测量问题，提出切实可行的改进措施。

1.2.6　测量人员岗位职责

(1) **工作作风**　紧密配合施工，坚持实事求是、认真负责的工作态度。

(2) 学习图纸 测量前需了解设计意图，学习和校核图纸；了解施工部署，制订测量放线方案。

(3) 实地检测 会同建设单位一起对红线桩测量控制点进行实地校测。

(4) 仪器校核 测量仪器的核定、校正。

(5) 密切配合 与设计、施工等方面密切配合，并事先做好充分的准备工作，制订切实可行的与施工同步的测量放线方案。

(6) 放线验线 必须在整个施工的各个阶段和各主要部位做好放线、验线工作，并要在审查测量放线方案和指导检查测量放线工作等方面加强工作，避免返工。验线工作要主动。验线工作要从审核测量放线方案开始，在各主要阶段施工前对测量放线工作提出预防性要求，真正做到防患于未然，准确地测设标高。

(7) 观测记录 负责垂直观测、沉降观测，并记录整理观测结果(数据和曲线图表)。

(8) 基线复核 负责及时整理完善基线复核、测量记录等测量资料。

1.2.7 施工测量管理人员的工作职责

(1) 项目工程师 对工程的测量放线工作负技术责任，审核测量方案，组织工程各部委的验线工作。

(2) 技术员 领导测量放线工作，组织放线人员学习并校核图纸，编制工程测量放线方案。

(3) 施工员 对工程的测量放线工作负主要责任，并参加各分项工程的交接检查，负责填写工程预检单并参与签证。

1.2.8 施工测量技术资料的主要内容

① 红线桩坐标及水准点通知单；

② 交接桩记录表；

③ 工程定位图（建筑总平面图、建筑场地原始地形图）；

④ 设计变更文件及图纸；

⑤ 现场平面控制网与水准点成果表及验收单；

⑥ 工程位置、主要轴线、高程预检单；

⑦ 必要的测量原始记录；

⑧ 竣工验收资料、竣工图；

⑨ 沉降变形观测资料。

1.2.9 测量的计量单位

《中华人民共和国计量法》和《国际单位制及其应用》中对测量的计量单位规定如下。

① 国际单位制的基本单位有 7 个，如长度单位——米（m），质量单位——千克（kg），时间单位——秒（s）等。

② 包括国际单位制中辅助单位在内具有专门名称的导出单位有 18 个，如力的单位——牛（顿）（N），压强单位——帕（斯卡）（Pa）等。

③ 可与国际单位制并用的我国法定计量单位有 18 个，如时间单位——分（min）、时（h）、日（d），平面角度单位——度（°）、分（′）、秒（″），质量单位——吨（t），体积单位——升（L、l），面积单位——平方米（m^2），公顷（hm^2）、平方公里（km^2）等。

换算关系：1km＝1000m，1m＝10dm＝100cm＝1000mm，$1hm^2 = 10000m^2$ ＝ 15 市亩，$1km^2 = 100hm^2$ ＝ 1500 市亩，1 市亩＝ $666.67m^2$，1 圆周角＝360°，1°＝60′，1′＝60″。

④ 由词头和以上单位所构成的十进倍数和分数单位，用于构成十进倍数和分数单位的词头有 20 个，如 10^9——吉（G），10^6——兆（M），10^3——千（k），10^{-1}——分（d），10^{-2}——厘（c），10^{-3}——毫（m），10^{-6}——微（μ）等。

1.3 建筑基础知识

1.3.1 建筑及各部分名称

建筑是建筑物和构筑物的总称。建筑物指供人们在其内进行生产、生活或其他活动的房屋（或场所）；构筑物指为满足某一特定的功能建造的，人们一般不直接在其内进行活动的场所。

测量工作者如果对建筑熟悉，则测量放线就能得心应手，起到事半功倍的效果，因此，很有必要了解建筑的基本知识。表 1.1 是建筑各部分的常用名称及含义。

表 1.1 建筑各部分的常用名称及含义

名称	含义
建筑工程	修建各种房屋的工程称为建筑工程
结构	在建筑工程中,按一定规律组成的建筑材料制成的物体或体系,用以承受荷载和满足一定的使用要求,这种物体或体系,统称为结构
构件	组成建筑结构的元件称构件,如屋架、梁、柱、楼板等
配件	具有某种特定功能的组装件叫配件,如门窗、楼梯、阳台等
构造	建筑构件与构件之间,构件与配件之间,以及构件配件本身的组合联结做法称为构造
横向	指建筑的宽度方向
纵向	指建筑的长度方向
横向轴线	沿建筑宽度方向设置的轴线
纵向轴线	沿建筑长度方向设置的轴线
开间	两条横向定位轴线之间距
进深	两条纵向定位轴线之间距
层高	指层间高度,即地面—地面或楼面—楼面的高度
净高	指房间的净空高度,即地面至吊顶下皮的高度。它等于层高减去楼地面厚度、楼板厚度和吊顶棚高度
总高度	指室外地坪至檐口顶部的总高度
建筑面积	指建筑外包尺寸的乘积再乘以层数。它由使用面积、交通面积和结构面积组成,单位为 m^2
使用面积	指主要使用房间和辅助使用房间的净面积
交通面积	指走道、楼梯间等交通联系设施的净面积
结构面积	指墙体、柱子所占的面积
标志尺寸	符合建筑模数数列的规定,用以标注建筑定位轴线之间的距离,以及建筑构配件、建筑制品、建筑组合件、有关设备位置界限之间的尺寸
构造尺寸	是建筑构配件、建筑制品等的设计尺寸
实际尺寸	建筑制品、构配件等的实有尺寸

1.3.2 建筑分类

(1) 按建筑的使用功能分 可分为民用建筑、公共建筑。

民用建筑包括：住宅、公寓、别墅、宿舍等居住建筑。

公共建筑包括：文教建筑、科研建筑、体育建筑、医疗建筑、商业建筑、娱乐建筑、交通建筑、旅馆建筑、托幼建筑、行政办公建筑、通信广播建筑、展览建筑、纪念性建筑、园林建筑。

(2) 按建筑的使用性质分 分为非生产性建筑、农业建筑、工业建筑。

非生产性建筑：指民用建筑，是指供人们居住、生活、工作和学习的房屋和场所。

农业建筑：供农业、牧业生产和加工用的建筑，如温室、畜禽饲养场、种子库等。

工业建筑：供人们从事各类生产活动的用房，包括厂房和构筑物。

(3) 按主要承重结构的材料分 分为木结构建筑、混合结构建筑、钢筋混凝土结构建筑、钢结构建筑。

木结构建筑：用木材作为主要承重构件的建筑。

混合结构建筑：指用两种或两种以上材料作为主要承重构件的建筑。

钢筋混凝土结构建筑：主要承重构件全部采用钢筋混凝土的建筑。

钢结构建筑：指主要承重构件全部采用钢材制作的建筑。

(4) 按结构的承重方式分 分为砌体结构建筑、框架结构建筑、剪力墙结构建筑、空间结构建筑。

砌体结构建筑：用叠砌墙体承受楼板及屋顶传来的全部荷载的建筑。

框架结构建筑：用钢筋混凝土或钢材制作的梁、板、柱形成的骨架来承担荷载的建筑。

剪力墙结构建筑：由纵、横向钢筋混凝土墙组成的结构来承受荷载的建筑。

空间结构建筑：由横向跨越30m以上空间的各类结构形成的建筑。

(5) 按建筑的层数或总高度分 分为低层、多层、中高层、高层等。

住宅建筑1～2层为低层建筑，3～6层为多层建筑，7～9层为中高层建筑，10层以上为高层建筑。

公共建筑建筑高度超过24m者为高层建筑（不包括高度超过24m的单层建筑），建筑高度不超过24m者为非高层建筑。

(6) 按建筑的规模和数量分 分为大量性建筑和大型性建筑。

大量性建筑：指建筑规模不大，但建造数量多，与人们生活密切相关的建筑，如住宅、中小学教学楼、医院等。

大型性建筑：指建造于大中城市的体量大而数量少的公共建筑，如大型体育馆、火车站等。

1.3.3 建筑图纸的认识

即使建筑的类型、结构和层数相同，因地质条件、地理环境不同，施工方法也会不同，测量方法和精度要求也有所不同，民用建筑施工测量就是按照设计的要求将民用建筑的平面位置和高程测设出来。施工测量的过程主要包括建筑定位、细部轴线放样、基础施工测量和墙体工程施工测量等。

设计图纸是施工测量的主要依据，测设前应充分熟悉各种有关的设计图纸，了解施工建筑与相邻地物的相互关系以及建筑本身的内部尺寸关系，准确无误地获取测设工作中所需要的各种定位数据。

(1) 建筑总平面图 建筑总平面图给出了建筑场地上所有建筑和道路的平面位置及其主要点的坐标，标出了相邻建筑之间的尺寸关系，注明了各栋建筑室内地坪高程，是新建房屋定位、施工放线、布置施工现场的依据，如图 1.1 所示。

① 概念。用水平投影法和相应的图例，在画有等高线或加上坐标方格网的地形图上，画出新建、拟建、原有和要拆除的建筑物、构筑物的图样称为总平面图。

② 表示内容。通常可表示以下内容，总平面图是其他图纸的基础。

a. 新建建筑。新建建筑用粗实线框表示，并在线框内用数字表示建筑层数。

b. 相邻有关建筑、拆除建筑的位置或范围。原有建筑用细实线框表示，并在线框内也用数字表示建筑层数。拟建建筑用虚线表示。拆除建筑用细实线表示，并在其细实线上打叉。单点长划细线表示中心线、对称线、定位轴线。

c. 新建建筑的定位。总平面图的主要任务是确定新建建筑的位置，一般是利用原有建筑、道路等来定位的。

d. 附近的地形地物。如等高线、道路、水沟、河流、池塘、土坡等。

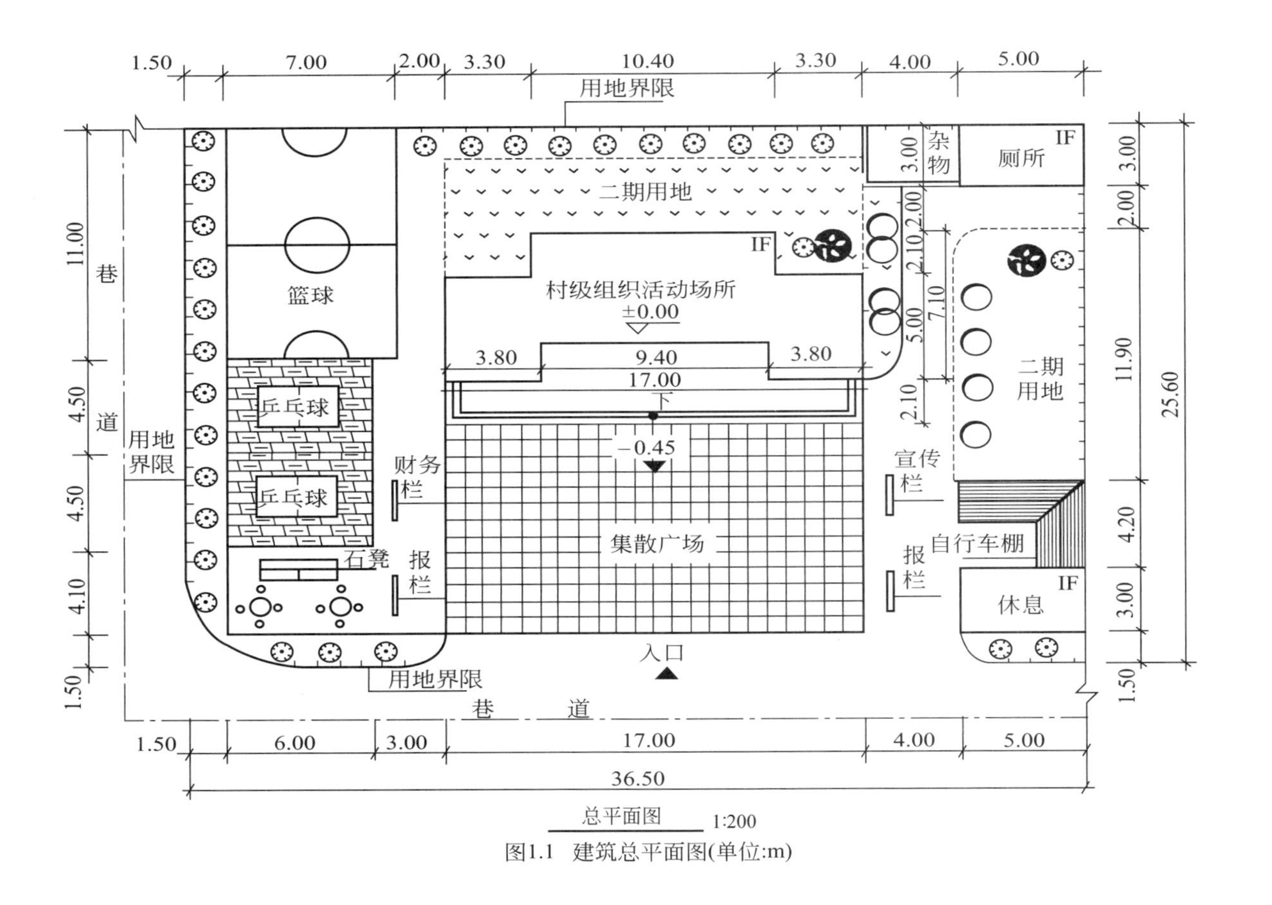

图1.1　建筑总平面图(单位:m)

e. 新建建筑的室内外标高。我国把青岛市外的黄海海平面作为零点所测定的高度尺寸，称为绝对标高。在总平面图中，用绝对标高表示高度数值，单位为 m。

f. 风向频率玫瑰图和指北针。表示风向和方向。

指北针：用来确定新建房屋的朝向。其符号应按国标规定绘制，细实线圆的直径为 24mm，箭尾宽度为 3mm。圆内指针涂黑并指向正北，在指北针的尖端部写上“北”字，或“N”字。

风向频率玫瑰图：根据某一地区多年统计，各个方向平均吹风次数的百分数值，它是按一定比例绘制的，是新建房屋所在地区风向情况的示意图。一般多用 8 个或 16 个罗盘方位表示，玫瑰图上表示风的吹向是从外面吹向地区中心，图中实线为全年风向玫瑰图，虚线为夏季风向玫瑰图。

由于风向玫瑰图也能表明房屋和地物的朝向情况，所以在已经绘制了风向玫瑰图的图样上则不必再绘制指北针。在建筑总平面图上，通常应绘制当地的风向玫瑰图。没有风向玫瑰图的城市和地区，则在建筑总平面图上画上指北针。风向频率图最大的方位为该地区的主导风向。

g. 绿化规划、管道布置。

h. 道路（或铁路）和明沟等的起点、变坡点、转折点、终点的标高与坡向箭头。

③ 比例及计量单位。总平面图所要表示的地区范围较大，除新建房物外，还要包括原有房屋和道路、绿化等总体布局。

《房屋建筑制图统一标准》（GB/T 50001—2017）中关于比例的规定如表 1.2 所示。

表 1.2 《房屋建筑制图统一标准》中关于比例的规定

常用比例	1∶1、1∶2、1∶5、1∶10、1∶20、1∶30、1∶50、1∶100、1∶150、1∶200、1∶500、1∶1000、1∶2000
可用比例	1∶3、1∶4、1∶6、1∶15、1∶25、1∶40、1∶60、1∶80、1∶250、1∶300、1∶400、1∶600、1∶5000、1∶10000、1∶20000、1∶50000、1∶100000、1∶200000

总平面图的绘图比例应选用 1∶500、1∶1000、1∶2000，在具体工程中，由于国土局及有关单位提供的地形图比例常为 1∶500，故总平面图的常用绘图比例是 1∶500。实际也会根据具体情况，有其他

比例。

④ 建筑定位。有施工坐标网格和测量坐标网格两种。

测量坐标网格：$X \times Y$，用交叉的十字细线表示。南北为 X，东西为 Y。以 100m×100m 或 50m×50m 画成坐标网格。

施工坐标网格：$A \times B$，用细实线表示。按上北下南方向绘制。根据场地形状或布局，可向左或向右偏转，但不宜超过 45°。

⑤ 图例表示的内容。由于总平面图绘图比例较小，图中的原有房屋、道路、绿化、桥梁边坡、围墙及新建房屋等均是用图例表示。在较复杂的总平面图中，如用了《建筑制图标准》（GB/T 50104—2010）中没有的图例，应在图纸中的适当位置绘出新增加的图例。

(2) 建筑平面图 建筑平面图标明了建筑首层、标准层等各楼层的总尺寸，以及楼层内部各轴线之间的尺寸关系，如图 1.2 所示，它是测设建筑细部轴线的依据。

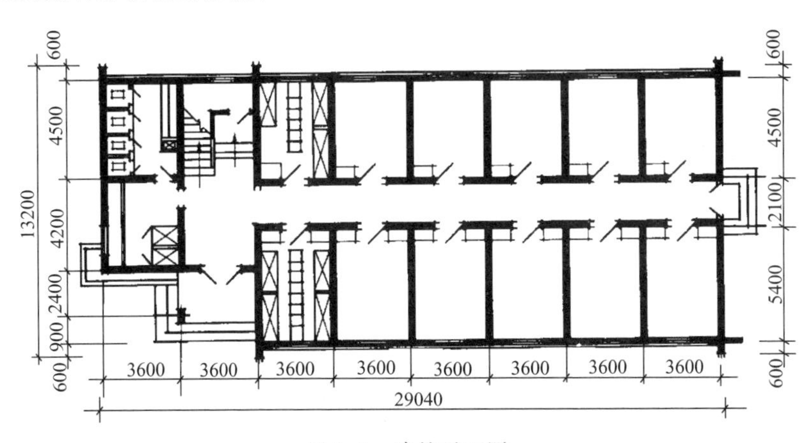

图 1.2 建筑平面图

① 概念。用一个假象的水平剖切平面沿略高于窗台的位置剖切房屋后，移去上面的部分，对剩下部分向水平面做正投影，所得的水平剖面图，称为建筑平面图，简称平面图。它反映出房屋的平面形状、大小和布置；墙、柱的位置、尺寸和材料；门窗的类型和位置等。

② 作用。建筑平面图作为建筑设计、施工图纸中的重要组成部分，它反映建筑的功能需要、平面布局及其平面的构成关系，是决定建筑立

面及内部结构的关键环节。其主要反映建筑的平面形状、大小、内部布局、地面、门窗的具体位置和占地面积等情况。所以，建筑平面图是新建建筑的施工及施工现场布置的重要依据，也是设计及规划给排水、强弱电、暖通设备等专业工程平面图和绘制管线综合图的依据。

③ 类型。包括各层的平面图。

a. 底层平面图。又称一层平面图或首层平面图。它是所有建筑平面图中首先绘制的一张图。绘制此图时，应将剖切平面选在房屋的一层地面与从一楼通向二楼的休息平台之间，且要尽量通过该层上所有的门窗洞。

b. 中间标准层平面图。由于房屋内部平面布置的差异，对于多层建筑而言，应该有一层就画一个平面图，其名称就用本身的层数来命名，例如“二层平面图”或“四层平面图”等。但在实际的建筑设计过程中，多层建筑往往存在许多相同或相近平面布置形式的楼层，因此在实际绘图时，可将这些相同或相近的楼层合用一张平面图来表示。这张合用的图，就叫作“标准层平面图”，有时也可以用其对应的楼层命名，例如“二至六层平面图”等。

c. 顶层平面图。房屋最高层的平面布置图，也可用相应的楼层数命名。

d. 其他平面图。除上述平面图外，建筑平面图还应包括屋顶平面图和局部平面图。

④ 表示内容。一般以下内容均可表示出来。

a. 建筑及其组成房间的名称、尺寸、定位轴线和墙壁厚等。

b. 走廊、楼梯位置及尺寸。

c. 门窗位置、尺寸及编号，门的代号是M，窗的代号是C。在代号后面写上编号，同一编号表示同一类型的门窗，如M-1、C-1。

d. 台阶、阳台、雨篷、散水的位置及细部尺寸。

e. 室内地面的高度。首层平面图室内地面高程即为建筑的±0.000。

f. 首层地面上应画出剖面图的剖切位置线，以便与剖面图对照查阅。

在阅读平面图时，要了解图名、比例和朝向；定位轴线、轴线编号及尺寸；柱配置；楼梯配置；剖切符号、散水、雨水管、台阶、坡度、门窗和索引符号等，这些对测量放线都有帮助。

(3) 基础平面图及基础详图 如图 1.3 所示，测设基槽(坑)开挖边线和开挖深度的依据，也是基础定位及细部放样的依据。

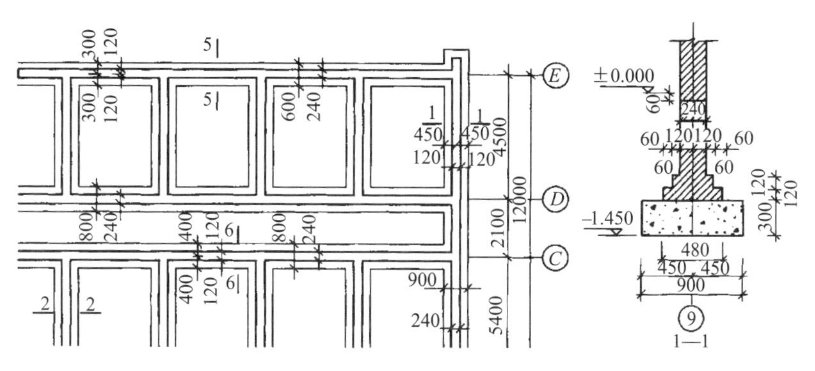

图 1.3 基础平面图及基础详图

① 概念。基础是在建筑地面以下承受房屋全部荷载的构件。常用的形式有条形基础和单独基础。基础平面图是假想用一个水平面沿房屋的地面与基础之间把整幢房屋剖开后，移开上层的房屋和泥土（基坑没有填土之前）所作出的基础水平投影。

基础底下天然的或经过加固的土壤称为地基。基坑是为基础施工而在地面开挖的土坑。坑底就是基础的底面。埋置深度是从室内±0.000地面到基础底面的深度。埋入地下的墙称为基础墙。基础墙与垫层之间做成阶梯形的砌体，称为大放脚。

② 表示内容。通常有以下内容：

a. 基础边线与定位轴线之间的尺寸关系及编号；

b. 基础平面的形状及总长、总宽等尺寸；

c. 基础梁、柱、墙的平面布置；

d. 不同断面的剖切位置及编号；

e. 基础形式、基础平面布置、基础中心或中线的位置；

f. 管沟、设备孔洞位置；

g. 基础不同部位的设计标高。

(4) 立面图和剖面图 立面图和剖面图标明了室内地坪、门窗、楼梯平台、楼板、屋面及屋架等的设计高程，这些高程通常是以±0.000标高为起算点的相对高程，它是测设建筑各部位高程的依据。

① 剖面图。是假想用一个剖切平面将物体剖开，移去介于观察者和剖切平面之间的部分，对于剩余的部分向投影面所做的正投影图。图1.4是楼梯间的剖面图。

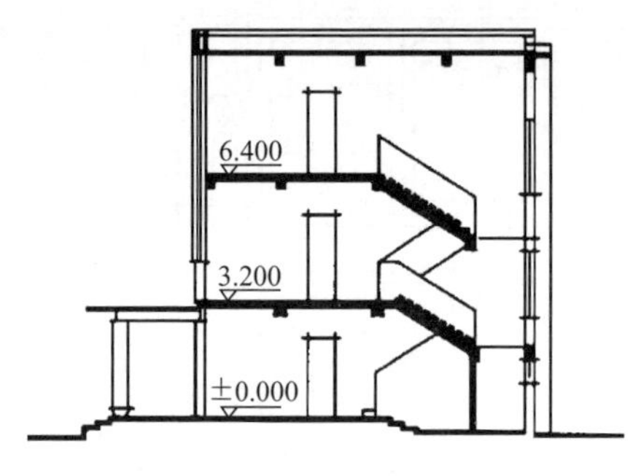

图 1.4　楼梯间的剖面图

② 楼梯剖面图。由于楼梯的两个梯段间在水平投影图上成一定的夹角，如用一个或两个平行的剖切平面都无法将楼梯表示清楚。因此可以用两个相交的剖切平面进行剖切，移去剖切平面和观察者之间的部分，将剩余楼梯的右面部分旋转至正立投影面平行后，便可得到展开剖面图，在图名后面加“展开”二字，并加上圆括号。

③ 立面图。一座建筑是否美观，很大程度上取决于它在主要立面上的艺术处理，包括造型与装修是否优美。在设计阶段中，立面图主要是用来研究这种艺术处理的。在施工图中，它主要反映房屋的外貌和立面装修的做法。

在与房屋立面平行的投影面上所作房屋的正投影图，称为建筑立面图，简称立面图。

④ 立面图表示的内容。一般可表示以下内容：

a. 画出室外地面线及房屋的勒脚、台阶、花台、门、窗、雨篷、阳台。

b. 室外楼梯、墙、柱；外墙的预留孔洞、檐口、屋顶（女儿墙或隔热层）、雨水管，墙面分格线或其他装饰构件等。

c. 注出外墙各主要部位的标高，如室外地面、台阶、窗台、门窗顶、阳台、雨篷、檐口标高，屋顶等处完成面的标高。一般立面图上可不标注高度方向尺寸，但对于外墙留洞除注出标高外，还应注出其大小尺寸及定位尺寸。

d. 注出建筑两端或分段的轴线及编号。

e. 标出各部分构造、装饰节点详图的索引符号。用图例或文字或列表说明外墙面的装修材料及做法。

在熟悉图纸的过程中，应仔细核对各种图纸上相同部位的尺寸是否一致，同一图纸上总尺寸与各有关部位尺寸之和是否一致，以免发生错误。

1.4 测量基础知识

1.4.1 测量工作的基准线和基准面

任何地面点都受着地球上各种力的作用，其中主要的有地球质心的吸引力和地球自转所产生的离心力，这两个力的合力称为重力，如图1.5所示。如果在地面点上悬一个垂球，其静止时所指的方向就是重力方向，这时的垂球线，称为铅垂线。在测量上，以通过地面上某一点的铅垂线作为该点的基准线。

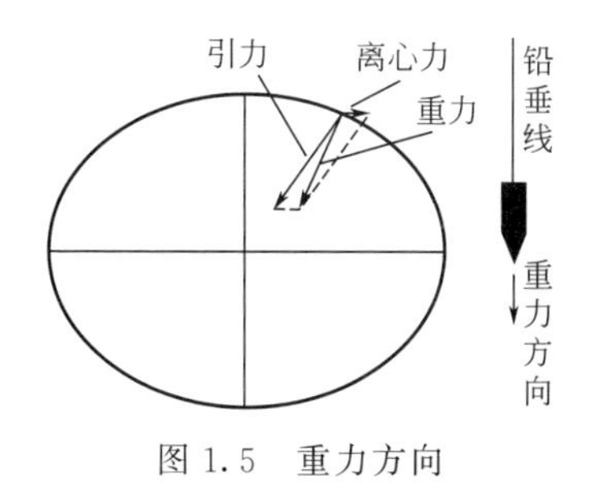

图1.5 重力方向

静止不动的海水面延伸穿越陆地和岛屿，形成一个闭合的包围整个地球的曲面，称为水准面。水准面表面处处与重力方向垂直。水准面有无数个，其中与平均海水面相吻合的水准面称为大地水准面，它是测量工作的基准面，如图1.6所示。

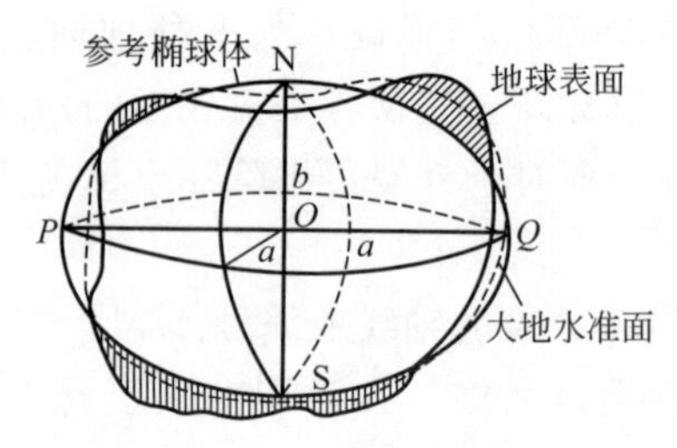

图 1.6　大地水准面

1.4.2　地面点位的确定

一个点的位置需用三个独立的量来确定。在测量工作中，这三个量通常用该点在参考椭球面上的铅垂投影位置和该点沿投影方向到大地水准面的距离来表示。前者由两个量构成，称为坐标；后者由一个量构成，称为高程。地面点的位置用坐标和高程来确定。

平面位置由平面坐标系统确定，详见本书 7.2.1 相关内容。

1.4.3　地面点的高程

(1) 绝对高程　地面点到大地水准面的铅垂距离，称为该点的绝对高程，简称高程或海拔，用 H 表示。如图 1.7 所示，地面点 A、B 的高程分别用 H_A、H_B。

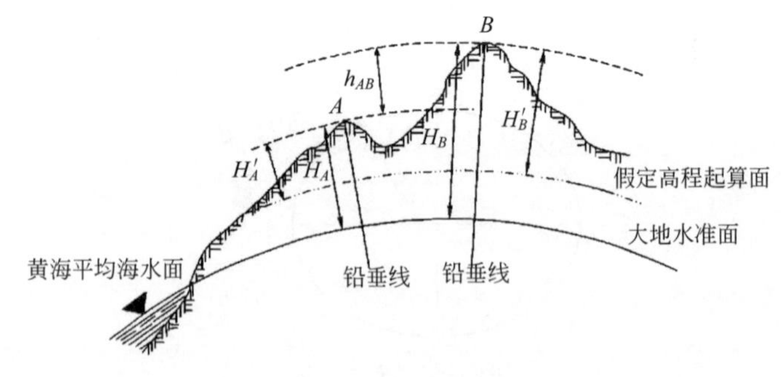

图 1.7　高程和高差

目前，我国采用的是“1985 年国家高程基准”，在青岛建立了国家水准原点，其高程为 72.260m。

(2) 相对高程　地面点到假定水准面的铅垂距离，称为该点的相对高程或假定高程，如图 1.7 所示中 H'_A、H'_B。

(3) 高差　地面两点间的高程之差，称为高差，用 h 表示。高差有方向和正负。A、B 两点的高差为：

$$h_{AB}=H_B-H_A \tag{1.1}$$

当 h_{AB} 为正时，表示 B 点高于 A 点；当 h_{AB} 为负时，表示 B 点低于 A 点。

1.4.4　用水平面代替水准面和限度

用水平面代替水准面，只有当测区范围很小，地球曲率影响未超过测量和制图的容许误差，且可以忽略不计时，才可以把大地水准面看作水平面。

(1) 用水平面代替水准面对距离的影响　地面上 A、B 两点投影在水平面上的距离为 D，则两者之差 ΔD 就是用水平面代替水准面，即地球曲率对距离的影响值。将水准面近似地看成圆球，半径 $R=6371\text{km}$。ΔD 与地球半径 R 的关系为：

$$\frac{\Delta D}{D}=\frac{D^2}{3R^2} \tag{1.2}$$

根据不同的距离 D 值代入式(1.2) 中，得到表 1.3 所列的结果。由表 1.3 可知，当 $D=10\text{km}$ 时，用水平面代替水准面所引起的误差为距离的 1/1200000，目前最精密的距离丈量误差为 1/1000000。

表 1.3　用水平面代替水准面对距离的影响

D/km	ΔD/cm	$\Delta D/D$
10	0.82	1/1200000
20	6.57	1/304000
50	103	1/48500

结论

在半径为 10km 的测区范围内进行距离测量时，可以用水平面代替水准面，不考虑地球曲率对距离的影响。

(2) 用水平面代替水准面对高程的影响　曲率对高差的影响其值为

$$\Delta h=\frac{D^2}{2R} \tag{1.3}$$

根据不同的距离 D 代入式(1.3)中，得到表 1.4 所列的结果。由表 1.4 可知，用水平面代替水准面，当距离为 200m 时，就有 3.1mm 的误差，距离 1km 内就有约 8cm 的高程误差。由此可见，地球曲率对高程测量的影响很大。

表 1.4 用水平面代替水准面对高程的影响

D/m	50	100	200	500	1000	2000	3000
Δh/mm	0.2	0.78	3.1	20	78	314	706

结论

高程测量中，即使在较短的距离内，也应考虑地球曲率对高程的影响。应该考虑通过加改正计算或采用正确的观测方法，以消减地球曲率对高程测量的影响。

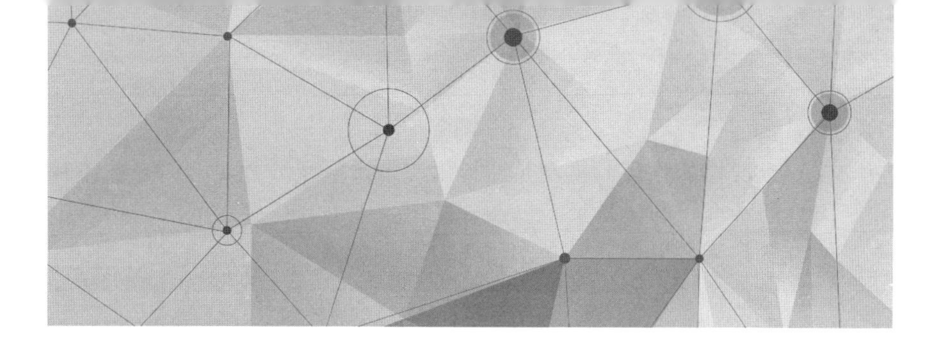

第2章 测量仪器及使用

2.1 水准仪

2.1.1 水准仪概述

(1) 水准仪的型号及参数 水准仪是水准测量（高程测量）的主要仪器。“DS”分别是“大地”“水准仪”汉语拼音的第一个字母，数字“05、1、3”等表示该仪器的精度，书写时可以省略“D”，具体参数见表2.1。通常称S05、S1为精密水准仪，主要用于国家一、二等水准测量和精密工程测量；称S3为普通水准仪，主要用于国家三、四等水准测量和常规工程建设测量。工程建设中，使用最多的是S3普通水准仪。

表2.1 水准仪参数

技术参考项目		水准仪型号		
		DS05	DS1	DS3
每千米往返测高差中数的中误差/mm		±0.5	±1	±3
望远镜放大倍率		≥40倍	≥40倍	≥30倍
望远镜有效孔径/mm		≥60	≥60	≥42
管状水准器格值		10″/2mm	10″/2mm	20″/2mm
测微器有效量测范围/mm		5	5	
测微器最小分格值/mm		0.05	0.05	
自动安平水准仪补偿性能	补偿范围	±8′	±8′	±8′
	安平精度	±0.1″	±0.2″	±0.5″
	安平时间	2s	2s	2s

(2) 水准仪的作用 主要是能提供一条水平视线，照准离水准仪一定距离处的水准尺并读取尺上读数，求出高差 h。其次，可以利用视距测量的方法，测量出仪器至水准尺间的水平距离 D。

(3) 水准仪的分类 按结构分为微倾水准仪、自动安平水准仪、激光水准仪和数字水准仪（电子水准仪）等。按精度分为精密水准仪和普通水准仪。

(4) 水准仪的保养与维护 养护得好可以延长水准仪的寿命。

① 避免阳光直射，禁止随便拆卸仪器。

② 旋钮转动要轻。

③ 擦拭目镜、物镜镜片要用专用镜头纸擦拭。

④ 仪器出现故障，应有专业人士进行检测和维修。

⑤ 每次使用后，均应将仪器擦拭干净，保持干燥。

⑥ 仪器取出和装进仪器箱都要轻拿轻放，防止振动。

(5) 常见水准仪及参数 目前，常见的水准仪及主要技术参数见表 2.2。

表 2.2 常见的水准仪及主要技术参数

名称	型号	技术指标	产地
光学水准仪	DS3	±3mm/km,水泡符合式	南京
	DS3-D	±3mm/km,水泡符合式,带度盘	
	DS3-Z	±3mm/km,水泡符合式,正像	
	DS3-DZ	±3mm/km,水泡符合式,带度盘,正像	
	DS20	±2.5mm/km,正像,自动安平	南京、天津
	DS28	±1.5mm/km,正像,自动安平	
	DS32	±1.0mm/km,正像,自动安平	
	DSZ3	±2.5mm/km,正像,自动安平	苏州
	DSZ2	±1.5mm/km,正像,自动安平	
	DSZ2＋FS1	±1.0mm/km,正像,自动安平	
	DSZ1	±1.0mm/km,正像,自动安平	
	Ni007	±0.7mm/km,正像,自动安平	德国蔡司
	Ni004	±0.4mm/km,倒像	
	Ni002	±0.2mm/km,正像,自动安平	
	NA720	±2.5mm/km,自动安平	瑞士徕卡
	NA724	±2.0mm/km,自动安平	
	NA728	±1.5mm/km,自动安平	
	NA2	±0.7mm/km,自动安平	
	NA3003	±0.4mm/km,正像,自动安平	
	N3	±0.2mm/km,倒像	

续表

名称	型号	技术指标	产地
电子水准仪	DINI20	±0.7mm/km	德国蔡司
	DINI10	±0.3mm/km	
	DL-102	±1.0mm/km	日本拓普康
	DL-101	±0.4mm/km	
激光水准仪	TMTO	±3.0mm/km	美国
	YJS3	±3.0mm/km	烟台

2.1.2 DS3微倾式水准仪(附视频)

微倾式水准仪的构造

(1) DS3微倾式水准仪的构造 图2.1是国产DS3微倾式水准仪，它主要由望远镜、水准器和基座三部分组成，各部分的具体组成和作用见表2.3。

物镜光心与十字丝交点的连线称望远镜的视准轴，即水准仪提供的水平视线。

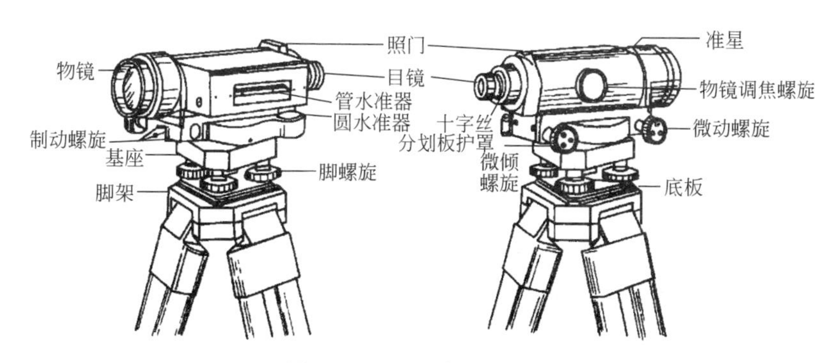

图2.1 DS3微倾式水准仪

水准轴与水准管轴的夹角称为i角，正常情况下，i角为0°，否则称为i角误差，这将直接影响水准仪的测量精度。

表2.3 DS3微倾式水准仪各部分的具体组成和作用

组成名称	构成	作用
基座部分	轴座、脚螺旋、底板和三角压板	1. 安装仪器 2. 通过中心连接螺旋与三脚架连接 3. 三个脚螺旋起概略整平作用

续表

组成名称	构成	作用
望远镜部分	目镜、物镜、十字丝板、对光(调焦)螺旋	1. 提供水平视线 2. 清晰瞄准远处水准尺,并读数
水准器部分	管水准器,圆水准器	1. 圆水准器,粗略整平,使竖轴竖直 2. 管水准器,精确整平,使视线水平

(2) DS3 水准仪的附件　主要包括三脚架、水准尺和尺垫，见表 2.4和图 2.2。

表 2.4　DS3 水准仪的附件构成及作用

附件名称	构成	作用
三脚架	木质或金属构成,架腿可伸缩	1. 支撑上部仪器 2. 通过三脚架的架腿可以快速使仪器概略整平
水准尺	木质或金属构成,分为单面尺、双面尺、板尺、塔尺、普通水准尺、精密水准尺等	提供水平读数
尺垫	如图 2.2 所示,金属水准尺立于其上半圆球上,下有三爪,插入土中,使其稳固	防止水准尺下沉

(3) DS3 水准仪的使用　普通水准仪的操作分为安置仪器、粗略整平、瞄准水准尺、精确整平和读数。

① 安置仪器。安置水准仪的基本方法是：张开三脚架，根据观测者的身高，调节好架腿的长度，使其高度适中，目估架头大致水平，取出仪器，用连接螺旋将水准仪固定在架头上。地面松软时，应将三脚架踩入土中，在踩脚架时应注意使圆水准气泡尽量靠近中心。

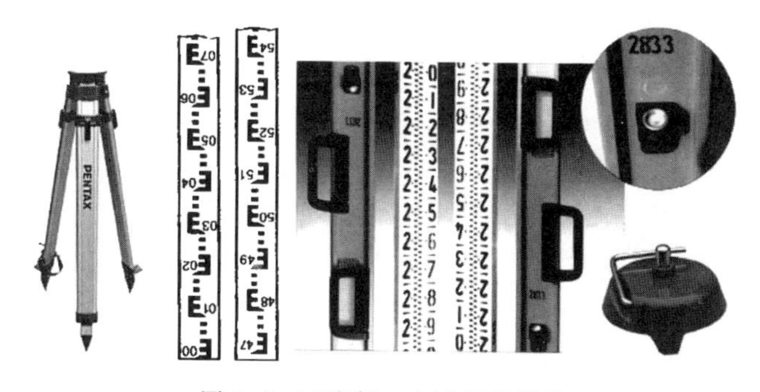

图 2.2　三脚架、水准尺及尺垫

② 粗略整平。旋转脚螺旋使圆水准气泡居中，仪器的竖轴大致铅垂，望远镜的视准轴大致水平。旋转脚螺旋方向与圆水准气泡移动方向的规律是：用左手旋转脚螺旋时，左手大拇指移动方向即为水准气泡移动方向（右手相反），如图 2.3 所示。设气泡偏离中心于 a 处时，可先选择一对脚螺旋①、②，用双手以相对方向转动两个脚螺旋，使气泡移至两脚螺旋连线的中间 b 处；然后再转动脚螺旋③使气泡居中。此项工作反复进行，直至在任意位置的气泡都居中。

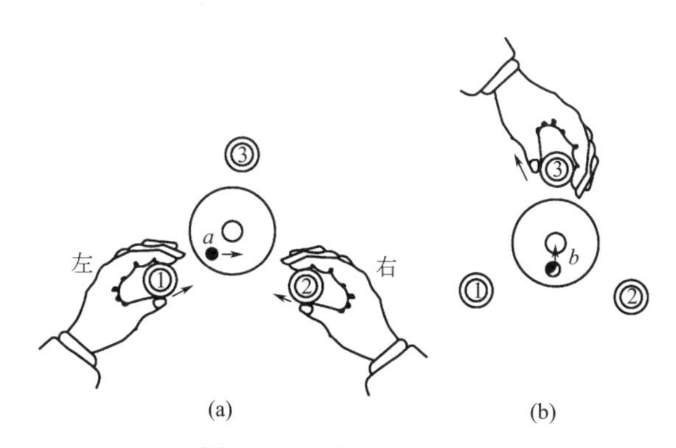

图 2.3　圆水准器的整平

 **小窍门：** 使圆水准气泡居中的工作分两步进行速度快。

a. 利用三脚架腿使圆水准气泡大致居中。

方法：踩实两个架腿，用手握紧第三个架腿做前后、左右移动可使气泡大致居中。

规律：前后一致，左右相反。即架腿前后移动气泡也前后移动且移动方向相同，架腿左右移动气泡也左右移动，但移动方向相反。

注意：移动架腿也需要踩实，所以气泡位置要事先留一定量。

b. 利用脚螺旋使圆水准气泡精确居中。

方法：先转动其中两个脚螺旋，气泡在这两个脚螺旋连线方向上移动到中间位置，再转动第三个脚螺旋，气泡即可居中。

规律：气泡移动方向与左手大拇指运动方向一致。

注意：两个脚螺旋必须相向或相背旋转，转动第三个焦螺旋时绝对不能再转动前两个的其中一个。此项工作反复进行，直至在任意位置气泡都居中。

③ 瞄准水准尺。瞄准就是使望远镜对准水准尺，清晰地看到目标和十字丝成像，以便准确地进行水准尺读数。

④ 精确整平。精确整平简称精平，先从望远镜的侧面观察管水准气泡偏离零点的方向，旋转微倾螺旋，使气泡大致居中，再从目镜左边的符合气泡观察窗中察看两个气泡影响是否吻合，如不吻合，再慢慢旋转微倾螺旋直至完全吻合为止。

注意

由于水准仪粗平后，竖轴不是严格铅直，当望远镜由一个目标（后视）转到另一目标（前视）时，气泡不一定符合，应重新整平，气泡符合后才能读数。

⑤ 读数。仪器精平后，应立即用十字丝的中丝在水准尺上读数。读数前要认清水准尺的注记特征，读数时要按从小到大的方向，读取米、分米、厘米、毫米四位数字，最后一位毫米为估读数。如图 2.4 所示，黑面尺的读数为 1608；完成黑面尺的读数后，将水准尺纵转 180°，立即读取红面尺的读数 6295，这两个读数之差为 4687，正好等于该尺红面注记的零点常数，说明读数正确。

(4) 水准仪的望远镜调焦 所有仪器的望远镜使用方法都相同。

① 初步瞄准。松开制动螺旋，转动望远镜，利用镜筒上的照门和

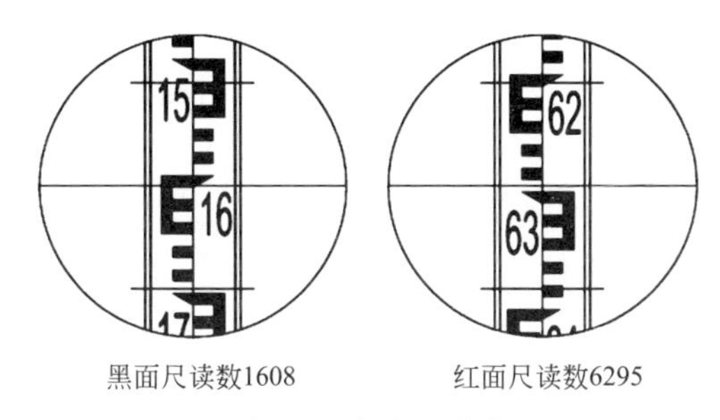

黑面尺读数1608　　红面尺读数6295

图 2.4　水准尺读数

准星连线对准水准尺，然后拧紧制动螺旋。

② 目镜调焦。转动目镜调焦螺旋，直至清晰地看到十字丝。

③ 物镜调焦。转动物镜调焦螺旋，使水准尺成像清晰。

④ 精确瞄准。转动微动螺旋，使十字丝的纵丝对准水准尺像中间位置。

⑤ 消除视差。瞄准时应注意消除视差。所谓视差（图 2.5），就是当目镜、物镜对光不够精细时，目标的影像不在十字丝平面上，以致两者不能同时被看清楚。视差的存在会影响瞄准和读数精度，必须加以检查并消除。检查有无视差，可用眼睛在目镜端上、下微微移动，若发现十字丝和水准尺成像有相对移动现象，说明存在视差。消除视差的方法是仔细地进行目镜调焦和物镜调焦，直至眼睛上下移动而读数不变为止。

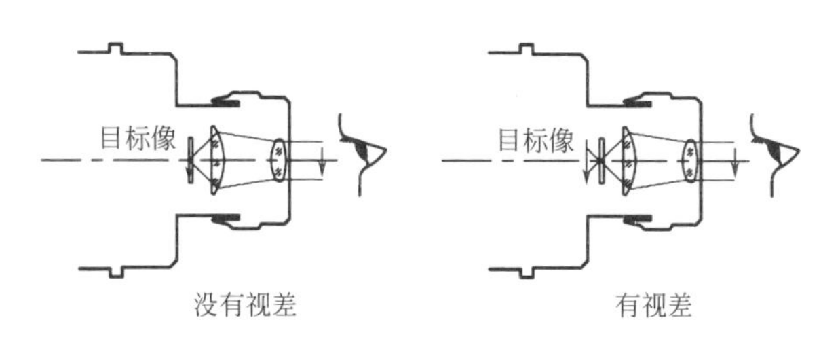

没有视差　　有视差

图 2.5　视差

(5) 读水准尺步骤　按以下几个步骤进行。

① 概略瞄准。用望远镜上的缺口和准星（或瞄准器），在望远镜外瞄准水准尺，旋紧制动螺旋。

② 精确瞄准。从望远镜中观察水准尺，调节微动螺旋，精确瞄准水准尺（十字丝竖丝平分尺面）。调节目镜、物镜对光螺旋，消除视差。

③ 定平水准管。转动微倾螺旋使长水准管气泡居中。

④ 读数。读取中丝读数，依次读取米、分米、厘米数值，估读毫米，一般记录以米为单位。

⑤ 读数校核。读完读数后，要复核长水准管气泡是否居中，若居中则读数有效，否则需要重复③、④两个步骤。

(6) 水准观测的要点 以下是水准观测要点，记住这些要点对快速准确读数有很大帮助。

① 消：一定要消除视差；

② 平：视线要水平；

③ 快：读数要快；

④ 小：估读毫米要取小值；

⑤ 检：读数后要检查视线是否水平。

(7) 微倾式水准仪一次精密定平法 在施工测量中，经常会安置一次仪器进行多个点的高程测量，测量时间较长，容易出现仪器圆水准气泡偏离中心的情况，为减少安平次数，常采用“一次精密定平法”，其步骤如下。

① 平行居中。仪器概略整平后，将水准管放置在与某两个脚螺旋连线平行的位置，并转动这两个脚螺旋，使长水准管气泡居中。

② 反向居中。将望远镜水平旋转180°，若长水准管气泡不居中，则仍用这两个脚螺旋微调使气泡偏差缩小一半，再用微倾螺旋使其居中。

③ 垂直居中。将望远镜水平旋转90°，利用第三个脚螺旋使气泡居中，这样望远镜在任何方向均处于水平状态。

注意

圆水准气泡可能不居中，这属正常现象。

2.1.3 自动安平水准仪（附视频）

(1) 自动安平水准仪的结构 仪器由望远镜、自动安平补偿器、竖轴系、制微动机构及基座等部分组成。

DSZ3 型自动安平水准仪的光学系统如图 2.6 所示。望远镜为内调焦式的正像望远镜，大物镜采用单片加双胶透镜形式，具有良好的成像质量，结构简单。

自动补偿器采用精密微型轴承吊挂补偿棱镜，整个摆体运转灵敏，摆动范围可通过限位螺钉进行调节。补偿器采用空气阻尼机构，使用两个阻尼活塞，具有良好的阻尼性能。望远镜视场左端的小窗为补偿器警告机构指示窗。当仪器竖轴倾角在补偿器正常有效的工作范围内时，警告指示窗全部呈绿色，当超越补偿范围时，窗内一端将出现红色，这时应重新安置仪器。当绿色窗口中亮线与三角缺口重合时，仪器处于铅垂状态，圆水准器气泡居中。

图 2.6 DSZ3 型自动安平水准仪的光学系统

仪器采用标准圆柱轴，转动灵活。基座起支承和安平作用。脚螺旋中丝母和安平丝杠的间隙，可以利用调节螺丝来调节，以保证脚螺旋舒适无晃动。基座上设有水平金属度盘，可以测量两个目标间的水平角。

(2) 自动安平水准仪的使用 与 DS3 水准仪使用方法基本相同，只是不需要精确整平。

① 安装三脚架。将三脚架置于测点上方，三个脚尖大致等距，同时要注意三脚架的张角和高度要适宜，且应保持架面尽量水平，顺时针转动脚架下端的翼形手把，可将伸缩腿固定在适当的位置。脚尖要牢固地插入地面，要保持三脚架在测量过程中稳定可靠。

② 仪器安装在三脚架上。仪器小心地放在三脚架上，并用中心螺旋将仪器紧固可靠。

③ 仪器整平。方法与DS3水准仪相同。

④ 瞄准标尺。分以下三步进行。

a. 调节目镜清晰度。使望远镜对着明亮处，旋转望远目镜使分划板变得清晰即可。

b. 粗略瞄准目标。瞄准时用双眼同时观测，一只眼睛注视瞄准口内的十字丝，另一只眼睛注视目标，转动望远镜使十字丝和目标重合。

c. 精确瞄准目标。拧紧制动手轮，转动望远镜调焦手轮，使目标清晰地成像在分划板上。这时眼睛作上、下、左、右的移动，目标像与分划板刻线应无任何相对位移，即无视差存在，然后转动微动手轮，使望远镜精确瞄准目标。

此时，警告指示窗应全部呈绿色，方可进行标尺读数。

⑤ 读数。方法与DS3水准仪相同。

(3) 自动安平水准仪使用注意事项 与DS3水准仪类似，使用方法要得当。

① 仪器安置。仪器安置在三脚架上时，必须将仪器固紧，三脚架应安放稳固。

② 阳光照射。仪器在工作时，应尽量避免阳光直接照射，可以用遮光罩。

③ 注意补偿器。若仪器较长时间没有使用，在测量前应检查补偿器的失灵程度，可转动脚螺旋，如警告指示窗两端能分别出现红色，反转脚螺旋时窗口内红色能够消除并出现绿色，说明补偿器摆动灵活，可进行测量。

④ 观测过程。观测过程中应随时注意望远镜视场中的警告颜色，小窗中呈绿色时表明自动补偿器处于补偿工作范围内，可以进行测量。任意一端出现红色时都应重新安平仪器后再进行观测。

⑤ 仪器保管。测量结束后，用软毛刷拂去仪器上的灰尘，望远镜的光学零件表面不得用手或硬物直接触碰，以防油污或擦伤。仪器使用过后应放入仪器箱内，并保存在干燥通风的房间内。

⑥ 仪器运输。仪器在长途运输过程中，应使用外包装箱，并应采取防震防潮措施。

(4) 自动安平水准仪的特点 与 DS3 比较而言，其有以下特点。

① 无制动螺旋。大部分自动安平水准仪的机械部分采用了摩擦制动（无制动螺旋）控制望远镜的转动。

② 省略精确整平。自动安平水准仪在望远镜的光学系统中装有一个自动补偿器代替了管水准器，起到了自动安平的作用，当望远镜视线有微量倾斜时，补偿器在重力作用下对望远镜做相对移动从而能自动而迅速地获得视线水平时的标尺读数。

自动安平水准仪由于没有制动螺旋、管水准器和微倾螺旋，在观测时候，在仪器粗略整平后，即可直接在水准尺上进行读数，因此自动安平水准仪的优点是省略了“精平”过程，从而大大加快了测量速度。

2.1.4 精密水准仪

精密水准仪主要用于国家一、二等水准测量和高精度工程测量。例如，建筑的沉降观测、大型桥梁工程的施工测量和大型精密设备安装的水平基准测量等。

(1) 精密水准仪的构造特点 精密水准仪的结构精密、性能稳定、测量精度高。其基本构造也是主要由望远镜、水准器和基座三部分组成，如图 2.7 所示。与普通水准仪相比，具有如下主要特征。

① 放大倍率高。望远镜的放大倍数大，物镜的有效孔径大、亮度好、分辨率高，规范要求 DS1 不小于 38 倍，DS05 不小于 40 倍。

② 高精度精平。管水准器分划值为 $10''/2\text{mm}$，精平精度高。

③ 对温度要求低。望远镜外表材料应采用受温度变化小的铟瓦合金钢，以减小环境温度变化带来的影响。

④ 读数精确。采用平板玻璃测微器读数，读数误差小。

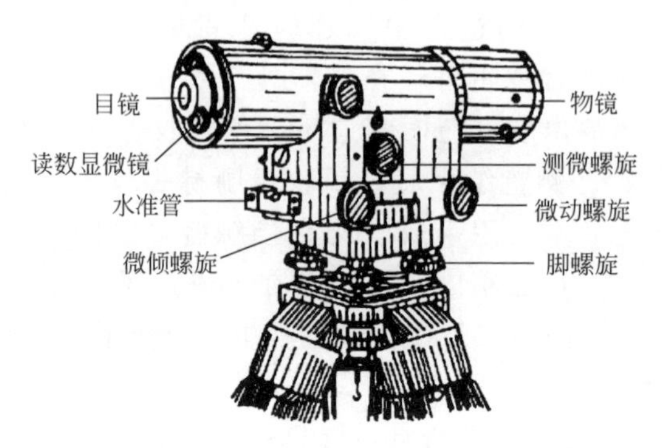

图 2.7 精密水准仪的构造

⑤ 精密水准尺。需要配备精密水准尺。

(2) 精密水准尺 精密水准尺是在木质尺身的凹槽内引张一根铟瓦合金钢带，其中零点固定在尺身上，另一端用弹簧以一定的拉力将其引张在尺身上，以使铟瓦合金钢带不受尺身伸缩变形的影响。长度分划在铟瓦合金钢带上，数字注记在木质尺身上，精密水准尺的分划值有 10mm 和 5mm 两种。

图 2.8 所示为 10mm 分划的精密水准尺。在铟瓦合金钢带上刻有两排分划，右边一排分划是基本分划，数字注记从 0cm 到 300cm，左边一排分划为辅助分划，数字注记从 300cm 到 600cm，同一高度的基本分划与辅助分划的零点相差一个常数 301.55cm，称为基辅差或尺常数。水准测量作业时，用以检查读数是否存在粗差。

(3) 精密水准仪的读数原理 精密水准仪的操作方法与普通 DS3 水准仪的使用方法基本相同，不同之处主要是读数方法有所差异。精平时，转动微倾螺旋使符合水准气泡两端的影像符合，此时视线水平。再转动测微器上的螺旋，使横丝一侧的楔形丝准确地夹住整分划线。其读数分为两部分：厘米以上的数按标尺读数，厘米以下的数在测微器分划尺上读取。

徕卡 N3 精密水准仪的平板玻璃测微器结构如图 2.9 所示，它由平板玻璃、测微尺、传动杆和测微螺旋等构件组成。

平板玻璃安装在物镜前，它与测微尺之间用带有齿条的传动杆连接，当旋转测微螺旋时，传动杆带动平板玻璃绕其旋转轴作俯仰倾斜。

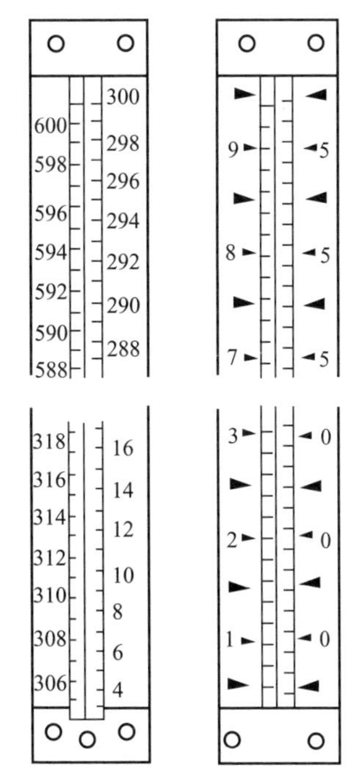

图 2.8 10mm 分划的精密水准尺

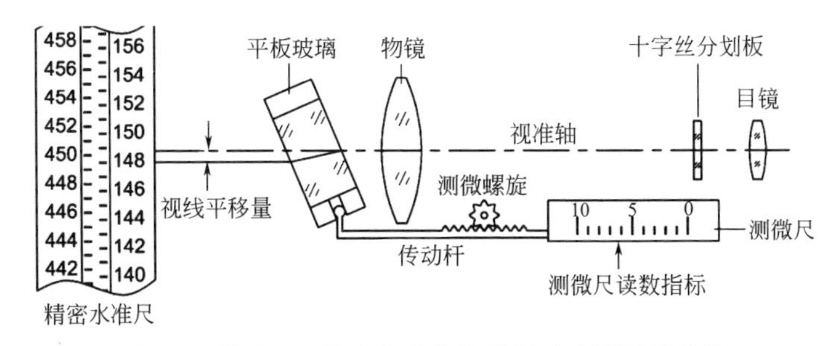

图 2.9 徕卡 N3 精密水准仪的平板玻璃测微器结构

视线经过倾斜的平板玻璃时，产生上下平行移动，可以使原来并不对准尺上某一分划的视线能够精确地对准某一分划，从而读到一个整分划数，而视线尺上的平行移动量则由测微尺记录下来，测微尺的读数通过光路成像在测微尺读数窗内。

旋转 N3 精密水准仪的平板玻璃，可以产生的最大视线平移量为

10mm，它对应测微尺上的100个分格，因此，测微尺上1个分格等于0.1mm，如在测微尺上估读到0.1分格，则可以估读到0.01mm。将标尺上的读数加上测微尺上的读数，就等于标尺的实际读数。图2.10所示读数为

$$148+0.655=148.655(\mathrm{cm})=1.48655(\mathrm{m})$$

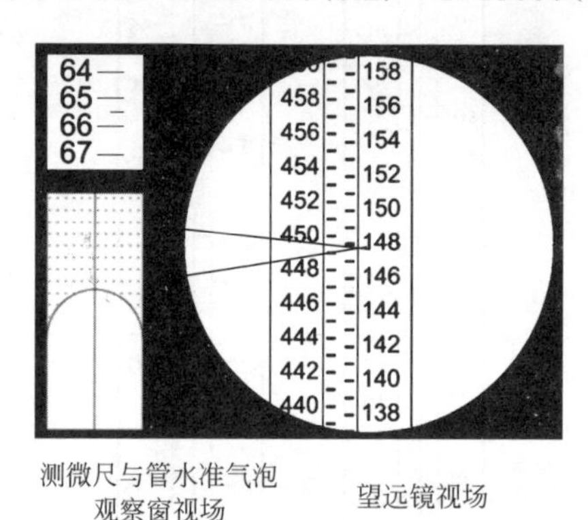

图 2.10 N3的望远镜视场

(4) 精密水准仪的使用方法 基本使用方法与DS3水准仪相同，只是需要注意读数方法，读到0.1mm，可以估读到0.01mm。

2.1.5 电子水准仪(附视频)

电子水准仪，也称数字水准仪。在望远镜的光路中增加了分光镜和光电探测器等部件，采用条形码分划水准尺和图像处理电子系统构成光、机、电及信息存储与处理的一体化水准测量系统。

(1) 电子水准仪的测量原理 电子水准仪的关键技术是自动电子读数及数据处理，徕卡NA系列采用相关法；蔡司DiNi系列采用几何法；拓普康DL系列采用相位法，三种方法各有长处。图2.11所示为采用相关法的徕卡DNA03电子水准仪的机械光学结构图。当用望远镜照准标尺并调焦后，标尺上的条

形码影像入射到分光镜上，分光镜将其分为可见光和红外光两部分，可见光影像成像在分划板上，供目视观测；红外光影像成像在光电探测器上，探测器将接收到的光图像先转换成模拟信号，再转换成数字信号传送给仪器处理器，通过与机内事先存储好的标尺条形码本源数字信息进行相关比较，当两信号处于最佳相关位置时，即获得水准尺上的水平视线读数和视距读数，最后将处理结果存储并输出到屏幕显示。

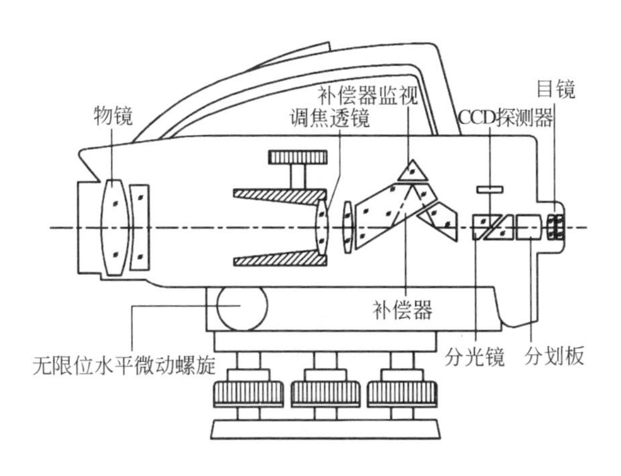

图 2.11　徕卡 DNA03 电子水准仪的机械光学结构图

(2) 电子水准仪的特点　与光学水准仪相比，电子水准仪具有如下特点。

① 电子读数。用自动电子读数代替人工读数，不存在读错、记错等问题，没有人为读数误差。

② 读数精度高。多条码（等效为多分划）测量，削弱标尺分划误差，自动多次测量，削弱外界环境变化的影响。

③ 内外业一体化。速度快、效率高，实现自动记录、检核、处理和存储，可实现水准测量从外业数据采集到最后成果处理的内外业一体化。

④ 具有普通水准仪的功能。电子水准仪一般设置有补偿器的自动安平水准仪，当采用普通水准尺时，电子水准仪又可当作普通自动安平水准仪使用。

(3) 条纹编码水准尺 如图 2.12 所示，与电子水准仪配套的条码水准尺一般为铟瓦带尺、玻璃钢或铝合金制成的单面或双面尺，分直尺和折叠尺两种，规格有 1m、2m、3m、4m、5m 几种，尺子分划的一面为二进制条形编码分划线，其外形类似于一般商品外包装上印制的条纹码。

图 2.12 条码水准尺

注意

不同生产厂家的电子水准仪，都有自己配套的条码尺(图 2.12)，不能混用。

2.1.6 激光水准仪

(1) 激光水准仪的构造 图 2.13 是山东烟台光学仪器厂生产的 YJS3 激光水准仪。其构造上在 S3 水准仪的望远镜上加装了一只 He-Ne 气体激光器。

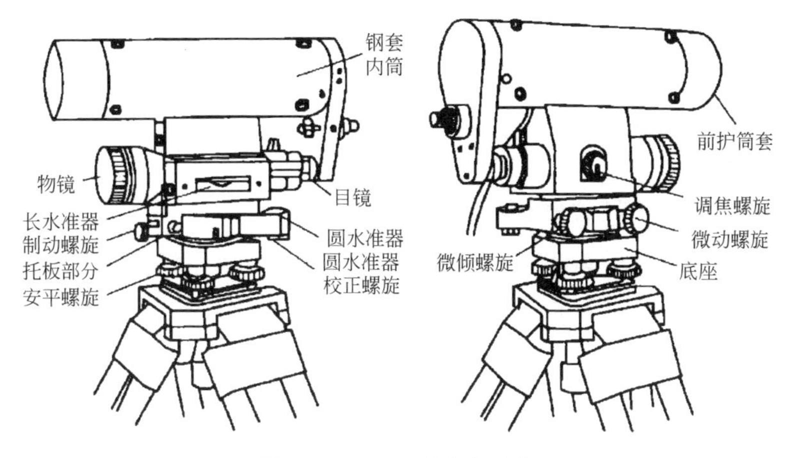

图 2.13 YJS3 激光水准仪

(2) 激光水准仪的激光操作方法 水准仪的操作与 S3 水准仪相同。激光器的操作方法如下。

① 接通电源。把激光器的引出线接上电源，注意使用直流电源时不能接错正负极。

② 激发光束。将电源开关开启，指示灯发亮，可听到轻微的电流声。转动电流调节旋钮，可以使激光电源在最佳状态下工作，输出最强激光。激光束通过棱镜、透镜系统进入望远镜，由望远镜物镜端发射出去。

③ 断开电源。观测完成后，先关电源开关，此时指示灯熄灭。激光器停止工作，然后才能断开电源。

(3) 激光水准仪的用途 与普通水准仪相比有很多优势，主要的优势如下。

① 直接读数。激光水准仪可以在尺面上显示一个明亮的光斑，可以直接在尺上读数，迅速、快捷。

② 长距测量。激光水准仪的激光束射程较长，白天射程为 150m（尺面明亮）到 300m（尺面较暗），夜晚射程 2000～3000m，因此立尺点距仪器可以很远。

③ 效率高。由于射程长，测量高程时可减少测站数，极大地提高了工作效率。

2.2 经纬仪

2.2.1 经纬仪概述

(1) 经纬仪的型号及标称精度 我国光学经纬仪按精度可分为DJ07、DJ1、DJ2、DJ6、DJ15和DJ60等六个级别，其中“D”“J”分别为“大地测量”和“经纬仪”的汉语拼音的第一个字母，数字表示仪器的精度，即一测回水平方向中误差的秒数，书写时“D”可以省略。工程测量中常用的是DJ6级经纬仪和DJ2级经纬仪。各经纬仪的精度见表2.5。

表2.5 各经纬仪的精度

型号	DJ07	DJ1	DJ2	DJ6	DJ15	DJ60
一测回方向观测中误差	±0.7″	±1″	±2″	±6″	±15″	±60″

(2) 常见经纬仪及参数 常见经纬仪的主要技术参数及型号见表2.6。

表2.6 常见经纬仪的主要技术参数及型号

<table>
<tr><th>名称</th><th>型号</th><th>技术指标</th><th>产地</th></tr>
<tr><td rowspan="12">光学经纬仪</td><td>DJ6</td><td>±6″,倒像</td><td rowspan="3">北京、南京</td></tr>
<tr><td>DJ6-1</td><td>±6″,倒像</td></tr>
<tr><td>DJ6-2</td><td>±6″,正像</td></tr>
<tr><td>DJ2</td><td>±2″,倒像</td><td rowspan="4">苏州</td></tr>
<tr><td>DJ2E</td><td>±2″,正像</td></tr>
<tr><td>DJ2-1</td><td>±2″,正像,自动补偿</td></tr>
<tr><td>DJ2-2</td><td>±2″,正像,自动补偿</td></tr>
<tr><td>010B</td><td>±2″,正像,自动补偿</td><td rowspan="2">德国蔡司</td></tr>
<tr><td>020B</td><td>±6″,正像,自动补偿</td></tr>
<tr><td>T1</td><td>±6″,正像,自动补偿</td><td rowspan="3">瑞士徕卡</td></tr>
<tr><td>T2</td><td>±0.8″,正像,自动补偿</td></tr>
<tr><td>T3</td><td>±0.2″,倒像</td></tr>
</table>

续表

名称	型号	技术指标	产地
电子经纬仪	DJD5-2	±5″,正像,自动补偿	苏州
	DJD2A	±2″,正像,自动补偿	
	ET-02	±2″,正像	广州
	DJD2-G	±2″,正像,自动补偿	北京
激光经纬仪	J2-JDB	±2″,正像,自动补偿	苏州
	DJJ2-2	±2″,正像,自动补偿	北京
	DT110L	±5″,正像	日本拓普康

(3) 经纬仪的功能 测角是所有经纬仪的基本功能。

① 测水平角。经纬仪可以测量两个方向间的水平角。

② 测竖直角。测量倾斜方向与水平方向间所夹的竖直角。

③ 视距测量。利用视距测量原理，辅以水准尺，可以测量两点的水平距离及高差。

2.2.2 DJ6级光学经纬仪（附视频）

(1) DJ6级光学经纬仪的构造 图2.14所示为DJ6级光学经纬仪，外部各构件及名称在图中已标明。光学经纬仪主要由照准部、水平度盘和基座三部分组成，见表2.7和图2.15。

(2) DJ6级光学经纬仪的读数方法 DJ6级光学经纬仪的水平度盘和竖直度盘的分划线通过

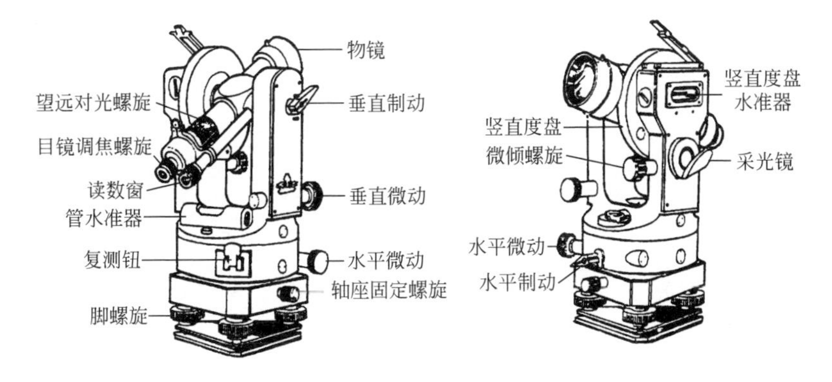

图2.14 DJ6级光学经纬仪

表 2.7　DJ6 级光学经纬仪的构成

组成名称	构成	作用
基座	轴座、脚螺旋、底板和三角压板	1. 安装仪器 2. 通过中心连接螺旋与三脚架连接 3. 三个脚螺旋起概略整平作用
照准部	支架、望远镜、水准器、竖直度盘、竖轴、对中器	1. 照准目标 2. 竖直角观测 3. 整平
水平度盘	水平度盘(玻璃圆盘，边缘有 0～360°的刻线)	观测水平角

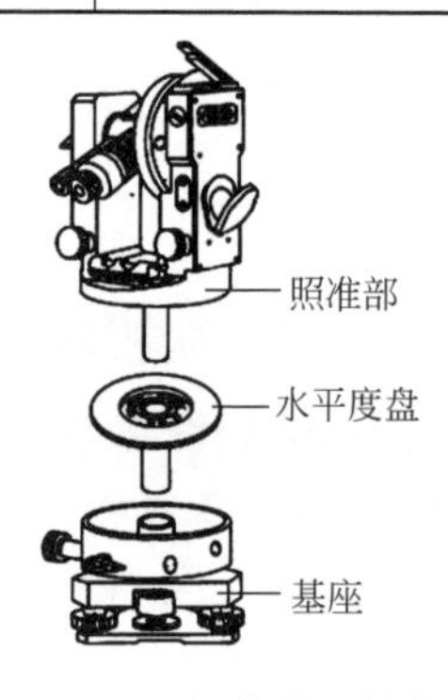

图 2.15　DJ6 级光学经纬仪构造

一系列的棱镜和透镜作用，成像于望远镜旁的读数显微镜内，观测者用读数显微镜读取读数。由于测微装置的不同，DJ6 级光学经纬仪的读数方法分为以下两种。

① 分微尺测微器及其读数法。如北京光学仪器厂生产的 DJ6 级光学经纬仪，其分微尺测微器读数窗视场如图 2.16 所示。度盘最小分划值为 1°，分微尺上最小分划值为 1′，每 10′作一注记，可估读至 0.1′。

提示

因为估读至 0.1′（6″），所以 DJ6 级经纬仪读数的秒数应为 6 的倍数。

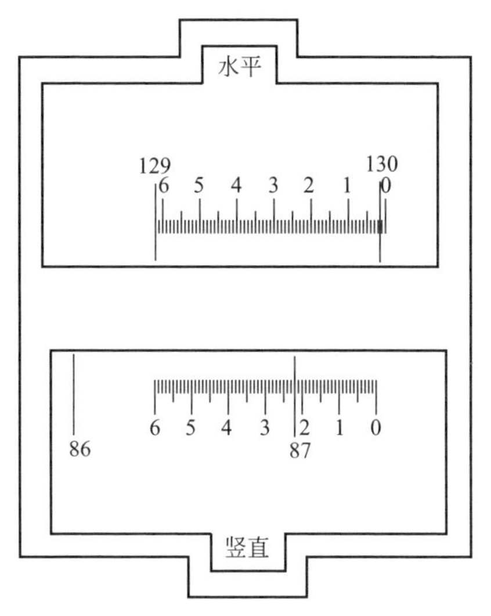

图 2.16 分微尺测微器读数窗视场

读数时，打开并转动反光镜，使读数窗内亮度适中，调节读数显微镜的目镜，使度盘和分微尺分划线清晰，然后，“度”可从分微尺中的度盘分划线上的注字直接读得，“分”则用度盘分划线作为指标，在分微尺中直接读出，并估读至0.1′，两者相加，即得度盘读数。图 2.16 中的读数如下：

水平读数：130°+01.5′=130°01.5′=130°01′30″；

竖盘读数：87°+22′00″=87°22′00″。

提示

读数时，度按实际读取，可为一位、二位或三位数，分、秒的整数必须是两位。

② 单平板玻璃测微器的读数方法。北京光学仪器厂生产的 DJ6 型光学经纬仪采用这种读数方法读数。图 2.17 所示为单平板玻璃测微器的读数窗视场，读数窗内可以清晰地看到测微盘（上）、竖直度盘（中）

和水平度盘（下）的分划像。度盘凡整度注记，每度分两格，最小分划值为30′，测微盘把度盘上30′弧长分为30大格，一大格为1′，每5′一注记，每一大格又分三小格，每小格20″，不足20″的部分可估读，一般可估读到四分之一格，即5″。

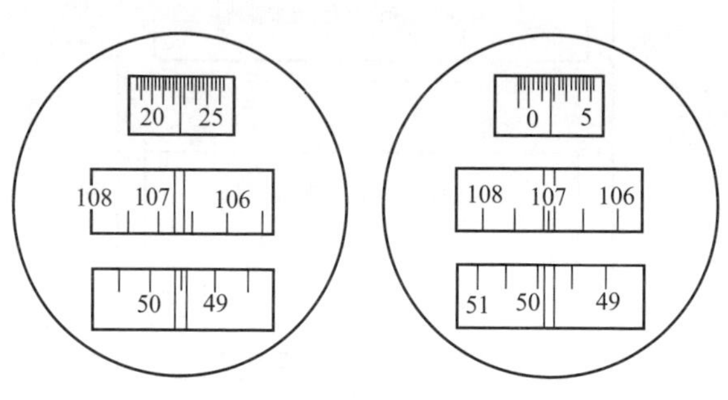

水平度盘读数49°52′40″　　竖直度盘读数107°01′40″

图2.17　单平板玻璃测微器的读数窗视场

读数时，打开并转动反光镜，调节读数显微镜的目镜，然后转动测微轮，使一条度盘分划线精确地平分双指标线，则该分划线的读数即为读数的度数部分，不足30′的部分再从测微盘上读出，并估读到5″，两者相加，即得度盘读数。每次水平度盘读数和竖直度盘读数都应调节测微轮，然后分别读取，两者共用测微盘，但互不影响。

水平度盘读数：49°30′+22′40″=49°52′40″；

竖直度盘读数：107°+01′40″=107°01′40″。

(3) DJ6级光学经纬仪的使用方法　是所有经纬仪使用方法的基础。经纬仪的基本操作为包括对中、整平、瞄准和读数。

① 对中。指将仪器的纵轴安置到与过测站的铅垂线重合的位置。首先根据观测者的身高调整好三脚架腿的长度，张开脚架并踩实，并使三脚架头大致水平。将经纬仪从仪器箱中取出，用三脚架上的中心螺旋旋入经纬仪基座底板的螺旋孔。对中可利用垂球或光学对中器进行。

小窍门：快速对中。

踩实对面脚架，眼睛看着光学对中器，一只脚尖对准地面点，两只手分别握住靠近自己的左右两个架腿，做前后、左右移动，可快速对准点位。

要点：移动架腿时要保持架头大致水平。

a. 垂球对中。挂垂球于中心螺旋下部的挂钩上，调整垂球线长度至垂球尖与地面点间的铅垂距≤2mm，垂球尖与地面点的中心偏差不大时通过移动仪器调整，偏差较大时通过平移三脚架，使垂球尖大致对准地面点中心，偏差大于 2mm 时，微松连接螺旋，在三脚架头微量移动仪器，使垂球尖准确对准测站点，旋紧连接螺旋。

b. 光学对点器对中。调节光学对点器目镜、物镜调焦螺旋，使视场中的标志圆（或十字丝）和地面目标同时清晰。旋转脚螺旋，令地面点成像于对点器的标志中心，此时，因基座不水平而圆水准器气泡不居中。调节三脚架腿长度，使圆水准器气泡居中，进一步调节脚螺旋，使水平度盘水准管在任何方向气泡都居中。光学对点器对中误差应小于 1mm。

② 整平。整平的目的是调节脚螺旋使水准管气泡居中，从而使经纬仪的竖轴竖直，水平度盘处于水平位置。其操作步骤如下。

a. 旋转照准部，使水准管平行于任一对脚螺旋，如图 2.18（a）所示。转动这两个脚螺旋，使水准管气泡居中。

b. 将照准部旋转 90°，转动第三个脚螺旋，使水准管气泡居中，如图 2.18（b）所示。

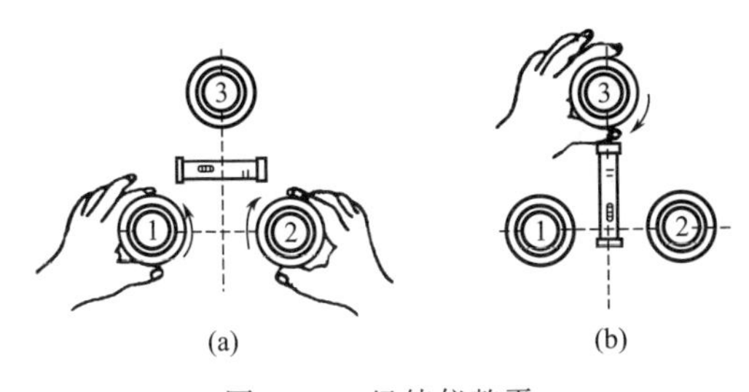

图 2.18 经纬仪整平

c. 按以上步骤重复操作，直至水准管在这两个位置上气泡都居中为止。使用光学对中器进行对中、整平时，首先通过目估初步对中（也可利用垂球），旋转对中器目镜看清分划板上的刻划圆圈，再拉伸对中器的目镜筒，使地面标志点成像清晰。转动脚螺旋使标志点的影像移至刻划圆圈中心。然后，通过伸缩三脚架腿，调节三脚架的长度，使经纬仪圆水准器气泡居中，再调节脚螺旋精确整平仪器。接着通过对中器观察地面标志点，如偏刻划圆圈中心，可稍微松开连接螺旋，在架头移动仪器，使其精确对中，此时，如水准管气泡偏移，则再整平仪器，如此反复进行，直至对中、整平同时完成。

③ 瞄准。指望远镜准确瞄准目标，一般需要以下 4 个步骤。

a. 目镜对光。将望远镜对准明亮背景，转动目镜对光螺旋，使十字丝成像清晰，即十字丝最细最黑的状态。

b. 粗略瞄准。松开照准部制动螺旋与望远镜制动螺旋，转动照准部与望远镜，通过望远镜上的瞄准器对准目标，然后旋紧制动螺旋。

c. 物镜对光。转动位于镜筒上的物镜对光螺旋，使目标成像清晰并检查有无视差存在，如果发现有视差存在，应重新进行对光，直至消除视差。

d. 精确瞄准。旋转微动螺旋，使十字丝准确对准目标。观测水平角时，应尽量瞄准目标的基部，当目标宽于十字丝双丝距时，宜用单丝平分，如图 2.19（a）所示。目标窄于双丝距时，宜用双丝夹住，如图 2.19（b）所示。观测竖直角时，用十字丝横丝的中心部分对准目标位，如图 2.19（c）所示。

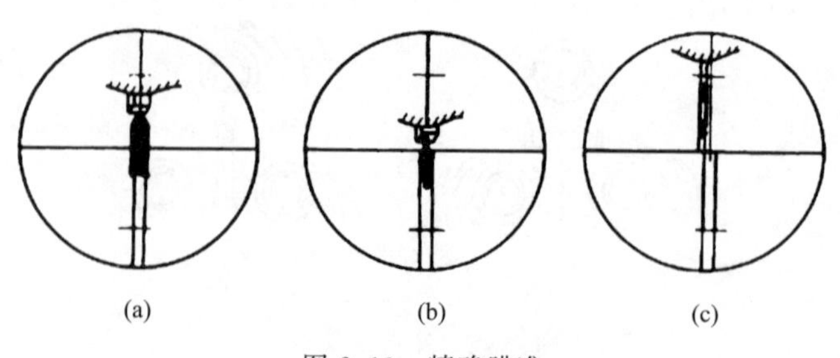

图 2.19 精确瞄准

④ 读数。读数前应调整反光镜的位置与开合角度，使读数显微镜视场内亮度适当，然后转动读数显微镜目镜进行对光，使读数窗成像清晰，再按本节（2）DJ6 级光学经纬仪的读数方法进行读数。

（4）经纬仪的保养与维护 与水准仪类似，养护得好可以延长寿命。

① 操作过程中，严禁碰动经纬仪。仪器必须架稳、架牢，面板螺丝拧紧。经纬仪操作过程中，对各旋钮用力要轻。在外作业时，经纬仪旁要随时有人防护，以免造成重大损失。

② 搬站时，应把经纬仪的所有制动螺旋适度拧紧，搬运过程中仪器脚架必须竖直拿稳，不得横扛在肩上。若距离远或者环境情况不好等，应将仪器装箱搬运。

③ 严禁随便拆开仪器。

④ 经纬仪从仪器箱中取出时，要用双手握住经纬仪基座部分，慢慢取出，作业完毕后，应将所有微动螺旋旋至中央位置，然后慢慢放入箱中，并固紧制动螺旋，不可强行或猛力关箱盖，仪器放入箱中后应立即上锁。

⑤ 在井下使用经纬仪时，要注意必须架设在顶板完好、无滴水的地方。凡是经纬仪外露部分，上面不能留存油渍，以免积累灰沙。

⑥ 清洁物镜和目镜时，应先用干净的软毛刷轻轻拂拭，然后用擦镜纸擦拭，严禁用其他物品擦拭镜面。

⑦ 经纬仪上的螺旋不润滑时不可强行旋转，必须检查其原因并及时排除，经纬仪任何部位发生故障，不应勉强继续使用，要立即检修，否则会加剧损坏的程度。

2.2.3 DJ2 级光学经纬仪（附视频）

（1）DJ2 级光学经纬仪的构造 DJ2 级光学经纬仪与 DJ6 级光学经纬仪相比，在轴系结构和读数设备上均不相同。DJ2 级光学经纬仪一般都采用对径分划线影像符合的读数设备，即将度盘上相对 180°的分划线，经过一系列棱镜和透镜的反射与折射后，显示在读数显微镜内，应用双平板玻璃或移动光楔的光学测微器，使测微时度盘分划线做相对移动，并用仪器上的测微轮进行操纵。采用对径符合和测微显微镜原理进行读数。图 2.20 所示为苏光 J2 光学经纬仪。

（2）DJ2 级光学经纬仪读数设备特点 与 DJ6 相比有以下特点。

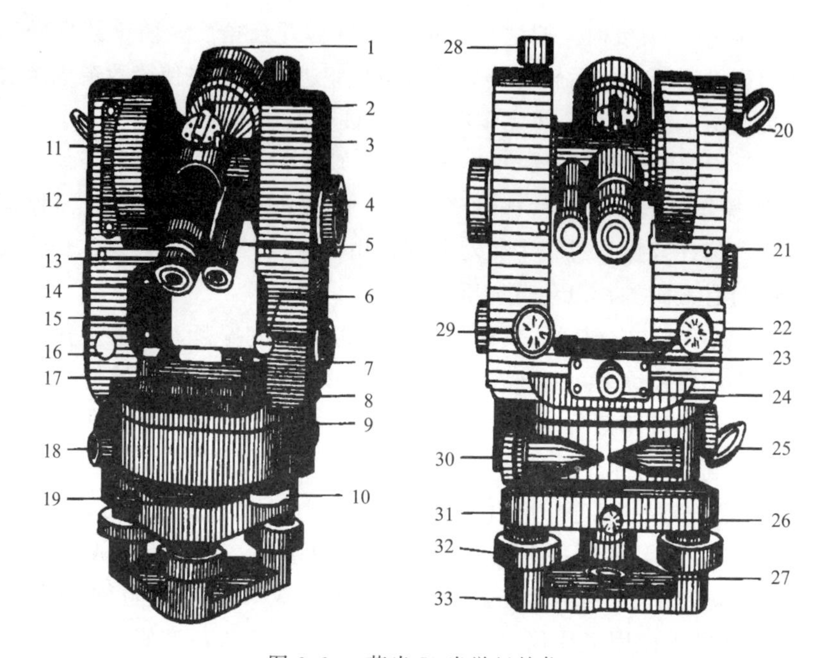

图 2.20 苏光 J2 光学经纬仪

1—望远镜物镜；2—光学瞄准器；3—十字丝照明反光板螺旋；4—测微轮；5—读数显微镜管；6—垂直微动螺旋弹簧套；7—度盘影像变换螺旋；8—照准部水准器校正螺丝；9—水平度盘物镜组盖板；10—水平度盘变换螺旋护盖；11—垂直度盘转像透镜组盖板；12—望远镜调焦环；13—读数显微镜目镜；14—望远镜目镜；15—垂直度盘物镜组盖板；16—垂直度盘指标水准器护盖；17—照准部水准器；18—水平制动螺旋；19—水平度盘变换螺旋；20—垂直度盘照明反光镜；21—垂直度盘指标水准器观察棱镜；22—垂直度盘指标水准器微动螺旋；23—水平度盘转像透镜组盖板；24—光学对点器；25—水平度盘照明反光镜；26—照准部与基座的连接螺旋；27—固紧螺母；28—垂直制动螺旋；29—垂直微动螺旋；30—水平微动螺旋；31—三角基座；32—脚螺旋；33—三角底板

① 与 DJ6 相比，照准部水准管灵敏度高；

② 望远镜放大倍率大；

③ 采用对径读数的方法能读得度盘对径分划数的读数平均值，从而消除了照准部偏心的影响，提高了读数的精度；

④ 在读数显微镜中，只能看到水平度盘读数

或竖盘读数，可通过换像手轮分别读数。

(3) DJ2 级光学经纬仪的读数方法 DJ2 经纬仪读数方法较多，不同厂家大多有各自的习惯，大致有以下几种。

① 对径符合读数。图 2.21 所示为一种 DJ2 光学经纬仪读数显微镜内符合读数法的视窗。读数窗中注记正字的为主像，倒字的为副像。其度盘分划值为 20′，左侧小窗内为分微尺影像。分微尺刻划由 0′～10′，注记在左边。最小分划值为 1″，按每 10″注记在右侧。

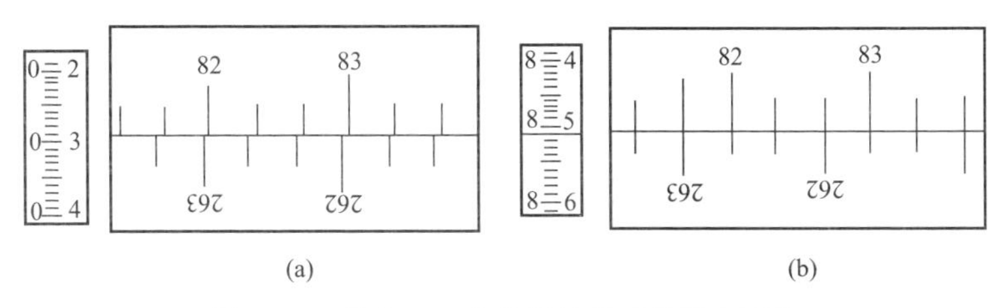

图 2.21 苏光 DJ2 光学经纬仪对径符合读数

读数时，先转动测微轮，使相邻近的主、副像分划线精确重合，如图 2.21（b）所示，以左边的主像度数为准读出度数，再从左向右读出相差 180°的主、副像分划线间所夹的格数，每格以 10′计。然后在左侧小窗中的分微尺上，以中央长横线为准，读出分数，10 秒数和秒数，并估读至 0.1″，三者相加即得全部读数。图 2.21（b）所示的读数为 82°28′51″。

注意

在主、副像分划线重合的前提下，也可读取度盘主像上任何一条分划线的度数，但如与其相差 180°的副像分划线在左边时，则应减去两分划线所夹的格数乘 10′，小数仍在分微尺上读取。例如图 2.21 (b)中，在主像分划线中读取 83°，因副像 263°分划线在其左边 4 格，故应从 83°中减去 40′，最后读数为 83°－40′＋8′51″＝82°28′51″，与根据先读 82°分划线算出的结果相同。

② 数字化读数。近年来生产的 DJ2 级光学经纬仪采用了新的数字

化读数装置。如图 2.22 所示，中窗为度盘对径分划影像，没有注记；上窗为度和整 10′注记，并用小方框标记整 10′数；下窗读数为不足 10′的分和秒的读数。读数时先转动测微手轮，使中窗主、副像分划线重合，然后进行读数。

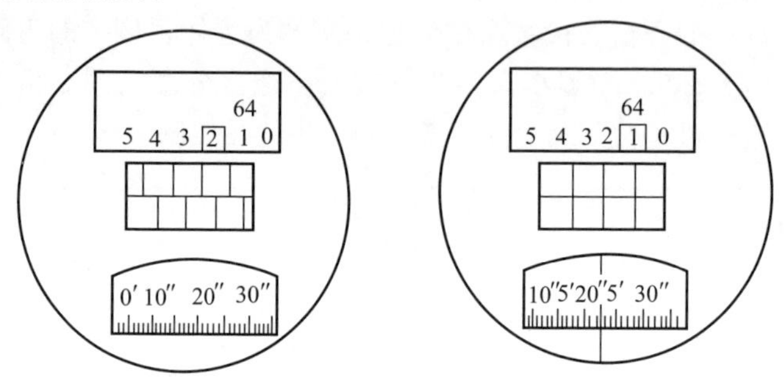

图 2.22　DJ2 级光学经纬仪“光学数字化”读数

图 2.22 中读数为 64°15′22.″6。

③ 符合读数。图 2.23 是北京光学仪器厂生产的 DJ2 级光学经纬仪，其采用的是符合读数装置，右下方为分划线重合窗，右上方读数窗中上面的数字为整度值，中间凸出的小方框中的数字为整 10′数，左下方为测微尺读数窗。

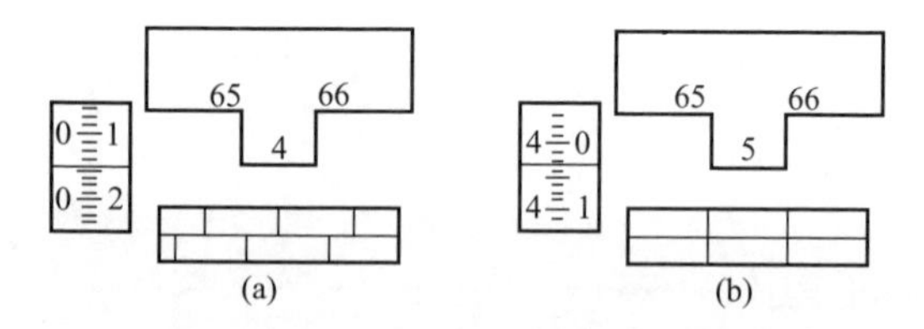

图 2.23　DJ2 级光学经纬仪符合读数

测微尺刻划有 600 小格，最小分划为 1″，可估读到 0.1″，全程测微范围为 10′。测微尺的读数窗中左边注记数字为分，右边注记数字为整 10″数。

其读数方法如下。

a. 转动测微轮，使分划线重合窗中上、下分划线精确重合，即从图 2.23（a）到图 2.23（b）。

b. 在读数窗中读出度数。

c. 在中间凸出的小方框中读出整10′数（显示数字×10）。

d. 在测微尺读数窗中，根据单指标线的位置，直接读出不足10′的分数和秒数，并估读到0.1″。

e. 将度数、整10′数及测微尺上读数相加，即为度盘读数。

在图2.23（b）中所示读数为

$$65^\circ+5\times10'+4'2.2''=65^\circ54'2.2''$$

2.2.4 激光经纬仪

(1) 激光经纬仪的构造 带有激光指向装置的经纬仪，是由激光器与经纬仪组合而成，经纬仪可以是光学的，也可以是电子的，激光器发射的激光可以与望远镜视准轴同轴（一体式）的，也可以是两个轴的（组合式）的。

图2.24是一体式激光经纬仪，图2.25是苏一光生产的组合式激光经纬仪。

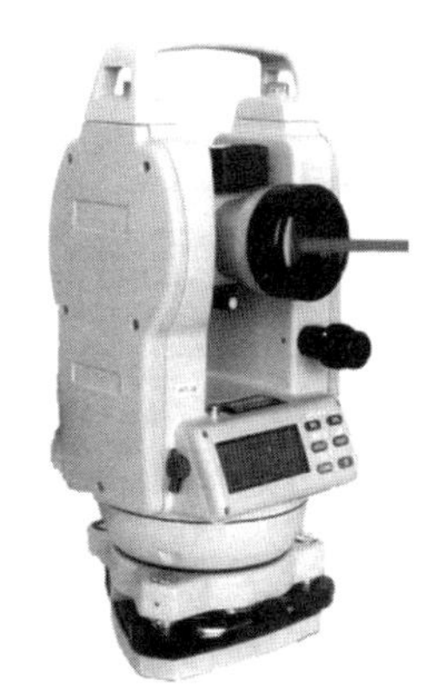

图2.24 一体式激光经纬仪

(2) 激光经纬仪的操作 经纬仪的操作与普通经纬仪相同，激光的操作与激光水准仪的激光部分操作相同。

(3) 激光经纬仪的特点 激光经纬仪可以在目标上显示一个明亮的光斑，因此具有如下特点。

① 因为经纬仪的望远镜可以在水平和竖直面内旋转，所以，在任何位置的人都可以清晰地看到激光经纬仪发射光束的光斑。

② 激光经纬仪靠发射激光束来扫描定点，所以观测视场比普通经纬仪大得多，实际工作中不受场地狭小的影响。

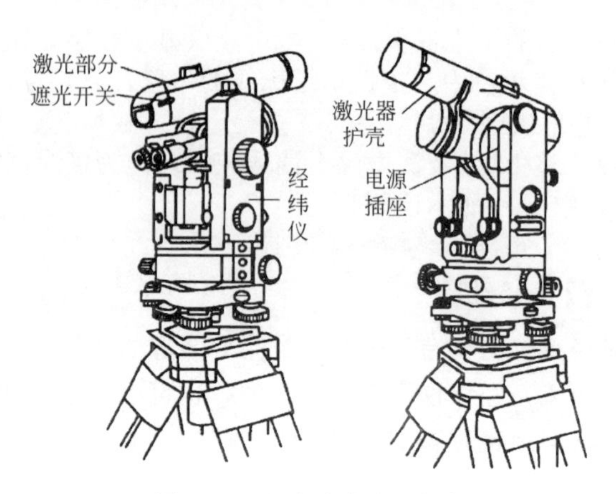

图 2.25 组合式激光经纬仪

③ 激光经纬仪可以向天顶发射光束，因此可以替代垂球吊线法测定垂直度，在高层建筑垂直定点中使用很方便，且准确、可靠，不受风力影响。

④ 能在黑夜或较暗的场所进行测量工作。

(4) 激光经纬仪的应用 激光经纬仪因为有上述的特点，应用于如下的测量场合：

① 高层建筑施工中垂直度观测和准直定位；

② 建筑构建和机具吊装的精密测平和垂直度控制测量；

③ 地下工程的轴线测设和导向测量工作。

2.2.5 电子经纬仪

(1) 电子经纬仪的结构 电子经纬仪与光学经纬仪具有类似的外形和结构特征，因此使用方法也基本相同。它们主要的区别在于读数系统，光学经纬仪是在 360°的全圆上均匀地刻上度（分）的刻划并注有标记，利用光学测微器读出分、秒值，电子经纬仪则采用光电扫描度盘和自动显示系统。

电子经纬仪获取电信号形式与度盘有关。目前有电子测角编码度盘、光栅度盘和格区式度盘三种形式。

(2) 电子经纬仪的特点 电子经纬仪主要体现电子方面的特征。

① 实现了测量的读数、记录、计算、显示自动一体化，避免了人

为的误差影响。

② 仪器的中央处理器配有专用软件，可自动对仪器几何条件进行检校。

③ 储存的数据可通过 I/O 接口输入计算机作相应的数据处理。

2.3　微倾水准仪的检验与校正

2.3.1　水准仪的主要轴线及应满足的条件（附视频）

如图 2.26 所示，水准仪的主要轴线是视准轴 CC、水准管轴 LL、仪器竖轴 VV 及圆水准器轴 $L'L'$。各轴线间应满足的几何条件如下。

(1) 圆水准器轴应平行于竖轴($L'L' \parallel VV$)　当条件满足时，圆水准气泡居中，仪器的竖轴处于垂直位置，这样仪器转动到任何位置，圆水准气泡都应该居中。

(2) 十字丝分划板的横丝应垂直于竖轴　即十字丝横丝水平。这样，在水准尺上进行读数时，可以用横丝的任何部位读数。

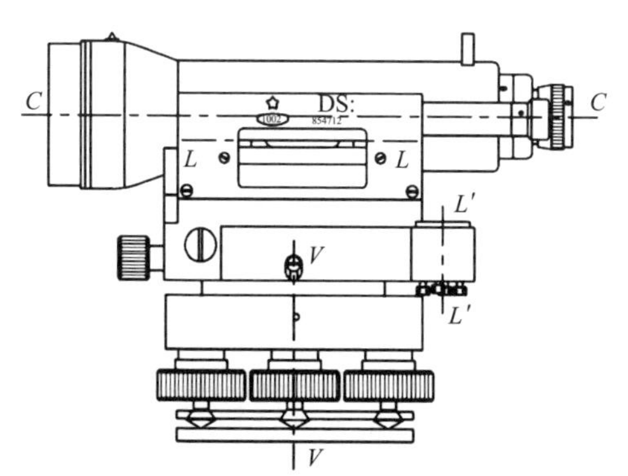

图 2.26　水准仪应满足的几何关系

(3) 管水准器轴平行于视准轴（$LL \parallel CC$）　当此条件满足时，水准管气泡居中，水准管轴水平，视准轴处于水平位置。

以上这些条件，在仪器出厂前经过严格检校都是满足的，但是由于仪器长期使用和运输中的振动等原因，可能使某些部件松动，上述各轴线间的关系会发生变化。因此，为保证水准测量质量，在正式作业前，必须对水准仪进行检验和校正。

2.3.2 圆水准的检验与校正(附视频)

(1) 检验 旋转脚螺旋，使圆水准气泡居中；将仪器绕竖轴旋转180°，如果气泡中心偏离圆水准器的零点，则说明 $L'L'$ 不平行于 VV，需要校正。

(2) 校正 旋转脚螺旋使气泡中心向圆水准器的零点移动偏距的一半，然后使用校正针拨动圆水准器的三个校正螺丝，如图2.27所示，使气泡移动到圆水准器的零点，将仪器再绕竖轴旋转180°，如果气泡中心与圆水准器的零点重合，则校正完毕，否则还要重复前面的校正工作，最后拧紧固定螺丝。

图2.27 圆水准器的校正

2.3.3 十字丝横丝的检验与校正(附视频)

(1) 检验 整平仪器后，用十字丝横丝的一端对准远处一明显标志点 P，如图2.28(a)所示，旋紧制动螺旋，旋转微动螺旋转动水准仪，如果标志点 P 始终在横丝上移动，如图2.28(b)所示，说明横丝垂直于竖轴。否则，需要校正，如图2.28(c)和(d)所示。

(2) 校正 旋下十字丝分划板护罩，如图2.28(e)所示，用螺丝刀松开四个压环螺丝，如图2.28(f)所示，按横丝倾斜的反方向转动十字丝组件，再进行检验。如果 P 点始终在横丝上移动，表明横丝已经水平，最后拧紧四个压环

螺丝。

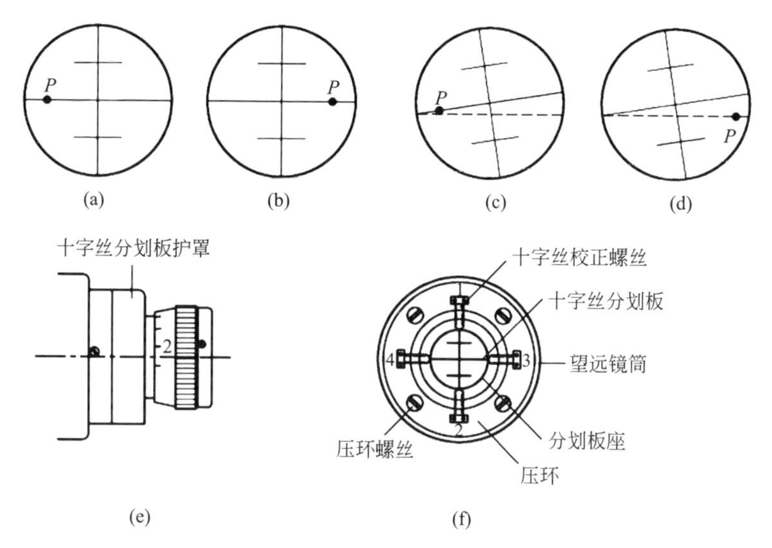

图 2.28 十字丝横丝的检验与校正

2.3.4 水准管轴的检验与校正（附视频）

(1) 检验 如图 2.29 所示，在平坦的地面上选定相距约 80m 的 A、B 两点，打木桩或放置尺垫作标志并在其上竖立水准尺。将水准仪安置在与 A、B 点等距离处的 C 点，采用变动仪器高法或双面尺法测出两点的高差，若两次测得的高差之差不超过 3mm，则取其平均值作为最后结果 h_{AB}。由于测站距两把水准尺的距离相等，所以，i 角引起的前、后视尺的读数误差 x（也称视准轴误差）相等，可以在高差计算中抵消，故 h_{AB} 不受 i 角误差的影响。

将水准仪搬到距离 B 点 2～3m 处，安置仪器，测量 A、B 两点的高差，设前、后视尺的读数分别为 a_2、b_2，由此计算出的高差为 $h'_{AB}=a_2-b_2$，两次设站观测的高差之差为：

$$\Delta h=h'_{AB}-h_{AB}$$

由图 2.29 可以写出 i 角的计算公式为：

$$i''=\frac{\Delta h}{S_{AB}}\rho''=\frac{\Delta h}{80}\rho''$$

式中，$\rho''=206265''$。

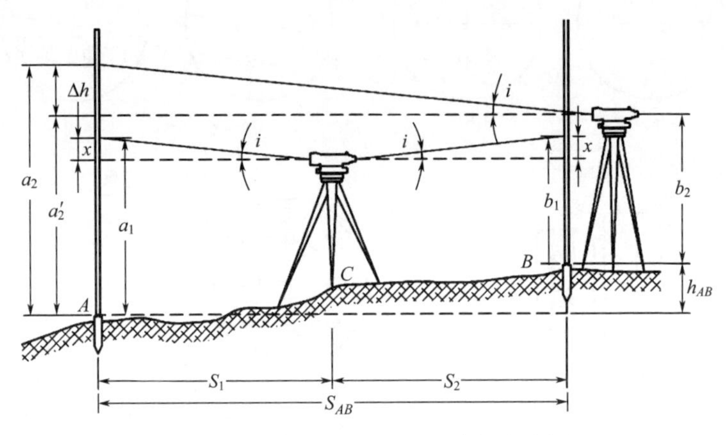

图 2.29 管水准器轴平行于视准轴的检验与校正

《水准仪检定规程》(JJG 425—2003) 规定，用于三、四等水准测量的水准仪，其 i 角不得大于 20″。否则需要校正。

(2) 校正 根据图 2.29 可以求出 A 点水准标尺上的正确读数为 $a'_2=a_2-\Delta h$。旋转微倾螺旋，使十字丝横丝对准 A 尺上的正确读数 a'_2，此时，视准轴已经处于水平位置，而管水准气泡必然偏离中心。可以用校正针拨动管水准器一端的上、下两个校正螺丝，如图 2.30 所示，气泡的两个影像符合。注意，这种成对的校正螺丝在校正时应遵循“先松后紧”的规则，即如果要抬高管水准器的一端，必须先松开上校正螺丝，让出一定的空隙，然后旋出下校正螺丝。

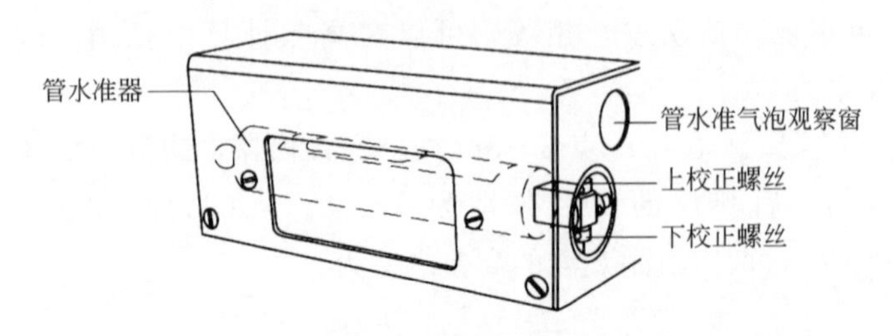

图 2.30 管水准器的校正

2.4 经纬仪的检验与校正

为了使经纬仪在测角时能测出符合精度要求的测量成果，测量前对所使用的仪器要进行检验校正。由于仪器在搬运、装箱、使用的各个过程中，使仪器各部分轴线之间应该保证的几何条件可能改变，因此，在使用仪器之前，应进行检验校正，来调整轴线之间的几何关系。

2.4.1 经纬仪轴线及应满足的几何条件（附视频）

如图 2.31 所示，经纬仪的几何轴线有：望远镜的视准轴 CC、横轴（望远镜俯仰转动的轴）HH、照准部水准管轴 LL 和仪器的竖轴 VV。测量角度时，经纬仪应满足下列几何条件：

光学经纬仪各轴线的关系

① 照准部水准管轴应垂直于竖轴（$LL \perp VV$）；

② 十字丝竖丝应垂直于横轴；

③ 视准轴应垂直于横轴（$CC \perp HH$）；

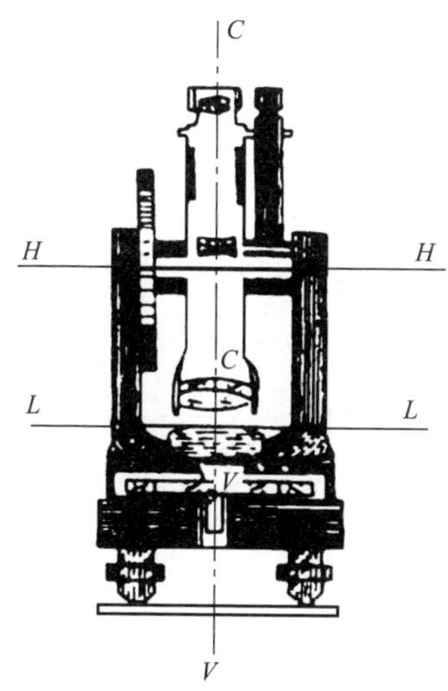

图 2.31 经纬仪几何轴关系

④ 横轴应垂直于竖轴（$HH \perp VV$）；

⑤ 竖盘指标差应等于零。

2.4.2 照准部水准管轴应垂直于竖轴的检验与校正

(1) 检验 将仪器大致整平后，转动照准部，使水准管分别与任意一对脚螺旋的连线平行，如图 2.32 所示，此时若水准管气泡仍居中，则条件满足，若气泡偏离零点位置一格以上，则应进行校正。

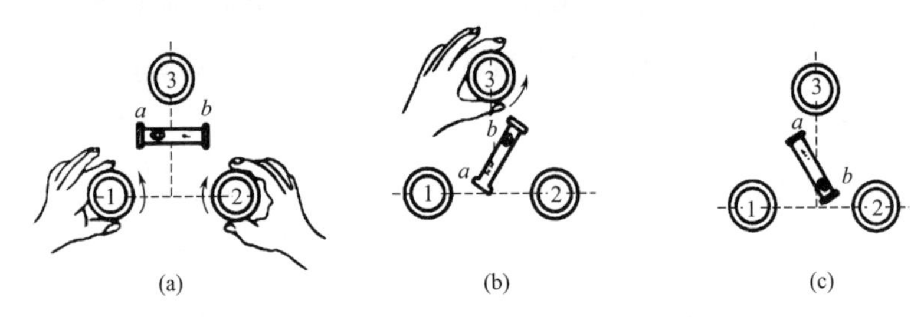

图 2.32 管水准器的检验与校正

(2) 校正 校正时，用校正针拨动水准管校正螺丝，使其气泡精确居中即可。由于经过图 2.32 中（a）、（b）两步连续操作后，①、②脚螺旋已等高，因此，在校正时应注意不能再转动这两个脚螺旋。

这项校正要反复进行，直至照准部转到任何位置，气泡均居中或偏离零点位置不超过半个格为止。对于圆水准器的检验校正，可利用已校正好的水准管整平仪器，此时若圆水准气泡偏离零点位置，则用校正针拨动其校正螺丝，使气泡居中即可。

2.4.3 十字丝纵丝垂直于横轴的检验与校正

(1) 检验 整平仪器，以十字丝的交点精确瞄准任一清晰的小点 P，如图 2.33 所示。拧紧照准部和望远镜制动螺旋，转动望远镜微动螺旋，使望远镜作上、下微动，如果所瞄准的小点始终不偏离纵丝，则说明条件满足。若十字丝交点移动的轨迹明显偏离了 P 点，如图 2.33 中的虚线所示，则需进行校正。

(2) 校正 卸下目镜处的外罩，即可见到十字丝分划板校正设备，如图 2.34 所示。松开四个十字丝分划板套筒压环固定螺丝，转动十字丝套筒，直至十字丝纵丝始终在 P 点上移动，然后将压环固定螺丝旋紧。

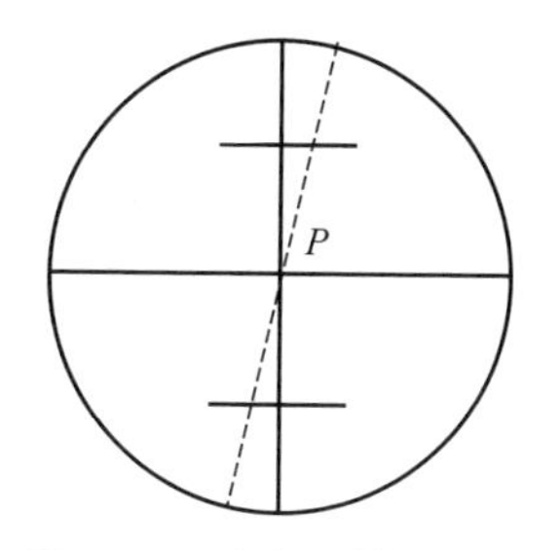

图 2.33 十字丝纵丝检验

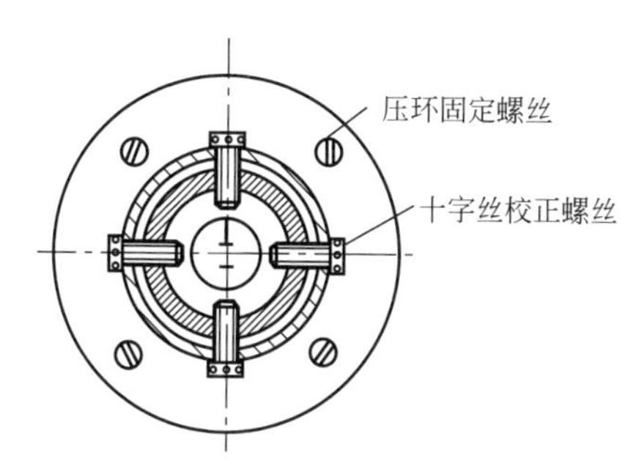

图 2.34 十字丝分划板校正设备

2.4.4 视准轴垂直于横轴的检验与校正

视准轴不垂直于横轴所偏离的角度叫照准误差，一般用 c 表示。它是由于十字丝交点位置不正确所引起的。因照准误差的存在，当望远镜绕横轴旋转时，视准轴运行的轨迹不是一个竖直面而是一个圆锥面。所以当望远镜照准同一竖直面内不同高度的目标时，其水平度盘的读数是不相同的，从而产生测角误差。因此，视准轴必须垂直于横轴。

(1) 检验 整平仪器后，以盘左位置瞄准远处与仪器大致同高的点 P，读取水平度盘读数 a_1，转动望远镜，以盘右位置瞄准同一点，并读取水平盘读数 a_2。如果两者相差 180°，则条件满足，否则应进行校正。

(2) 校正 转动照准部微动螺旋，使盘右时水平度盘读数对准正确读数 a（a_1、a_2 的平均值），这时十字丝交点已偏离 P 点。用校正拨针拨动十字丝环的左右两个校正螺丝，如图 2.34 所示，一松一紧使十字丝环水平移动，直至十字丝交点对准 P 点为止。

由此检校可知，盘左、盘右瞄准同一目标并取读数的平均值，可以抵消视准轴误差的影响。

2.4.5 横轴垂直于竖轴的检验与校正

若横轴不垂直于竖轴，视准轴绕横轴旋转时，视准轴移动的轨迹将是一个倾斜面，而不是一个竖直面。这对于观测同一竖直面内不同高度的目标时，将得到不同的水平度盘读数，从而产生测角误差。因此，横轴必须垂直于竖轴。

(1) 检验 在距一洁净的高墙 20～30m 处安置仪器，以盘左瞄准墙面高处的一固定点 P（视线尽量正对墙面，其仰角应大于 30°），固定照准部，然后大致放平望远镜，按十字丝交点在墙面上定出一点 A，如图 2.35（a）所示。同样再以盘右瞄准 P 点，放平望远镜，在墙面上定出一点 B，如图 2.35（b）所示。如果 A、B 两点重合，则满足要求，否则需要进行校正。

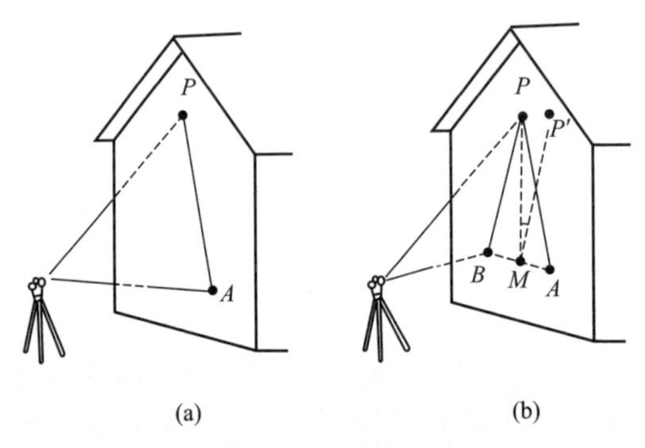

图 2.35 横轴垂直于竖轴的检验与校正

(2) 校正 取 AB 的中点 M，并以盘右（或盘左）位置瞄准 M 点，固定照准部，抬高望远镜使其与 P 点同高，此时十字丝交点将偏离 P 点而落到 P' 点上。校正时，可拨动图 2.36 所示支架上的偏心轴承板，使横轴的右端升高或降低，直至十字丝交点对准 P 点，此时，横轴误差已消除。

图 2.36 所示为 DJ6 级光学经纬仪常见的横轴校正装置。校正时，打开仪器右端支架的护盖，放松三个偏心轴承板校正螺丝，转动偏心轴承板，即可使得横轴右端升降。由于光学经纬仪的横轴是密封的，一般

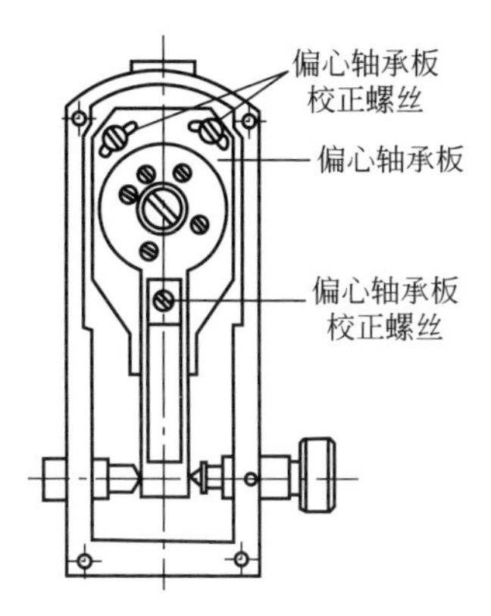

图 2.36 DJ6 级光学经纬仪常见的横轴校正装置

能够满足横轴与竖轴相垂直的条件，测量人员只要进行此项检验即可，若需校正，应由专业检修人员进行。

2.4.6 竖盘指标差的检验与校正（附视频）

观测竖直角时，采用盘左、盘右观测并取其平均值，可消除竖盘指标差对竖直角的影响，但在地形测量时，往往只用盘左位置观测碎部点，如果仪器的竖盘指标差较大，就会影响测量成果的质量。因此，应对其进行检校消除。

(1) 检验 安置仪器，分别用盘左、盘右瞄准高处某一固定目标，在竖盘指标水准管气泡居中后，各自读取竖盘读数 L 和 R。计算指标差 x 值，若 $x=0$，则条件满足。如 x 值超出 $\pm 2'$ 时，应进行校正。

(2) 校正 检验结束时，保持盘右位置和照准目标点不动，先转动竖盘指标水准管微动螺旋，使盘右竖盘读数对准正确读数$R-x$，此时竖盘指标水准管气泡偏离居中位置，然后用校正拨针拨动竖盘指标水准管校正螺钉，使气泡居中。反复进行几次，直至竖盘指标差小于$\pm 1'$为止。

2.4.7 光学对中器的检验与校正

光学对中器的精度直接影响测角的精度，检验的目的使光学对中器视准轴与仪器竖轴重合。

(1) 检验 分为以下两种情况。

① 装置在照准部上的光学对中器的检验。精确地安置经纬仪，在脚架的中央地面上放一张白纸，由光学对中器目镜观测，将光学对中器分划板的刻划中心标记于纸上，然后，水平旋转照准部，每隔120°用同样的方法在白纸上作出标记点，如三点重合，说明此条件满足，否则需要进行校正。

② 装置在基座上的光学对中器的检验。将仪器侧放在特制的夹具上，照准部固定不动，而使基座能自由旋转，在距离仪器不小于2m的墙壁上钉贴一张白纸，用上述同样的方法，转动基座，每隔120°在白纸上作出一标记点，若三点不重合，则需要校正。

(2) 校正 在白纸的三点构成误差三角形，绘出误差三角形外接圆的圆心。由于仪器的类型不同，校正部位也不同。有的校正转向直角棱镜，有的校正分划板，有的两者均可校正。校正时均需通过拨动对点器上相应的校正螺丝，调整目标偏离量的一半，并反复1～2次，直到照准部转到任何位置观测时，目标都在中心圈以内为止。

需要注意的光学经纬仪这六项检验校正的顺序不能颠倒，而且照准部水准管轴垂直于仪器的竖轴的检校是其他项目检验与校正的基础，这一条件不满足，其他几项检验与校正就不能正确进行。另外，竖轴不铅垂对测角的影响不能用盘左、盘右两个位置观测来消除，所以此项检验与校正也是主要的项目。其他几项，在一般情况下有的对测角影响不大，有的可通过盘左、盘右两个位置观测来消除其对测角的影响，因此是次要的检校项目。

2.5 全站仪

2.5.1 全站仪的概念

(1) 全站仪的定义 即全站型电子速测仪，是一种集光、机、电为一体的高技术测量仪器，也是集水平角、垂直角、距离（斜距、平距）、高差测量功能于一体的测绘仪器系统。因其一次安置仪器就可完成该测站上全部测量工作，所以称之为全站仪。全站仪具有角度测量、距离（斜距、平距、高差）测量、三维坐标测量、导线测量、交会定点测量和放样测量等多种用途，广泛用于地上大型建筑和地下隧道施工等精密工程测量或变形监测领域。

(2) 全站仪的特点 高度光、机、电集成，具有如下特点：

① 测量的距离长、时间短、精度高；

② 能同时测角、测距并自动记录测量数据；

③ 设有各种野外应用程序，能在测量现场得到归算结果。

目前，世界上最高精度的全站仪：测角精度（一测回方向标准偏差）0.5″，测距精度 1mm＋1ppm。利用 ATR 功能，白天和黑夜（无需照明）都可以工作。全站仪已经达到令人难以置信的角度和距离测量精度，既可人工操作也可自动操作，既可远距离遥控运行也可在机载应用程序控制下使用，可使用在精密工程测量、变形监测、几乎是无容许限差的机械引导控制等应用领域。

(3) 全站仪的标称精度 全站仪的标称精度是指距离测量的精度，表示为：$\pm(a+b\times D)$，其中，a 表示绝对误差，D 表示测量两点之间的距离，$b\times D$ 为比例误差，b 为比例误差系数。

如：日本索佳的 SET1010 全站仪的标称精度为：$\pm(2\text{mm}+2\text{ppm}\times D)$（$1\text{ppm}=10^{-6}$）。

2.5.2 全站仪的分类

(1) 按结构形式分 20 世纪 80 年代末 90 年代初，人们根据电子测角系统和电子测距系统的发展不平衡，将全站仪分成两大类，即组合式和整体式。

组合式也称积木式，它是指电子经纬仪和测距仪既可以分离也可以组合。用户可以根据实际工作的要求，选择测角、测距设备进行组合。整体式也称集成式，它是指电子经纬仪和测距仪做成一个整体，无法分离。从 20 世纪 90 年代起，已逐渐发展为组合式全站仪。

(2) 按数据存储方式分 有内存型和电脑型两种。内存型的功能扩充只能通过软件升级来完成；电脑型的功能可以直接通过二次开发来实现。

(3) 按测程来分 有短程、中程和远程三种。测程＜3km 的为短程；测程在 3～15km 的为中程；测程＞15km 的为远程。

(4) 按测距精度分 有Ⅰ级（5mm）、Ⅱ级（5～10mm）和Ⅲ级

(>10mm)。

(5) 按测角精度分 有 0.5″、1″、2″、3″、5″、10″ 等几个等级。

(6) 按载波分 有微波测距仪和光电测距仪两种。采用微波段的电磁波作为载波的称为微波测距仪；采用光波作为载波的称为光电测距仪。

2.5.3 全站仪的构造（附视频）

扫码看视频

全站仪的构造

(1) 全站仪基本构造 全站型电子速测仪是由测角、测距、计算和数据存储系统等组成。图 2.37 所示为我国生产的 NTS-320 型全站仪。

① 电子测角系统。全站仪的电子测角系统采用了光电扫描测角系统，其类型主要有：编码盘测角系统、光栅盘测角系统及动态（光栅盘）测角系统三种。

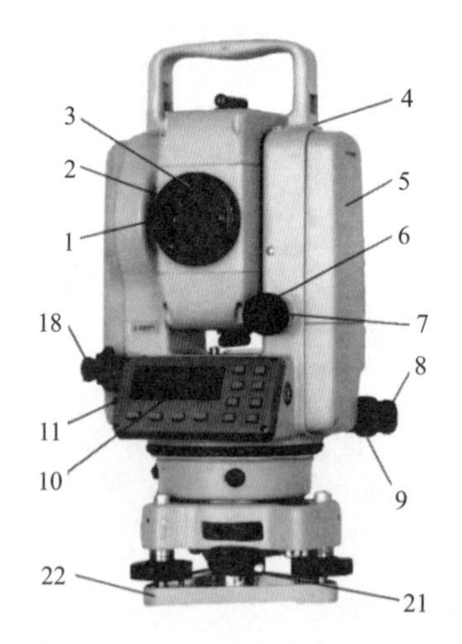

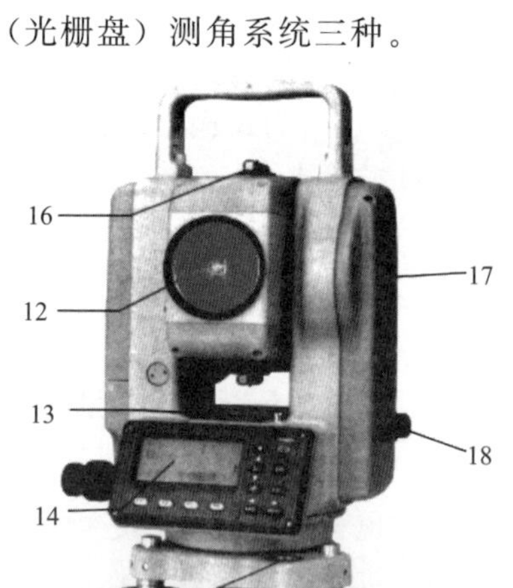

图 2.37 NTS-320 型全站仪

1—目镜；2—望远镜调焦螺旋；3—望远镜把手；4—电池锁紧杆；5—电池 NB-20A；6—垂直制动螺旋；7—垂直微动螺旋；8—水平微动螺旋；9—水平制动螺旋；10—显示屏；11—数据通信接口；12—物镜；13—管水准器；14—显示屏；15—圆水准器；16—粗瞄器；17—仪器中心标志；18—光学对中器；19—脚螺旋；20—圆水准器校正螺旋；21—基座固定钮；22—底板

② 四大光电系统。全站仪上半部分包含有测量的四大光电系统，即水平角测量系统、竖直角测量系统、水平补偿系统和测距系统。通过键盘可以输入操作指令、数据和设置参数。以上各系统通过I/O接口接入总线与微处理机联系起来。

③ 数据采集系统。全站仪主要由为采集数据而设置的专用设备（主要有电子测角系统、电子测距系统、数据存储系统、自动补偿设备等）和过程控制机（主要用于有序地实现上述每一专用设备的功能）组成。过程控制机包括与测量数据相连接的外围设备及进行计算、产生指令的微处理机。只有上面两大部分有机结合，才能真正地体现“全站”功能，即既要自动完成数据采集，又要自动处理数据和控制整个测量过程。

④ 微处理系统（CPU）。它是全站仪的核心部件，主要由寄存器系列（缓冲寄存器、数据寄存器、指令寄存器）、运算器和控制器组成。微处理机的主要功能是根据键盘指令启动仪器进行测量工作，执行测量过程中的检核和数据传输、处理、显示、储存等工作，保证整个光电测量工作有条不紊地进行。输入输出设备是与外部设备连接的装置（接口），输入输出设备使全站仪能与磁卡和微机等设备交互通信、传输数据。

(2) 全站仪基本构造特点 与电子经纬仪、光学经纬仪相比，全站仪增加了许多特殊部件，因此使得全站仪具有其他测角、测距仪器所没有的功能，使用也更方便。

① 同轴望远镜。全站仪的望远镜实现了视准轴、测距光波的发射、接收光轴同轴化。同轴性使得望远镜一次瞄准即可实现同时测定水平角、垂直角和斜距等全部基本测量要素的测定功能。加之全站仪强大、便捷的数据处理功能，使全站仪使用极其方便。

② 双轴自动补偿。全站仪特有的双轴（或单轴）倾斜自动补偿系统，可对纵轴的倾斜进行监测，并在度盘读数中对因纵轴倾斜造成的测角误差自动加以改正。也可通过将由竖轴倾斜引起的角度误差，由微处理器自动按竖轴倾斜改正计算式计算，并加入度盘读数中加以改正，使度盘显示读数为正确值，即所谓纵轴倾斜自动补偿。

③ 键盘。它是全站仪在测量时输入操作指令或数据的硬件，全站型仪器的键盘和显示屏均为双面式，便于正、倒镜作业时操作。

④ 存储器。存储器的作用是将实时采集的测量数据存储起来，再根据需要传送到其他设备如计算机等中，供进一步的处理或利用，全站仪的存储器有内存储器和存储卡两种。

全站仪内存储器相当于计算机的内存（RAM），存储卡是一种外存储媒体，又称 PC 卡，作用相当于计算机的磁盘。

2.5.4 几种常见全站仪的主要参数

(1) 主要技术指标 几种常见全站仪的主要技术参数见表 2.8。

表 2.8 几种常见全站仪的主要技术参数

指标项		测角精度(标准差)/(″)	测距精度(mm+D×10⁻⁶)	测程(单棱镜)/km	自动补偿机构	补偿范围/(′)	补偿精度/(″)	数据记录装置	内置应用程序
徕卡(Leica)	TC6005	5	3+3	1.1	双轴	±3	±2	内置内存或RS-232 接口	有
	TC1100	3	2+2	3.5	双轴	±3	±1	PCMCIA 存储卡或 RS-232 接口	有
	TC1500	2	2+2	3.5	双轴	±3	±0.3	PCMCIA 存储卡或 RS-232 接口	有
拓普康(Topcon)	GTS-700	1	2+2	2.7	双轴	±3	1	PCMCIA 存储卡	有
	GTS-301S	2	2+2	2.7	双轴	±3	1	RS-232 接口	有
	GTS-211D	5	3+2	1.2	双轴	±3	1	RS-232 接口	有
索佳(Sokkia)	SET2C/2B	2	3+2	2.7	双轴	±3	±1	SDC4 存储卡或 RS-232 接口	有
	SET5F	5	3+2	1.5	双轴	±3	1	内置内存或RS-232 接口	有
	NET2B	2	1+0.7	0.5～1.0	双轴	±3	1	RS-232 接口	有
尼康(Nikon)	DTM-A10LG	5	3+3	2.0	单轴	±3	±1	RS-232 接口或NK-NET 接口	有
	DTM-A5LG	2	2+2	1.8 0.7	单轴	±3	±1	RS-232 接口或NK-NET 接口	有
宾得(Pentax)	PTS-V2	2	5+3	3.6	双轴	±3	—	RS-232 接口	有
	PCS-215	5	5+3	2.0	无	±3	—	RS-232 接口	有

(2) 全站仪数据通信 全站仪通信是指全站仪和计算机之间的数据交换。目前全站仪主要用两种方式与计算机通信：一是利用全站仪原配置的 PCMCIA 卡；另一种是利用全站仪的输出接口，通过电缆传输

数据。

① PCMCIA 卡。简称 PC 卡，是标准计算机设备的一种配件，目的在于提高不同计算机型以及其他电子产品之间的互换性，目前已成为便携式计算机的扩充标准。

在设有 PC 卡接口全站型电子速测仪上，只要插入 PC 卡，全站型电子速测仪测量的数据将按规定格式记录到 PC 卡上。取出该卡后，可直接插入带 PC 记录卡接口的计算机上，与之直接通信。

② 电缆传输。通信的另一种方式是全站仪将测量或处理的数据，通过电缆直接传输到电子手簿或电子平板系统。由于全站仪每次传输的数据量不大，所以几乎所有的全站仪都采用串行通信方式。串行通信方式是数据依次一位一位地传递，每一位数据占用一个固定的时间长度，只需一条线传输。

最常用的串行通信接口是由电子工业协会 EIA 规定的 RS-232C 标准接口，每一针的传输功能都有标准的规定，传输测量数据最常用的只有 3 条传输线，即发送数据线、接收数据线和地线，其余的线供控制传输用。

③ 几种常用全站仪数据通信。徕卡（Leica）全站仪设有数据接口，配专用 5 针插头，宾得（Pentax）、索佳（Sokkia）、拓普康（Topcon）全站仪都配 6 针接口，如图 2.38 所示。

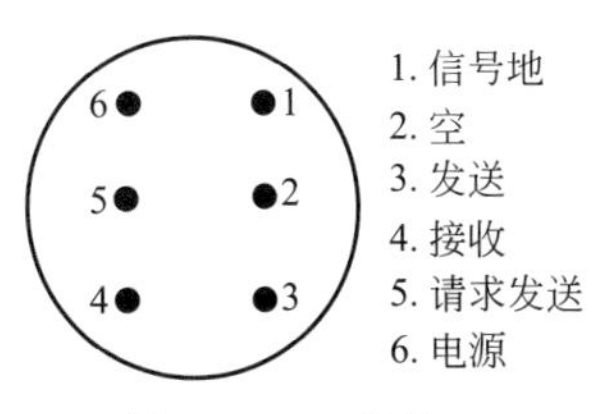

图 2.38　6 针接口

2.5.5　全站仪的工作原理

电子测距是以电磁波作为载波，传输光信号来测量距离的一种方法。欲测定 A、B 两点间的距离 D，安置仪器于 A 点，安置反射镜于 B 点。仪器发射的光束由 A 至 B，经反射镜反射后又返回到仪器。设光速 c 为已知，如果光束在待测距离 D 上往返传播的时间 t。已知，则距离 D 可由下式求出：

$$D=\frac{1}{2}ct_0$$

式中 c——$c=c_0/n$，c_0 为真空中的光速值，其值为 299792458m/s；

n——大气折射率，它与测距仪所用光源的波长、测线上的气温 t、气压 P 和湿度 e 有关；

t_0——全站仪测距信号从仪器到观测目标往返的时间。

测定距离的精度，主要取决于测定时间的精度，例如要求保证±1cm的测距精度，时间测定要求准确到 6.7×10^{-11}s，这是难以做到的。因此，大多采用间接测定法测定。间接测定的方法有下列两种。

(1) 脉冲式测距 由测距仪的发射系统发出光脉冲，经被测目标反射后，再由测距仪的接收系统接收，测出这一光脉冲往返所需时间间隔的脉冲的个数以求得距离 D。由于计数器的频率一般为 300MHz(300×10^6Hz)，测距精度为 0.5m，精度较低。

(2) 相位式测距 由测距仪的发射系统发出一种连续的调制光波，测出该调制光波在测线上往返传播所产生的位移，以测定距离 D。红外光电测距仪一般都采用相位测距法。

2.5.6 全站仪的使用（附视频）

(1) 安置仪器 与经纬仪相同。

(2) 水平角测量 与经纬仪基本相同。

全站仪的使用

全站仪操作面板的使用

① 按角度测量键，使全站仪处于角度测量模式，照准第一个目标 A。

② 设置 A 方向的水平度盘读数为 0°00′00″。

③ 照准第二个目标 B，此时显示的水平度盘读数即为两方向间的水平夹角。

(3) 距离测量 根据要求可以测量斜距、平距、高差等。

① 设置棱镜常数。测距前须将棱镜常数输入仪器，仪器会自动对所测距离进行改正。

② 设置大气改正值或气温、气压值。光在大气中的传播速度会随

大气的温度和气压而变化，15℃和760mmHg是仪器设置的一个标准值，此时的大气改正为0ppm。实测时，可输入温度和气压值，全站仪会自动计算大气改正值（也可直接输入大气改正值），并对测距结果进行自动改正。

③ 量仪器高、棱镜高并输入仪器。

④ 距离测量。照准目标棱镜中心，按测距键，距离测量开始，测距完成时显示斜距、平距、高差。

全站仪的测距模式分为精测模式、跟踪模式、粗测模式三种。精测模式是最常用的测距模式，测量时间约2.5s，最小显示单位1mm；跟踪模式，常用于跟踪移动目标或放样时连续测距，最小显示一般为1cm，每次测距时间约0.3s；粗测模式，测量时间约0.7s，最小显示单位1cm或1mm。在距离测量或坐标测量时，可按测距模式(MODE)键选择不同的测距模式。

注意

有些型号的全站仪在距离测量时不能设定仪器高和棱镜高，显示的高差值是全站仪横轴中心与棱镜中心的高差。

(4) 坐标测量 测量被测点的三维坐标。

① 设定测站点的三维坐标。

② 设定后视点的坐标或设定后视方向的水平度盘读数为其方位角。当设定后视点的坐标时，全站仪会自动计算后视方向的方位角，并设定后视方向的水平度盘读数为其方位角。

③ 设置棱镜常数。

④ 设置大气改正值或气温、气压值。

⑤ 量仪器高、棱镜高并输入全站仪。

⑥ 照准目标棱镜，按坐标测量键，全站仪开始测距并计算显示测点的三维坐标。

2.5.7 拓普康（Topcon）全站仪

拓普康全站仪有些型号的仪器是英文版的。

(1) 角度测量（angle observation） 与电子经纬仪相同。

① 功能。可进行水平角、竖直角的测量。

② 方法。与经纬仪相同。若要测出水平角$\angle AOB$，其步骤如下。

a. 当精度要求不高时，瞄准 A 点—置零（0SET）—瞄准 B 点，记下水平度盘 HR 的数值。

b. 当精度要求高时，可用测回法（method of observation set）。操作步骤与用经纬仪操作一样，只是配置度盘时，按“置盘”（HSET）。

(2) 距离测量（distance measurement） 与测距仪相同，目前大多采用全站仪，而不单独使用测距仪。PSM、PPM 的设置——测距、测坐标、放样。

① 棱镜常数（PSM）的设置。一般 PSM=0(原配棱镜)、−30mm(国产棱镜)。

② 大气改正数（PPM)(乘常数）的设置。输入测量时的气温(TEMP)、气压（PRESS)，或经计算后，直接输入 PPM 值。

③ 功能。可测量平距 HD、高差 VD 和斜距 SD（全站仪镜点至棱镜镜点间高差及斜距)。

④ 方法。照准棱镜点，按“测量”（MEAS)。

(3) 坐标测量（coordinate measurement） 普通测量不具备该项功能。

① 功能。可测量目标点的三维坐标（X，Y，H)。

② 方法。按以下步骤进行。

a. 输入测站 S（X，Y，H)，仪器高 i，棱镜高 v；

b. 瞄准后视点 B，设置水平度盘读数；

c. 瞄准目标棱镜点 T，按“测量”，即可显示点 T 的三维坐标。

(4) 点位放样（layout） 普通测量不具备该项功能。

① 功能。根据设计的待放样点 P 的坐标，在实地标出 P 点的平面位置及填挖高度。

② 方法。按以下步骤进行。

a. 在大致位置立棱镜，测出当前位置的坐标；

b. 将当前坐标与待放样点的坐标相比较，得距离差值 dD 和角度差 dHR 或纵向差值 ΔX 和横向差值 ΔY；

c. 根据显示的 dD、dHR 或 ΔX、ΔY，逐渐找到放样点的位置。

(5) 程序测量 (programs) 普通测量不具备该项功能。

① 数据采集 (data collecting)。

② 坐标放样 (layout)。

③ 对边测量 (MLM)、悬高测量 (REM)、面积测量 (AREA)、后方交会 (RESECTION) 测量等。

④ 数据存储管理，包括数据的传输、数据文件的操作（改名、删除、查阅）。

(6) 仪器面板外观和功能说明 不同厂家生产的全站仪的控制面板相差较大，同厂家不同型号的全站仪其控制面板基本相同，但要注意有些厂家生产的全站仪既有英文版（针对欧洲和美洲市场生产）又有汉语版（针对中国市场生产），应注意控制面板的功能标注，使用前要仔细阅读使用说明书。

Topcon GTS-312 面板上按键功能见表 2.9。

表 2.9 Topcon GTS-312 面板上按键功能

符号	意 义
[illegible]	进入坐标测量模式键
◢	进入距离测量模式键
ANG	进入角度测量模式键
MENU	进入主菜单测量模式键
ESC	用于中断正在进行的操作，退回到上一级菜单
POWER	电源开关键
◀ ▶	光标左右移动键
▲ ▼	光标上下移动、翻屏键
F1、F2、F3、F4	软功能键，其功能分别对应显示屏上相应位置显示的命令

显示屏上显示符号的含义见表 2.10。

表 2.10 显示屏上显示符号的含义

符号	意　义	符号	意　义
V	竖盘读数	HD	水平距离
HR	水平读盘读数(右向计数)	SD	斜距
HL	水平读盘读数(左向计数)	*	正在测距
VD	仪器望远镜至棱镜间高差	Z	天顶方向坐标,高程 H
N	北坐标,x	E	东坐标,y

(7) 测量模式介绍 主要包括角度测量、距离测量、坐标测量三种模式。

① 角度测量模式。按 ANG 进入，可进行水平、竖直角测量，倾斜改正开关设置，见表 2.11。

表 2.11 角度测量模式

页	键	显示	功能
第 1 页	F1	0SET：	设置水平读数为:0°00′00″
	F2	HOLD：	锁定水平读数
	F3	HSET：	设置任意大小的水平读数
	F4	P1↓：	进入第 2 页
第 2 页	F1	TILT：	设置倾斜改正开关
	F2	REP：	复测法
	F3	V%：	竖直角用百分数显示
	F4	P2↓：	进入第 3 页
第 3 页	F1	H-BZ：	仪器每转动水平角 90°时,是否要蜂鸣声
	F2	R/L：	右向水平读数 HR/左向水平读数 HL 切换,一般用 HR
	F3	CMPS：	天顶距 V/竖直角 CMPS 的切换,一般取 V
	F4	P3↓：	进入第 1 页

② 距离测量模式。按◢进入，可进行水平角、竖直角、斜距、平距、高差测量及 PSM、PPM、距离单位等设置，见表 2.12。

表 2.12 距离测量模式

页	键	显示	功能
第 1 页	F1	MEAS：	偏心测量方式
	F2	MODE：	设置测量模式,Fine/Coarse/Tracking(精测/粗测/跟踪)
	F3	S/A：	设置棱镜常数改正值(PSM)、大气改正值(PPM)
	F4	P1↓：	进入第 2 页
第 2 页	F1	OFFSET：	设置倾斜改正开关
	F2	SO：	距离放样测量方式
	F3	m/f/i：	距离单位米/英尺/英寸的切换
	F4	P2↓：	进入第 1 页

③ 坐标测量模式。按⋭进入，可进行坐标（N，E，H）、水平角、

竖直角、斜距测量及 PSM、PPM、距离单位等设置，见表 2.13。

表 2.13 坐标测量模式

第 1 页	F1	MEAS：	进行测量
	F2	MODE：	设置测量模式，Fine/Coarse/Tracking
	F3	S/A：	设置棱镜改正值(PSM)，大气改正值(PPM)常数
	F4	P1↓：	进入第 2 页
第 2 页	F1	R. HT：	输入棱镜高
	F2	INS. HT：	输入仪器高
	F3	OCC：	输入测站坐标
	F4	P2↓：	进入第 3 页
第 3 页	F1	OFFSET：	偏心测量方式
	F2	——；	
	F3	m/f/i：	距离单位米/英尺/英寸切换
	F4	P3↓：	进入第 1 页

(8) 主菜单模式 按 MENU 进入，可进行数据采集、坐标放样、程序执行、内存管理（数据文件编辑、传输及查询）、参数设置等，见表 2.14。

表 2.14 主菜单模式

第 1 页	DATA COLLECT(数据采集) LAY OUT(点的放样) MEMORY MGR.(存储管理)
第 2 页	PROGRAM(程序) GRID FACTOR(坐标格网因子) ILLUMINATION(照明)
第 3 页	PARAMETRERS(参数设置) CONTRAST ADJ(显示屏对比度调整)

① MEMORY MGR（存储管理）：见表 2.15。

表 2.15 存储管理模式

第 1 页	1. FILE STATUS(显示测量数据、坐标数据文件总数) 2. SEARCH(查找测量数据、坐标数据、编码库) 3. FILE MAINTAIN(文件更名、查找数据、删除文件)

续表

第 2 页	4. COORDINPUT(坐标数据文件的数据输入) 5. DELETE COORD(删除文件中的坐标数据) 6. PCODE INPUT(编码数据输入)
第 3 页	7. DATA TRANSFER(向微机发送数据、接收微机数据、设置通信参数) 8. INITIALIZE(初始化数据文件)

② PROGRAM (程序):见表 2.16。

表 2.16 程序模式

第 1 页	1. REM(悬高测量) 2. MLM(对边测量) 3. Z COORD.(设置测站点 Z 坐标)
第 2 页	4. AREA(计算面积) 5. POINT TO LINE(相对于直线的目标点测量)

③ PARAMETRERS (参数设置):见表 2.17。

表 2.17 参数设置模式

第 1 页	1. MINIMUM READING(最小读数) 2. AUTO POWER OFF(自动关机) 3. TILT ON/OFF(垂直角和水平角倾斜改正)

(9) 功能简介 测量前,要进行如下设置——按◢或⇲,进入距离测量或坐标测量模式,再按第 1 页的 S/A (F3)。

① 棱镜常数 PRISM 的设置。进口棱镜多为 0,国产棱镜多为−30mm。

② 大气改正值 PPM 的设置。按“T-P”,分别在“TEMP”和“PRES”栏输入测量时的气温、气压。

注意

PRISM、PPM 设置后,在没有新设置前,仪器将保存现有设置。

(10) 测量方法 按以下步骤进行。

① 角度测量。按 ANG 键,进入测角模式(开机后默认的模式),其水平角、竖直角的测量方法与经纬仪操作方法基本相同。照准目标后,记录下仪器显示的水平度盘读数 HR 和竖直度盘读数 V。

② 距离测量。先按◢键，进入测距模式，瞄准棱镜后，按 F1（MEAS），记录下仪器测站点至棱镜点间的平距 HD、镜头与镜头间的斜距 SD 和高差 VD。

③ 坐标测量。按以下步骤进行：

a. 按 ANG 键，进入测角模式，瞄准后视点 A；

b. 按 HSET，输入测站 O 后视点 A 的坐标方位角。输入 65.4839，即输入了 65°48′39″；

c. 按⊻键，进入坐标测量模式。按 P↓，进入第 2 页；

d. 按 OCC，分别在 N、E、Z 输入测站坐标（X_0，Y_0，H_0）；

e. 按 P↓，进入第 2 页，在 INS. HT 栏，输入仪器高；

f. 按 P↓，进入第 2 页，在 R. HT 栏，输入 B 处的棱镜高；

g. 瞄准待测量点 B，按 MEAS，得 B 点的（X_B，Y_B，H_B）。

(11) 零星点的坐标放样 不使用文件。

① 按 MENU，进入主菜单测量模式。

② 按 LAYOUT，进入放样程序，再按 SKP，略过使用文件。

③ 按 OOC. PT（F1），再按 NEZ，输入测站 O 点的坐标（X_0，Y_0，H_0）；在 INS. HT 一栏输入仪器高。

④ 按 BACKSIGHT（F2），再按 NE/AZ，输入后视点 A 的坐标（X_A，Y_A）；若不知 A 点坐标而已知坐标方位角 α_{OA}，则可再按 AZ，在 HR 项输入 α_{OA} 的值。瞄准 A 点，按 YES。

⑤ 按 LAYOUT（F3），再按 NEZ，输入待放样点 B 的坐标（X_B，Y_B，H_B）及测杆单棱镜的镜高后，按 ANGLE（F1）。使用水平制动和水平微动螺旋，使显示的 dHR=0°00′00″，即找到了 OB 方向，指挥持测杆单棱镜者移动位置，使棱镜位于 OB 方向上。

⑥ 按 DIST 进行测量，根据显示的 dHD 来指挥持棱镜者沿 OB 向移动，若 dHD 为正，则向 O 点方向移动；反之若 dHD 为负，则向远处移动，直至 dHD=0 时，立棱镜点即为 B 点的平面位置。

⑦ 其所显示的 dZ 值即为立棱镜点处的填挖高度，正为挖，负为填。

⑧ 按NEXT，反复⑤、⑥两步，放样下一个点C。

2.5.8 苏一光（RTS600）系列全站仪

(1) 屏幕显示 具体见表2.18。

表2.18 RTS600屏幕显示符号及含义

显示符号	意　义	显示符号	意　义
VZ	天顶距	PT#	点号
VH	高度角	ST/BS/SS	测站/后视/碎部点标识
V%	坡度	Lns. Hi(l. HT)	仪器高
HR/HL	水平角(顺时针增/逆时针增)	Ref. Hr(R. HT)	棱镜高
SD/HD/VD	斜距/平距/高差	ID	编码登记号
N	北向坐标	PCODE	编码
E	东向坐标	P1/P2/P3	第1/2/3页
Z	高程		

(2) 角度测量模式 见表2.19。

表2.19 角度测量模式

模式	显示	软键	功　能
角度测量	置零	F1	水平角置零
	锁定	F2	水平角锁定
	记录	F3	记录测量数据
	倾斜	F1	设置倾斜改正功能开或关
	坡度	F2	天顶距/坡度的变换
	竖角	F3	天顶距/高度角的变换
	直角	F1	直角蜂鸣(接近直角时蜂鸣器响)
	左右	F2	水平角顺/逆时针增加(默认顺时针)
	设角	F3	预置一个水平角

(3) 距离测量模式 见表2.20。

表2.20 距离测量模式

模式	显示	软键	功　能
斜距测量	瞄准/测距	F1	打开激光/启动测量并显示
	记录	F2	记录测量数据
	偏心	F1	偏心测量模式
	放样	F2	距离放样模式
平距测量	瞄准/测距	F1	打开激光/测量并计算平距、高差
	记录	F2	记录当前显示的测量数据
	偏心	F1	偏心测量模式
	放样	F2	距离放样模式

(4) **坐标测量模式** 见表2.21。

表2.21 坐标测量模式

模式	显示	软键	功能
坐标测量	瞄准/测距	F1	打开激光/启动测量并计算坐标
	记录	F2	记录当前显示的坐标数据
	棱高	F1	输入棱镜高度
	测站	F2	输入测站点坐标
	偏心	F1	偏心测量模式
	后视	F2	输入后视点坐标

(5) **主菜单模式** 按MENU进入，可进行数据采集、坐标放样、程序执行、内存管理（数据文件编辑、传输及查询）、参数设置等。

(6) **安置使用** 按下列步骤使用和确定参数。

① 安置仪器。对中整平（方法同经纬仪）后，按开关键开机，然后上下转动望远镜几周，使仪器水平盘转动几周，完成仪器初始化工作，直至显示水平度盘角值HR、竖直度盘角值VZ为止。

② 参数设置。按EDM键进入测距设置，按F2（棱镜常数），按F1（输入，一般为−30），按F4两次（确认），按F3（大气改正），按F1（输入，在温度栏输入气温），按F4（确认），向下移动光标（EDM）至气压栏，按F1（输入气压），按F4两次（确认），按ESC键回到测角模式。

(7) **测量方法** 主要是角度、距离、坐标测量。

① 角度测量：反复按EDM键，进入测角模式(开机即为测角模式)。若以测回法测量水平角$\angle AOB$，步骤如下。

a. 安置仪器于角顶O点。

b. 盘左状态，瞄准左目标A点，水平度盘归零。方法为：若要配至置$0°00'00''$，则按置零F1，确认F3，HR显示$0°00'00''$；若要配置$0°01'20''$,则按F4两次翻至第3页，按F3（设角），再按F1（输入），输入“0.0120”，按F4两次（确认）。

c. 顺时针旋转望远镜瞄准右目标B点，记下水平度盘HR的大小。

d. 盘右状态，瞄准右目标B点，记下HR的大小。

e. 逆时针旋转望远镜瞄准左目标A点，记下HR的大小。

② 距离测量：若要测量水平距离，则按 DISP 键一至三次，直至屏幕出现有 HD 栏；瞄准棱镜后，按 F1（测距），即得测站点至棱镜点间的平距 HD。通过按 DISP 键，可以查看镜头与镜头间的斜距 SD 和镜头与镜头间的高差 VD。

③ 坐标测量：按以下几个步骤进行。

a. 按 DISP 键一至三次，直至屏幕出现有三维坐标 NEZ 栏；按 P1 翻页（F4）—测站（F3）—坐标（F4）—输入（F1），分别在 N、E、Z 栏输入测站点 O 的坐标（x_0，y_0，H_0）—确认（F4 两次）—输入（F1），在点号栏输入测站点号 O，按 F4 两次（确认）。

b. 按 EDM（▼）键两次，将光标移至“仪高”栏，按 F1（输入仪器高），按 F4（确认），按 ESC（返回），按 F1（输入待测量点 B 处的棱镜高），按 F4 两次（确认）。

c. 按 P2 翻至 P3 页，按 F4（坐标），若已知后视点 A 的坐标（x_A，y_A），则按 F1［输入分别在 N、E 栏输入（x_A，y_A）］，按 F4 两次（确认）；若已知测站点 O 至后视点 A 的坐标方位角，如 $\alpha_{OA}=38°25'16''$，则按 F3（角度），在 HR 栏输入 38.2516 即可，再按 F4 两次（确认）。照准后视点 A，按 F3（是）。

d. 按 ESC（返回），按 P3（F4）翻至 P1 页，旋转仪器，照准待测量点 B 的棱镜，按 F1（测距）后，显示的 N、E、Z 即为 B 点的坐标和高程。

④ 零星点的坐标放样：不使用文件，分以下五个步骤进行。

a. 按 MENU 键，按 F1［放样，在“文件名”栏输入一个文件名。如：gcd，按 F4 两次（确认）］，按 F3（新建此文件），按 F1（测站设置），按 EDM（▼），将光标移至仪高栏，按 F1（输入仪器高），按 F4（确认），按 F3（坐标），按 F1（输入），分别在 N、E、Z 栏输入测站点 O 的坐标（x_0，y_0，H_0），按 F4 两次（确认），按 ESC（返回）。

b. 按 F2（后视点设置），按 F3（坐标），按 F1［输入，分别在 N、E 栏输入后视点 A 的坐标（x_A，y_A）］，按 F4 两次（确认）；若已知测站点 O 至后视点 A 的坐标方位角 $\alpha_{OA}=32°45'18''$，则按 F3（角度），按 F1（输入），在 HR 项输入 32.4518，再按 F4 两次（确认）即可。

c. 旋转仪器，照准后视点 A 后，按 F3（是），按 F3（放样），按

F3（坐标），按 F1［输入，分别在 N、E、Z 栏输入待放样点 B 的坐标（x_B，y_B，H_B）］，按 F4 两次（确认），按 F1（输入，在镜高栏输入待放样点 B 的镜高），按 F4 两次（确认），按 F1（极差）；旋转仪器，使显示的 dHR=0°00′00″，即找到了 OB 方向，指挥持测杆单棱镜者移动位置，使棱镜位于 OB 方向上。

d. 按 F1（测距），根据显示的 dHD 来指挥持棱镜者沿 OB 方向移动，若 dHD 为正，则向 O 点方向移动；反之若 dHD 为负，则向远处移动，直至 dHD=0 时，立棱镜点即为 B 点的平面位置，其所显示的 dZ 值即为立棱镜点处的填挖高度，正为挖，负为填。

e. 若要放样下一个点 C，则按 F4（下点），按 F3（坐标，输入 C 的坐标），同理放样出 C 点。

⑤ 建立坐标文件的方法：按 MENU 键，按 EDM（▼）键，翻页，按 F1（存储管理），按 EDM（▼）键，翻页，按 F1（输入坐标），按 F1（输入，在“文件名”栏输入一文件名），按 F4 两次（确认），按 F3（新建此文件），按 F1（输入，在“点号”栏输入 A），按 F4 两次（确认），按 F1［输入，分别在 N、E、Z 三栏分别输入 A 点坐标（x_A，y_A，H_A）］，按 F4 两次（确认）。以此类推，可输入 B、C、O 点的坐标。按 ESC 键三次，退出。

2.5.9 索佳（Sokkia）全站仪

(1) 显示符号 详细见表 2.22。

(2) 键功能 仪器出厂时，各键的功能是默认的。

① 在各种模式下功能键的意义见表 2.23。

表 2.22 Sokkia 全站仪显示符号

显示符号	表示意义	显示符号	表示意义
ZA	天顶距 $Z=0$	S	斜距
VA	垂直角 $H=0$	H	水平距
HAR	右水平角	V	高差
HAL	左水平角	Ht	悬高测量值
HARp	复测角	_tK	跟踪测量数据
dHA	水平角放样数据	_A	平均测量数据
X	视准轴方向的倾角	Stn	测站坐标
Y	水平轴方向的倾角	P	坐标放样数据

表 2.23 各种模式下功能键意义

显示符号	意义	显示符号	意义
THEO	转换至经纬仪模式	EDIT	编辑数据
EDM	转换至测距模式	Input	改变显示数据
S-O	转换至放样测量模式	Clear	设置数据为 0
CONF	转换至设置模式	Off	关闭电源
→PX	翻至下一页	■↑■	移至上一选择项/增加计数
—	没有设置功能	■↓■	移至下一选择项/减少计数
ILLUM	显示窗和分划板照明开关	■→■	移至右选择项/至下一列
Enter	储存选择的数据	■1■	选择数字 1
Exit	从各种模式中退出	■2■	选择数字 2
CE	返回至先前显示	■3■	选择数字 3
ESC	转换成基本模式		
	按 ESC＋ILLUM：显示窗和分划板照明开机		
	持续按 ESC，Off：关机		

② 角度测量模式下各符号的意义见表 2.24。

表 2.24 角度测量模式下各符号的意义

符号	意 义
0SET	设置水平角为 0/V 度盘指标
HOLD	锁定/释放水平角
Tilt	显示倾角
REP	转换至复测模式
BS	完成 NO.1 点的照准
FS	完成 NO.2 点的照准
ZA％	天顶距/％坡度
VA％	垂直角/％坡度
R/L	选择左/右水平角

③ 距离测量模式下各符号的意义见表 2.25。

表 2.25 距离测量模式下各符号的意义

符号	意 义
_dist	距离测量
◢ SHV	选择测距模式(S 表斜距/H 表平距/V 表高差)
PPM	至 PPM 设置模式
M/TRK	多次或单次测量/跟踪测量
SIGNL	返回信号检查
f/m	改变距离单位(米/英尺)5 秒钟
RCL	调阅存储器中的测量数据

④ 坐标测量模式下各符号的意义见表 2.26。

表 2.26 坐标测量模式下各符号的意义

符号	意　义
Stn_p	输入测站坐标
Ht	输入目标高和仪器高
Bsang	后视点坐标输入和方位角设置
COORD	测量三维坐标
MEM	坐标数据输入/删除/调阅

(3) 角度测量 测量水平角∠AOB。

① 设置。在角顶安置仪器，后视左目标 A，将后视目标方向设置为 0（在经纬仪模式下，按 0SET 键）。

设置一个已知的水平角（角锁定）要设置后视目标方向为已知值，利用水平角锁定功能。在经纬仪模式下，按 HOLD 键，水平角锁定，再按一次水平角解锁。

② 水平角显示的选择。在经纬仪模式下，按 R/L 显示水平左角，再按一次显示为水平右角。

③ 复角测量。为了取得高精度的水平角测量结果，可进行角度复测然后取其平均角值。仪器可计算并显示复测的平均值。具体步骤如下。

在经纬仪模式第 3 页菜单下，照准左目标 A，按 REP 进入水平角复测模式，按 BS 开始第 1 次测量，照准右目标 B，按 FS 显示两点间的夹角，且右目标 B 的角值被锁定。再次照准左目标 A（显示不变），按 BS，水平角解锁并开始第 2 次测量，再照准右目标，显示 2 次测量的平均值且右目标的角值被锁定。重复上述步骤继续测量。退出按 EXIT。需要注意测量次数最多为 10 次，复测显示范围为±3599°59′59″。

④ 坡度。经纬仪模式第 3 页上，按 ZA%显示坡度，再按 ZA%显示竖直角。

(4) 距离测量 测距模式下，按◢SHV 选择斜距/平距/高差。照准目标 A，按 _ dist 开始测量距离，显示距离、竖直角和水平角测量值。

① 精测模式。在测距模式下，按 Hdist，Hdist 闪烁并开始测距，显示平距、竖直角和水平角。测距共进行 3 次。0.4s 后，显示 3 次测距的平均值，至 0.1mm，然后停止测量。H-A 表示水平距离的平均

值。H-1 为第一次测量的水平距离值。

② 跟踪测量。在测距模式下，按 M/TRK 进行跟踪测距，照准目标，按 _ dist 开始距离测量，显示距离、竖直角和水平角测量值，按 STOP 停止距离测量。

③ 测量数据的查阅。最新测量的距离和角值存储在存储器中，直到断电为止。在测距模式下，按 RCL 显示存储的最新数据，按 ESC 退回基本模式。

2.6 全站仪的检验与保养

2.6.1 全站仪的检验

(1) 照准部水准轴应垂直于竖轴的检验和校正 检验时先将仪器大致整平，转动照准部使其水准管与任意两个脚螺旋的连线平行，调整脚螺旋使气泡居中，然后将照准部旋转 180°，若气泡仍然居中则说明条件满足，否则应进行校正。

校正的目的是使水准管轴垂直于竖轴。即用校正针拨动水准管一端的校正螺丝，使气泡向正中间位置退回一半。为使竖轴竖直，再用脚螺旋使气泡居中即可。此项检验与校正必须反复进行，直到满足条件为止。

(2) 十字丝竖丝应垂直于横轴的检验和校正 检验时用十字丝竖丝瞄准一清晰小点，使望远镜绕横轴上下转动，如果小点始终在竖丝上移动则条件满足。否则需要进行校正。

校正时松开四个压环螺丝（装有十字丝环的目镜用压环和四个压环螺钉与望远镜筒相连接），转动目镜筒使小点始终在十字丝竖丝上移动，校好后将压环螺丝旋紧。

(3) 视准轴应垂直于横轴的检验和校正 选择一水平位置的目标，盘左盘右观测之，取它们的读数（顾及常数 180°）即得两倍的 c。

(4) 横轴应垂直于竖轴的检验和校正 选择较高墙壁近处安置仪器。以盘左位置瞄准墙壁高处一点 p（仰角最好大于 30°），放平望远镜在墙上定出一点 m_1。倒转望远镜，盘右再瞄准 p 点，又放平望远镜在墙上定出另一点 m_2。如果 m_1 与 m_2 重合，则条件满足，否则需要校正。校正时，瞄准 m_1、m_2 的中点 m，固定照准部，向上转动望远镜，此时十字丝交点将不对准 p 点。抬高或降低横轴的一端，使十字丝的交点对准 p 点。此项检验也要反复进行，直到条件满足为止。以上四项检验校正，以一、三、四项最为重要，在观测期间最好经常进行。每项检验完毕后必须旋紧有关校正螺丝。

2.6.2 全站仪的保养

(1) 全站仪保养的注意事项 水准仪、经纬仪等的保养方法同样适用于全站仪，此外，还应注意以下事项。

① 仪器的保管应由专人负责，每天现场使用完毕后带回办公室，不得放在现场。

② 仪器箱内应保持干燥，要防潮防水并及时更换干燥剂。仪器须放置在专门架上或固定位置。

③ 仪器长期不用时，应一个月左右定期通风防霉并通电驱潮，以保持仪器良好的工作状态。

④ 仪器放置要整齐，不得倒置。

(2) 使用时应注意的事项 水准仪、经纬仪等保养同样适用于全站仪，此外，还应注意以下几点。

① 开工前应检查仪器箱背带及提手是否牢固。

② 开箱后提取仪器前，要看准仪器在箱内放置的方式和位置，装卸仪器时，必须握住提手，将仪器从仪器箱取出或装入仪器箱时，请握住仪器提手和底座，不可握住显示单元的下部。切不可拿仪器的镜筒，否则会影响内部固定部件，从而降低仪器的精度。应握住仪器的基座部分，或双手握住望远镜支架的下部。仪器用毕，先盖上物镜罩，并擦去表面的灰尘。装箱时各部位要放置妥帖，合上箱盖时应无障碍。

③ 在太阳光照射下观测仪器，应给仪器打伞，并带上遮阳罩，以免影响观测精度。在杂乱环境下测量，仪器要有专人守护。当仪器架设在光滑的表面时，要用细绳（或细铅丝）将三脚架三个脚连起来，以防滑倒。

④ 当架设仪器在三脚架上时，尽可能用木制三脚架，因为使用金属三脚架可能会产生振动，从而影响测量精度。

⑤ 当测站之间距离较远，搬站时应将仪器卸下，装箱后背着走。行走前要检查仪器箱是否锁好，检查安全带是否系好。当测站之间距离较近，搬站时可将仪器连同三脚架一起靠在肩上，但仪器要尽量保持直立放置。

⑥ 搬站之前，应检查仪器与脚架的连接是否牢固，搬运时，应把制动螺旋略微关住，使仪器在搬站过程中不致晃动。

⑦ 仪器任何部分发生故障，不能勉强使用，应立即检修，否则会加剧仪器的损坏程度。

⑧ 元件应保持清洁，如沾染灰沙必须用毛刷或柔软的擦镜纸擦掉。禁止用手指抚摸仪器的任何光学元件表面。清洁仪器透镜表面时，应先用干净的毛刷扫去灰尘，再用干净的无线棉布蘸酒精由透镜中心向外一圈圈的轻轻擦拭。除去仪器箱上的灰尘时切不可使用任何稀释剂或汽油，而应用干净的布块蘸中性洗涤剂擦洗。

⑨ 湿环境中工作，作业结束后，要用软布擦干仪器表面的水分及灰尘后装箱。回到办公室后立即开箱取出仪器放于干燥处，彻底晾干后再装箱内。

⑩ 冬天室内、室外温差较大时，仪器搬出室外或搬入室内，应隔一段时间后才能开箱。

(3) 电池的使用 若使用不当，会影响电池的寿命。

全站仪的电池是全站仪最重要的部件之一，一般为 Ni-MH（镍氢电池）和 Ni-Cd（镍镉电池），电池的好坏、电量的多少决定了外业时间的长短。

① 建议在电源打开期间不要将电池取出，因为此时存储数据可能会丢失，因此在电源关闭后再装入或取出电池。

② 可充电池可以反复充电使用，但是如果在电池还存有剩余电量的状态下充电，则会缩短电池的工作时间。此时，电池的电压可通过刷新予以复原，从而改善作业时间，充足电的电池放电时间约需 8h。

③ 不要连续进行充电或放电，否则会损坏电池和充电器，如有必要进行充电或放电，则应在停止充电约 30min 后再使用充电器。尤其不要在电池刚充电后就进行充电或放电，有时这样会造成电池损坏。

④ 超过规定的充电时间会缩短电池的使用寿命，应尽量避免电池剩余容量显示级别与当前的测量模式有关，在角度测量的模式下，电池剩余容量够用，并不能够保证电池在距离测量模式下也能用，因为距离测量模式耗电高于角度测量模式，当从角度模式转换为距离模式时，由于电池容量不足会中止测距。

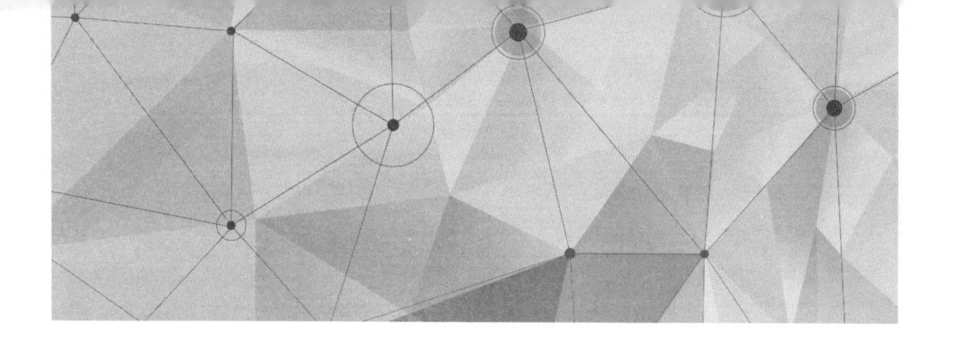

第3章 三项基本测量工作

地面点位或建筑点位的测设主要是确定点的三维坐标，及确定点的平面位置（x，y）和高低位置（H）。测量的基本工作是：高程测量、角度测量、距离测量，这也称为三项基本测量工作。

3.1 水准测量

高程是确定地面点位的三要素之一，因此如何测量地面上点的高程是测量的基本工作。测定地面点高程的工作，称为高程测量。根据所使用的仪器和施测方法及精度要求的不同，可以分为水准测量、三角高程测量、GPS高程测量和气压高程测量。水准测量是精密测量地面点高程最主要的方法，广泛应用于国家高程控制、工程勘测和建筑工程施工测量中。

3.1.1 水准测量的原理（附视频）

水准测量是利用水准仪提供的水平视线，借助于带有分划的水准尺，直接测定地面上两点间的高差，然后根据已知点高程和测得的高差，推算出未知点高程。

如图3.1所示，A、B两点间高差h_{AB}为：

$$h_{AB}=a-b \tag{3.1}$$

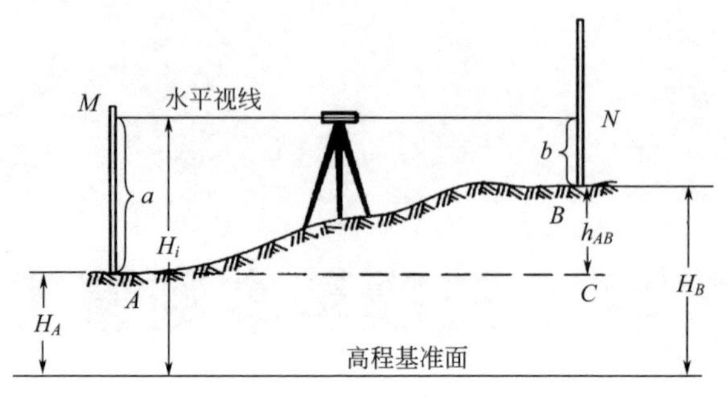

图 3.1 水准测量原理

设水准测量是由A向B进行的，则A点为后视点，A点尺上的读数a称为后视读数；B点为前视点，B点尺上的读数b称为前视读数。因此，高差等于后视读数减去前视读数。

注意

每安置一次仪器，称为一个测站，高程已知的点为后视点，读数为后视读数，一律用a表示，与后视点名称无关；高程未知的点为前视点，读数为前视读数，一律用b表示，与前视点名称无关。

3.1.2 地面点的高程

高程是确定地面点高低位置的基本要素，分为绝对高程和相对高程两种。

(1) 绝对高程 地面上任意一点到大地水准面的铅垂距离，称为该点的绝对高程（也称海拔），简称高程，如图 3.2 中的H_A和H_B。

为了建立全国统一高程基准面，我国把 1950～1956 年间的黄海平均海水面作为大地水准面，也就是我国计算绝对高程的基准面，其高程为零。凡以此基准面起算的高程属于“1956 年黄海高程系”。为了使用方便，在验潮站附近设立一水准原点，并于 1956 年推算出位于山东青岛象鼻山的国家水准原点的高程为 72.289m，作为全国高程起算的依据。

我国从 1987 年开始，决定采用青岛验潮站 1952～1979 年的周期平均海水面的平均值，作为新的平均海水面，并命名为“1985 国家高程

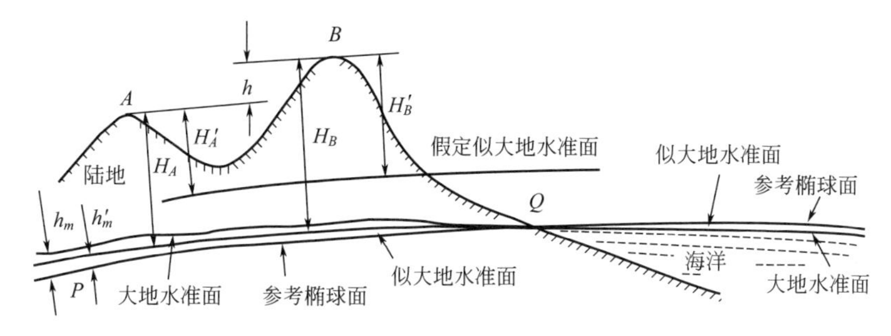

图 3.2 高程和高差

基准”。位于青岛的中华人民共和国水准原点，按“1985 国家高程基准”起算的高程为 72.260m。

目前，我国的有些地区和行业仍然采用地方高程系统，下面是不同地方或已经过时的高程系统水准点高程的换算关系。

① 吴淞与废黄河、黄海、八五基准的关系

a. 吴淞＝废黄河＋1.763m；

b. 吴淞＝黄海＋1.924m；

c. 吴淞＝八五基准＋1.953m。

② 废黄河与吴淞、黄海、八五基准的关系

a. 废黄河＝吴淞－1.763m；

b. 废黄河＝黄海＋0.161m；

c. 废黄河＝八五基准＋0.190m。

③ 黄海与吴淞、废黄河、八五基准的关系

a. 黄海＝吴淞－1.924m；

b. 黄海＝废黄河－0.161m；

c. 黄海＝八五基准＋0.029m。

④ 八五基准与吴淞、废黄河、黄海基准的关系

a. 八五基准＝吴淞－1.953m；

b. 八五基准＝废黄河－0.190m；

c. 八五基准＝黄海－0.029m。

(2) 相对高程 或称假定高程，在有些测区，引用绝对高程有困难，为工作方便而采用假定的水准面作为高程起算的基准面，那么地面

上一点到假定水准面的铅垂距离称为该点的相对高程。

(3) 高差 地面上两点间的高程之差叫高差。

设：A 点高程为 H_A，B 点高程为 H_B，则 B 点对于 A 点的高差 $h_{AB}=H_B-H_A$。当 h_{AB} 为负值时，说明 B 点高程低于 A 点高程；h_{AB} 为正值时，则相反。

3.1.3 计算未知点高程

(1) 高差法 如果已知 A 点的高程为 H_A 和测得高差为 h_{AB}，则 B 点的高程为：

$$H_B=H_A+h_{AB} \tag{3.2}$$

特点：每个测站都有一个后视读数，一个前视读数；此法适用线水准测量，如道路、渠道的高程测量。

(2) 视线高法 已知点高程加上后视读数显然等于视线的高程（视线高 H_i），即 $H_i=H_A+a$，则有：

$$H_B=H_i-b \tag{3.3}$$

特点：一个测站上，一个后视读数，多个前视读数；此法适用于面水准测量，如场地平整测量。

3.1.4 连续水准测量（附视频）

(1) 需要连续观测的条件 取决于下述各项。

① 距离过长。需要测量高差的两点之间距离太长，超过仪器 2 倍允许观测距离。

② 高差过大。两点之间的高差太大，超过仪器和水准尺允许的高度。

③ 视线不好。两点间由于有建筑等，使视线不通畅。

连续水准测量

(2) 连续观测的方法 如果高差测量中出现上述的情况，需要在两点间增设若干个作为传递高程的临时立尺点 TP_1、TP_2、……、TP_n，称为转点（其传递高程的作用，有前视，也有后视），并依次连续设站观测，A、B 两点间的高差计算公式为：

$$h_{AB}=\sum_{i=1}^{n}h_i=\sum_{i=1}^{n}a_i-\sum_{i=1}^{n}b_i \tag{3.4}$$

显然有：
$$H_B = H_A + \sum h \tag{3.5}$$

① 视线高法。如图 3.3 所示，在相邻两测站之间有了 1、2、3 与 4、5 等中间点（不起传递高程的作用，只有前视，无后视），它们是待测的高程点，而不是转点。

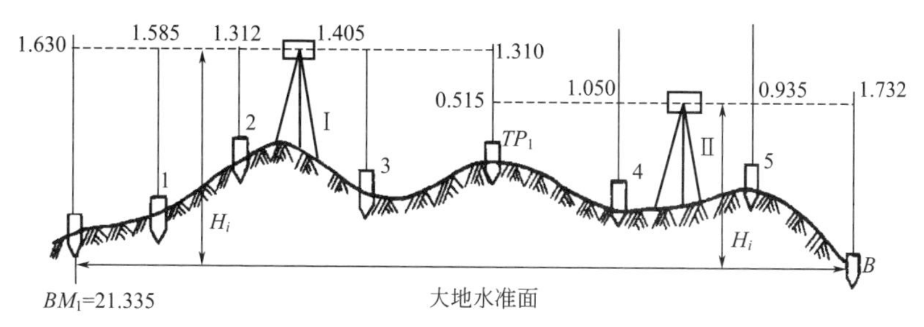

图 3.3 视线高法连续水准测量

在测站Ⅰ，除了读出 TP_1 点上的前视读数，还要读出中间点 1、2、3 的读数；在测站Ⅱ，要读出 TP_1 点上的后视读数，以及读出中间点 4、5 的读数。

仪高法的计算方法与高差法不同，须先计算仪器视线高程 H_i，再推算前视点和中间点高程。记录与计算见表 3.1 相应栏。

表 3.1 视线高法水准测量手簿

测站	测点	后视读数/m	视线高/m	前视读数/m		高程/m	备注
				转点	中间点		
Ⅰ	BM_1	1.630	22.965			21.335	
	1				1.585	21.380	
	2				1.312	21.653	
	3				1.405	21.560	
	TP_1	0.515	22.170	1.310		21.655	
Ⅱ	4				1.050	21.120	
	5				0.935	21.235	
	B			1.732		20.438	
计算检核	$\sum$后=2.145 $\sum$后$-\sum$前$=-0.897$			$\sum$前=3.042(不包括中间点) $H_{终}-H_{始}=-0.897$			

为了减少高程传递误差，观测时应先观测转点，后观测中间点。

② 高差法。每安置一次仪器，测得一个高差，如图 3.4 所示。观测、记录与计算见表 3.2。

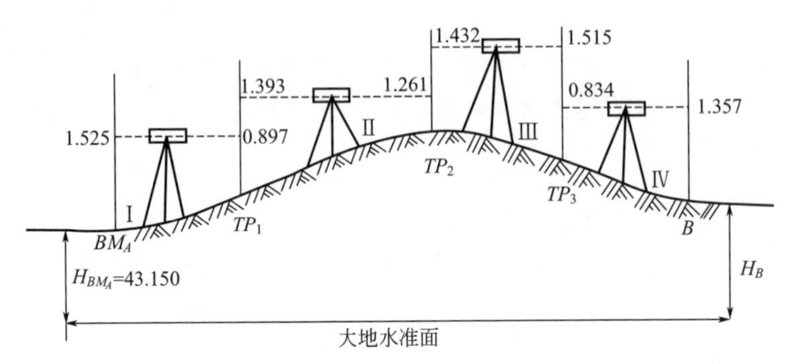

图 3.4 高差法连续水准测量

表 3.2 高差法水准测量手簿

测点	后视读数/m	前视读数/m	高差/m	高程/m	备注
BM_A	1.525			43.150	已知水准点
			0.628		
TP_1	1.393	0.897		43.778	
			0.132		
TP_2	1.432	1.261		43.910	
			−0.083		
TP_3	0.834	1.515		43.827	
			−0.541		
B		1.375		43.286	
计算校核	$\sum$后=5.184	$\sum$前=5.048	$\sum h$=0.136	$H_{终}-H_{始}$=0.136	计算无误
	$\sum$后−$\sum$前=0.136				

每个测站，都有一个后视读数和一个前视读数，每个立尺点（转点）上水准尺也都有后视读数和一个前视读数（起点只有后视读数，终点只有前视读数），因此，每个测站都必须计算高差。

3.1.5 水准测量校核方法（附视频）

(1) 水准点 用水准测量的方法测定的高程控制点，称为水准点，记为 BM。水准点有永久性水准点和临时性水准点两种。

① 永久性水准点。永久性水准点是需要长时间保留的水准点，国家等级水准点都是永久性水准点，如图 3.5、图 3.6 所示。

② 临时性水准点。不需要长期保留的水准点。临时性的水准点可用地面上凸出的坚硬岩石或用大木桩打入地下，桩顶钉以半球状铁钉作为水准点的标志，如图 3.7、图 3.8 所示。

为了方便以后的寻找和使用，埋设水准点后，应绘出能标记水准点

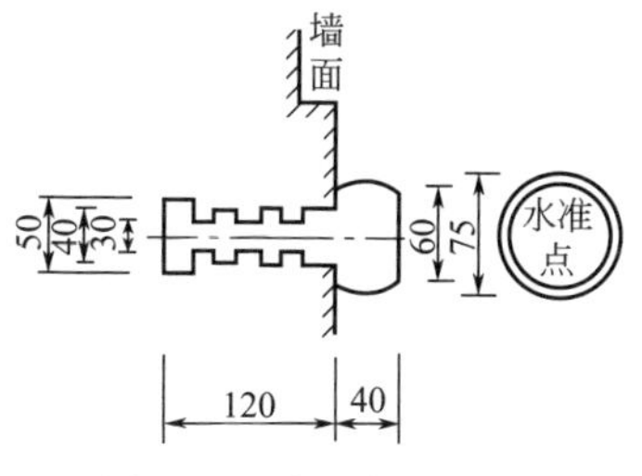

图 3.5　墙脚水准标志

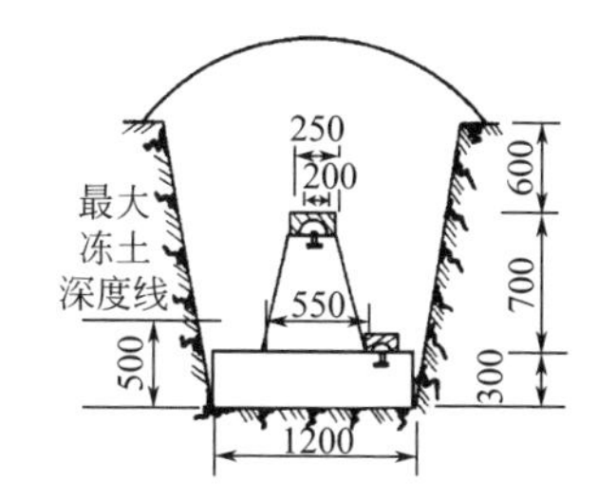

图 3.6　国家等级混凝土水准点

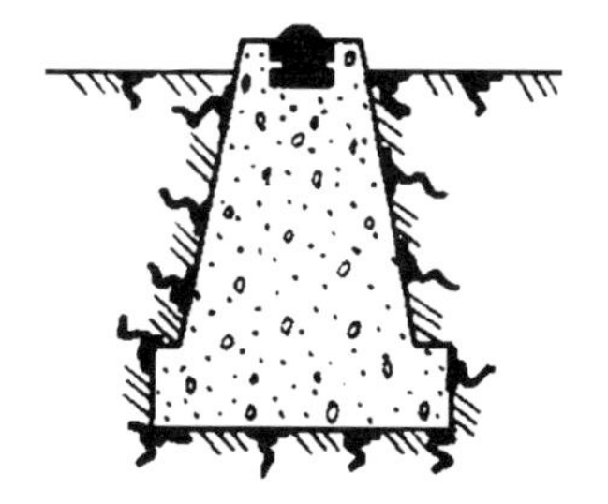

图 3.7　混凝土水准标志

图 3.8　木桩水准点

位置的草图（称为点之记），图上要注明水准点的编号、与周围地物的位置关系。

(2) 水准测量测站检核方法 在一个测站上进行测量数据的校核，保证每个测站数据的可靠程度。

① 两次仪器高法。在每一测站上用两次不同仪器高度的水平视线（改变仪器高度±10cm 左右）来测定相邻两点间的高差，理论上两次测得的高差相等。如果两侧观测高差不相等，对图根水准测量，其差的绝对值应小于 5mm，否则应重新观测。表 3.3 给出了 A、B 两点间采用变动仪器高法进行水准测量的记录表格，括号内的数值表示两次观测高差之差的绝对值。

表 3.3 两次仪器高法水准测量记录表

测站	点号	水准尺读数/mm		高差/m	平均高差/m	高程/m	备注
		后视 a	前视 b				
1	BM_A	1134		−0.543	(0.000)	13.428	
		1011					
	TP_1		1677	−0.543	−0.543		
			1554				
2	TP_1	1444		0.120	(0.004)		
		1624					
	TP_2		1324	0.116	0.118		
			1508				
3	TP_2	1822		0.946	(0.000)		
		1710					
	TP_3		0876	0.946	0.946		
			0764				
4	TP_3	1820		0.385	(0.002)		
		1923					
	TP_4		1435	0.383	0.384		
			1540				
5	TP_4	1422		0.114	(0.002)		
		1604					
	BM_B		1308	0.116	0.115	14.448	
			1488				
检核计算	Σ	15514	13474	2.040	1.020		
	(Σ后视读数$-\Sigma$前视读数)$/2=\Sigma$高差$/2=\Sigma$平均高差$=H_B-H_A$						

对于记录表中的观测数据还要进行计算检核，计算检核的条件是满

足以下等式：

$$\frac{\sum a-\sum b}{2}=\frac{\sum h}{2}=\sum h_{平均}=H_{终}-H_{始}$$

否则说明计算有错误。例如表 3.3 中：

(15.514－13.474)/2＝2.040/2＝1.020＝14.448－13.428

等式条件成立，说明高差计算正确。

② 双面尺法。在每一测站上同时读取每一根水准尺的黑面和红面分划读数，然后由前、后视尺的黑面读数计算出一个高差，前、后视尺的红面读数计算出另一个高差，以这两个高差之差是否小于某一限值来进行检核。由于在每一测站上仪器高度不变，这样可加快观测的速度。立尺点和水准仪安置同两次仪器高法。每站仪器粗平后的观测步骤为：

a. 瞄准后视点水准尺黑面分划→精平→读数；

b. 瞄准后视点水准尺红面分划→精平→读数；

c. 瞄准前视点水准尺黑面分划→精平→读数；

d. 瞄准前视点水准尺红面分划→精平→读数。

其观测顺序简称为“后-后-前-前”，对于尺面分划来说，顺序为“黑—红—黑—红”。如表 3.4 所示，给出了双面尺法水准测量记录表，括号内数值表示两次观测高差之差的绝对值。

表 3.4 双面尺法水准测量记录表

测站	点号	水准尺读数/mm		高差/m	平均高差/m	高程/m	备注
		后视 a	前视 b				
1	BM_1	1211		0.625	(0.000)	20.000	
		5998					
	TP_1		0586	0.725	0.625		
			5273				
2	TP_1	1554		1.243	(0.001)		
		6241					
	TP_2		0311	1.144	1.2435		
			5097				
3	TP_2	0398		－1.125	(0.001)		
		5186					
	D		152	－1.024	－1.1245	20.744	
			6210				
检核计算	Σ	14968	19000	1.488	0.744		

由于在一对双面水准尺中，两把尺子的红面零点注记分别为4687和4787，零点差为100mm，所以在表3.4每站观测高差的计算中，当4787水准尺位于后视点而4687水准尺位于前视点时，采用红面尺读数计算出的高差比采用黑面尺读数计算出的高差大100mm；反之，则小100mm。因此，在每站高差计算中，应先将红面尺读数计算出的高差减或加100mm后才能与黑面尺读数计算出的高差取平均值。

(3) 水准测量路线检核 采用不同的测量路径，根据理论值和测量值的差值判定结果的可靠程度。

① 附合水准路线的成果检核。如图3.9（a）所示，BM_1 和 BM_2 为已知高程水准点，1、2、3为待定高程点。从水准点 BM_1 出发，沿各个待定高程的点进行水准测量，最后附合到另一已知水准点 BM_2，这种水准路线称为附合水准路线。这种水准路线适合用于比较狭长的工程中，如铁路工程、管道工程、道路工程等。

理论上，附合水准路线中各待定高程点间高差的代数和，应等于始、终两个已知水准点的高程之差，即：

$$\sum h_{理}=H_{终}-H_{始} \tag{3.6}$$

如果不相等，两者之差称为高差闭合差，用 f_h 表示：

$$f_h=\sum h_{测}-(H_{终}-H_{始}) \tag{3.7}$$

② 闭合水准路线的成果检核。如图3.9（b）所示，当测区内只有一个水准点时，可以从这个已知水准点开始，依次对待定高程点进行水准测量，最后重新闭合到该已知点上，这种水准路线称为闭合水准路线，一般应用在比较开阔的工程区域中。理论上，闭合水准路线中各待定高程点间高差的代数和应等于零，即：

$$\sum h_{理}=0 \tag{3.8}$$

但实际上总会有误差，致使高差闭合差不等于零，则高差闭合差为：

$$f_h=\sum h_{测} \tag{3.9}$$

③ 支水准路线的成果检核。如图3.9（c）所示，由已知水准点出发，沿各待定高程点进行水准测量，既不附合到其他水准点上，也不自行闭合，这种水准路线称为支水准路线。支水准路线要进行往返测，往测高差与返测高差的代数和理论上应为零，并以此作为支水准路线测量

正确性与否的检验条件。如不等于零，则高差闭合差为：

$$f_h=\sum h_{往}+\sum h_{返} \tag{3.10}$$

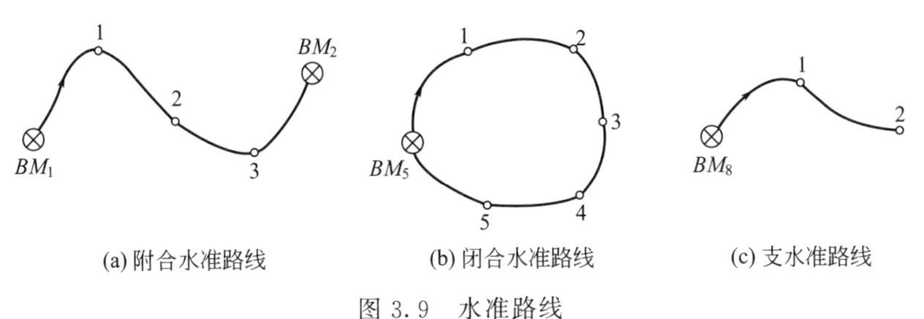

图 3.9　水准路线

3.1.6　成果处理（附视频）

水准测量的外业测量数据，如经检核无误，满足了规定等级精度要求，就可以进行内业成果计算。内业计算工作的主要内容是调整高差闭合差，最后计算出各待定点的高程。

(1) 限差规定　各种路线形式水准测量，其高差闭合差均不应超过规定容许值，否则即认为水准测量结果不符合要求。高差闭合差容许值的大小，与测量等级有关。测量规范中，对不同等级的水准测量作了高差闭合差容许值的规定。实际测量时需要按照工程要求查相应的测量规范，以满足最低要求为准。

如：等外水准测量的高差闭合差容许值规定为：

$$\left.\begin{aligned}&平地\quad f_{h允}=\pm 40\sqrt{L}\,(\text{mm})\\&山地\quad f_{h允}=\pm 12\sqrt{n}\,(\text{mm})\end{aligned}\right\} \tag{3.11}$$

式中　L——水准路线长度，km；

　　n——测站数。

(2) 附合水准路线的成果计算　如图 3.10 所示为一附合水准路线，已知各相关外业测量数据和已知数据。计算方法结果填入表 3.5，方法和步骤如下。

① 闭合差的计算。按式(3.7) 计算。

$$f_h=\sum h_{测}-(H_{终}-H_{始})=3.315-(68.623-65.376)=0.068(\text{m})$$

② 高差闭合差容许值。高差闭合差可用来衡量测量成果的精度，

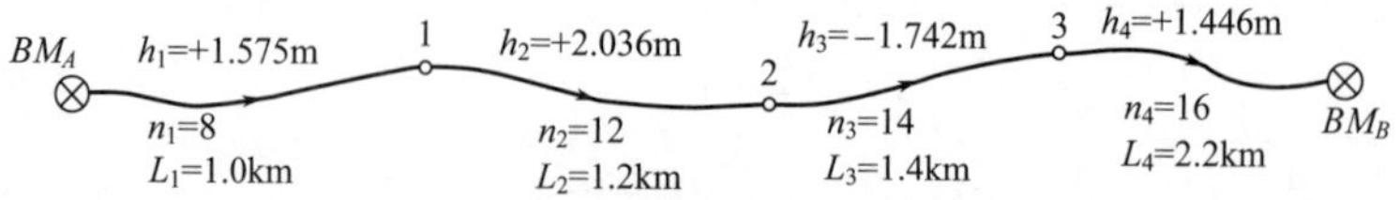

BM_A $h_1=+1.575$m 1 $h_2=+2.036$m 2 $h_3=-1.742$m 3 $h_4=+1.446$m BM_B

$n_1=8$ $L_1=1.0$km $n_2=12$ $L_2=1.2$km $n_3=14$ $L_3=1.4$km $n_4=16$ $L_4=2.2$km

图 3.10 附合水准路线

等外水准测量的高差闭合差容许值规定为［式(3.11)］:

$$f_{h容}=\pm 40\sqrt{L}=\pm 40\sqrt{5.8}=\pm 96(\text{mm})$$

$|f_h|<|f_{h容}|$，故其精度符合要求。

③ 闭合差的调整。对于同一条水准路线，假设观测条件是相同的，可认为每个测站产生误差的机会是相等的。高差闭合差的调整原则是:

a. 调整数的符号与高差闭合差 f_h 符号相反;

b. 调整数值的大小是按测段长度或测站数成正比例分配;

c. 调整数最小单位为 0.001m。

得改正后高差，即:

$$\left.\begin{aligned}&\text{按距离}\quad v_i=-\frac{f_h}{\sum l}\times l_i\\&\text{按测站数}\quad v_i=-\frac{f_h}{\sum n}\times n_i\end{aligned}\right\}\tag{3.12}$$

$$\text{改正后高差}\quad h_{i改}=h_{i测}+v_i$$

式中 v_i，$h_{i改}$——第 i 测段的高差改正数与改正后高差;

$\sum n$，$\sum l$——路线总测站数与总长度;

n_i，l_i——第 i 测段的测站数与长度。

以第 1 和第 2 测段为例，测段改正数为:

$$v_1=-\frac{f_h}{\sum l}\times l_1=-(0.068/5.8)\times 1.0=-0.012(\text{m})$$

$$v_2=-\frac{f_h}{\sum l}\times l_2=-(0.068/5.8)\times 1.2=-0.014(\text{m})$$

检核: $\sum v=-f_h=-0.068(\text{m})$

第 1 测段和第 2 测段改正后的高差为:

$$h_{1改}=h_{1测}+v_1=1.575-0.012=-1.563(\mathrm{m})$$

$$h_{2改}=h_{2测}+v_2=2.063-0.014=2.022(\mathrm{m})$$

检核： $$\sum h_{i改}=H_B-H_A=3.247(\mathrm{m})$$

表 3.5 附合水准路线成果计算表

点号	距离/km	测站数	实测高差/m	改正数/mm	改正后高差/m	高程/m	备注
BM_A						65.376	
	1.0	8	1.575	−12	1.563		
1						66.939	
	1.2	12	2.036	−14	2.022		
2						68.961	
	1.4	14	−1.742	−16	−1.758		
3						67.203	
	2.2	16	1.446	−26	1.420		
BM_B						68.623	
$\sum$	5.8	50	3.315	−68	3.247		
辅助计算	$f_h=68\mathrm{mm}$ $L=5.8\mathrm{km}$ $f_{h容}=\pm40\sqrt{L}=\pm40\sqrt{5.8}=\pm96(\mathrm{mm})$ $\lvert f_h\rvert<\lvert f_{h容}\rvert$ 由此可知，成果合格						

④ 高程的计算。根据检核过的改正后高差，由起点 A 开始，逐点推算出各点的高程，如：

$$H_1=H_A+h_{1改}=65.376+1.563=66.939(\mathrm{m})$$

$$H_2=H_1+h_{2改}=66.939+2.022=68.961(\mathrm{m})$$

逐点计算各点高程，最后算得的 B 点高程应与已知高程 H_B 相等，即：

$$H_{B(算)}=H_{B(已知)}=68.623(\mathrm{m})$$

否则说明高程计算有误。

(3) 闭合水准路线的成果计算 闭合水准路线各测段高差的代数和应等于零，其步骤与附合水准路线相同。

如图 3.11 所示，闭合水准路线 BM_A、1、2、3、4，各段观测数据及起点高程均注于图中，现以该闭合水准路线为例，将成果计算的步骤介绍如下，并将计算结果列入表 3.6 中。

(4) 支水准路线的成果计算 对于支水准路线取其往返测高差的平均值作为成果，高差的符号应以往测为准，最后推算出待测点的高程。如图 3.12 所示，已知水准点 BM_A 的高程为 186.000m，往、返测站共 16 站。高差闭合差为：

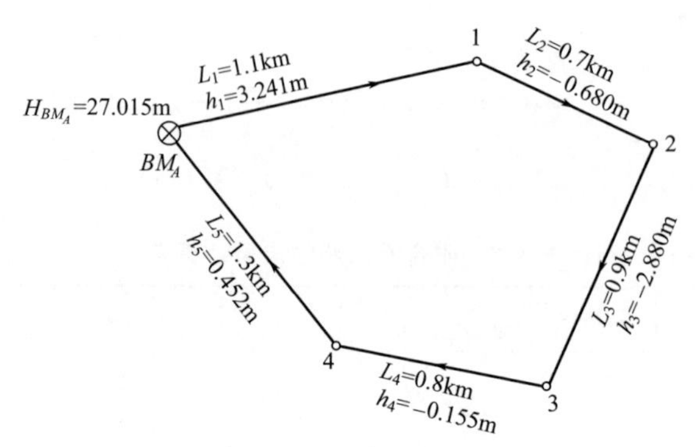

图 3.11 闭合水准路线

表 3.6 闭合水准路线计算成果

测点	距离/km	实测高差/m	高差改正数/m	改正后高差/m	高程/m	备注
BM_A					27.015	已知
	1.1	+3.241	0.005	+3.246		
1					30.261	
	0.7	−0.680	0.003	−0.677		
2					29.584	
	0.9	−2.880	0.004	−2.876		
3					26.708	
	0.8	−0.155	0.004	−0.151		
4					26.557	
	1.3	+0.452	0.006	+0.458		
BM_A					27.015	与已知高程相符
	4.8	−0.022	+0.022	0		
辅助计算	$f_h=\sum h_{测}=-0.022\text{m}$ $f_{h容}=\pm40\sqrt{L}\text{mm}=40\sqrt{4.8}\text{mm}=87\text{mm}$ $\lvert f_h\rvert<\lvert f_{h容}\rvert$ 精度合格					

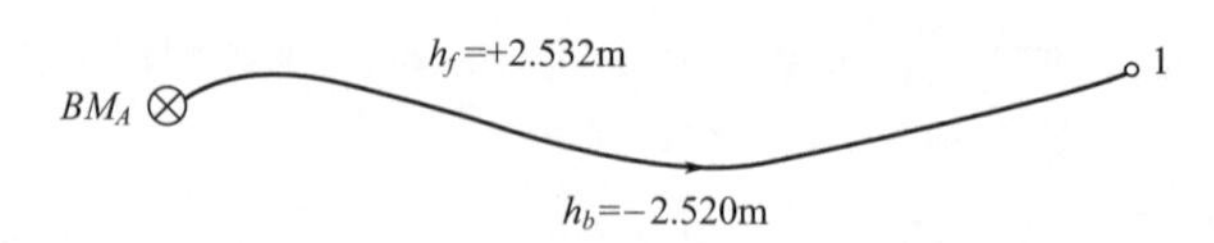

图 3.12 支水准路线

$$f_h=h_{往}+h_{返}=2.532-2.520=0.012(\text{m})$$

闭合差容许值为：

$$f_{h容}=\pm12\sqrt{n}=\pm12\sqrt{16}=\pm48(\text{mm})$$

$\lvert f_h\rvert<\lvert f_{h容}\rvert$，说明符合普通水准测量的要求。经检核符合精度要求后，可取往测和返测高差绝对值的平均值作为 BM_A、1 两点间的

高差，其符号与往测高差符号相同，即：

$$h_{A1}=(2.532+2.520)/2=2.526(\mathrm{m})$$

$$H_1=186+2.526=188.526(\mathrm{m})$$

3.1.7　水准测量的误差及其减弱方法（附视频）

水准测量的误差包括仪器误差、观测误差和外界条件的影响三个方面。测量工作者应根据误差产生的原因，采取相应的措施，尽量减少或消除各种误差的影响。

(1) 仪器误差　仪器自身因为制造、使用过程中几何条件不满足等引起的。

① 仪器校正后的残余误差。规范规定，DS3水准仪的 i 角大于 20″才需要校正，因此，正常使用情况下，i 角将保持在 ±20″以内。i 角引起的水准尺读数误差与仪器至标尺的距离成正比，只要观测时注意使前、后视距相等，便可消除或减弱 i 角误差的影响。在水准测量的每站观测中，使前后视距完全相等是不容易做到的，因此规范规定，对于四等水准测量，一站的前、后视距差应小于等于 5m，任一测站的前后视距累积差应小于等于 10m。

② 水准尺误差。由于水准尺分划不准确、尺长变化、尺身弯曲等原因而引起的水准尺分划误差会影响水准测量的精度。因此，水准尺要经过检验才能使用，不合格的水准尺不能用于测量作业。此外，由于水准尺长期使用而使底部磨损，或由于水准尺使用过程中粘上泥土，这些相当于改变了水准尺的零点位置，称水准尺零点误差。它会给测量成果的精度带来影响。如果测量过程中，以两只水准尺交替作为后视尺和前视尺，并使每一测段的测站数为偶数，即可消除此项误差。

(2) 观测误差　主要是操作使得观测出现误差。

① 水准管气泡居中误差。水准测量的原理要求视准轴须水平，视准轴水平是通过管水准气泡居中来实现的。精平仪器时，如果管水准气泡没有精确居中，将造成视线偏离水平位置，从而带来读数误差。采用符合式水准器时，气泡居中的精度可提高一倍，操作中应使气泡严格居

中，并在气泡居中后立即读数。

② 读数误差。普通水准测量中的 mm 位数字是根据十字丝横丝在水准尺厘米分划内的位置进行估读的，在望远镜内看到的横丝宽度相对于厘米分划格宽度的比例决定了估读的精度。读数误差与望远镜放大倍数和视线长有关。视线越长，读数误差越大。因此，规范规定，使用 DS3 水准仪进行四等水准测量时，视线长度应小于等于 80m。

③ 水准尺倾斜。读数时，水准尺必须竖直。如果水准尺前后倾斜或左右倾斜都会引起读数的误差，尤其是前后倾斜，在水准仪望远镜的视场中不会察觉，但由此引起的水准尺读数总是偏大，且视线高度越大，误差就越大。在水准尺上安装圆水准器是保证尺子竖直的主要措施。

④ 视差。视差是指在望远镜中，水准尺的像没有准确地成在十字丝分划板上，造成眼睛的观察位置上下不同时，读出的标尺读数也不同，由此产生读数误差。因此，观测时要仔细地进行目镜和物镜调焦，以便消除视差。

(3) 外界条件的影响 观测过程中外界条件变化会增大误差。

① 仪器下沉和尺垫下沉。仪器或水准尺安置在软土或植被上时，容易产生下沉。采用“后—前—前—后”的观测顺序可以削弱仪器下沉的影响，采用往返测取观测高差的中数可以削弱尺垫下沉的影响。

② 地球曲率和大气折光影响。在前述水准测量原理时把大地水准面看作是水平面，但大地水准面并不是水平面，而是一个曲面，如图 3.13 所示。

水准测量时，用水平视线代替大地水准面在水准尺上的读数，产生的影响为：

$$c=\frac{D^2}{2R} \tag{3.13}$$

式中 D——仪器至水准尺的距离；

R——地球平均半径。

另外，由于地面大气层密度的不同，使仪器水平视线因折光而弯曲，弯曲的半径大约为地球半径的 6～7 倍，且折射量与距离有关。它对读数产生的影响为：

$$r=\frac{D^2}{2\times 7R} \tag{3.14}$$

地球曲率和大气折光两项影响之和：

$$f=c-r=0.43\frac{D^2}{R} \tag{3.15}$$

由图 3.13 可知，前、后视距离相等时，通过高差计算可消除或减弱此两项误差的影响。

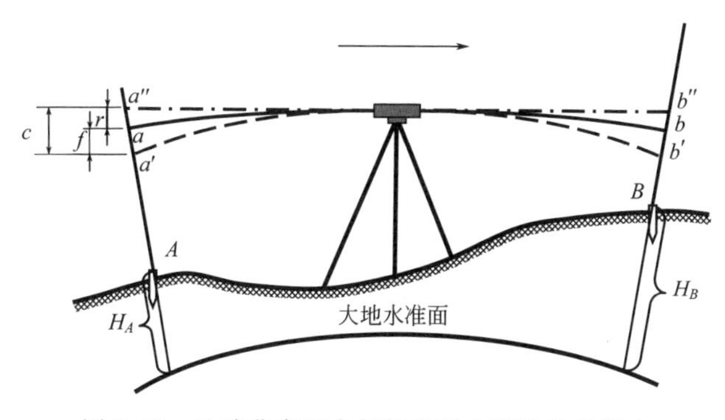

图 3.13 地球曲率和大气折光对水准测量的影响

③ 温度和风力的影响。大气温度的变化会引起大气折光的变化，以及水准管气泡居中的不稳定，尤其是当强阳光直射仪器时，会使仪器各部件因温度的急剧变化而发生变形，水准管气泡会因烈日照射而缩短，从而产生气泡居中误差。另外，大风可使水准尺竖直不稳，水准仪难以置平。因此，在水准测量时，应随时注意撑伞，以遮挡强烈阳光的照射，并应避免在大风天气观测。

3.2 角度测量

3.2.1 角度的概念（附视频）

(1) 水平角 地面上两条直线之间的夹角在水平面上的投影称为水

平角。水平角一般用 β 表示，角值范围为 0°～360°。如图 3.14 所示，A、B、O 为地面上的任意点，通过 OA 和 OB 直线各作一垂直面，并把 OA 和 OB 分别投影到水平投影面 P 上，其投影线 O_1A_1 和 O_1B_1 的夹角 $\angle A_1O_1B_1$ 就是 $\angle AOB$ 的水平角 β。

如图 3.14 所示，可在 O 点的上方任意高度处，水平安置一个带有刻度的圆盘，并使圆盘中心在过 O 点的铅垂线上；通过 OA 和 OB 铅垂面在刻度盘上截取的读数分别为 a 和 b，则水平角 β 的角值为：

$$\beta=b-a \tag{3.16}$$

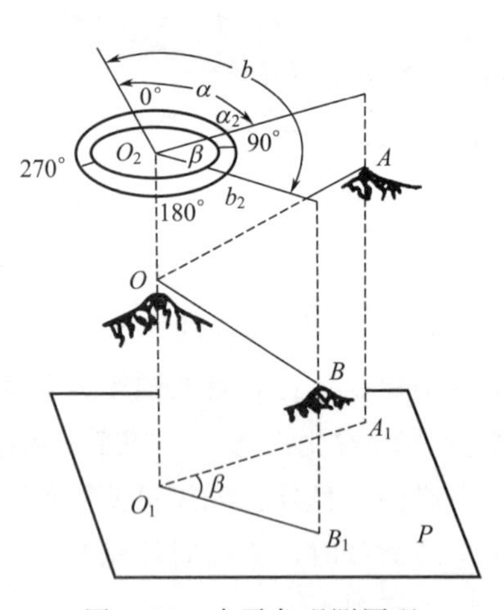

图 3.14 水平角观测原理

用于测量水平角的仪器，必须具备一个能置于水平位置的水平度盘，且水平度盘的中心位于水平角顶点的铅垂线上。仪器上的望远镜不仅可以在水平面内转动，而且还能在竖直面内转动。经纬仪就是根据上述基本要求设计制造的测角仪器。

(2) 竖直角　在同一个竖直面内测站点到目标点的视线与水平线间的夹角，用α或θ表示，如图3.15所示。θ为AB方向线的竖直角。其值从水平线算起，向上为正，称为仰角（图3.15中的θ_1），范围是0°～90°；向下为负，称为俯角（图3.15中的θ_2），范围为0°～－90°。图3.15中的Z是视线与垂线的夹角，称为天顶距。

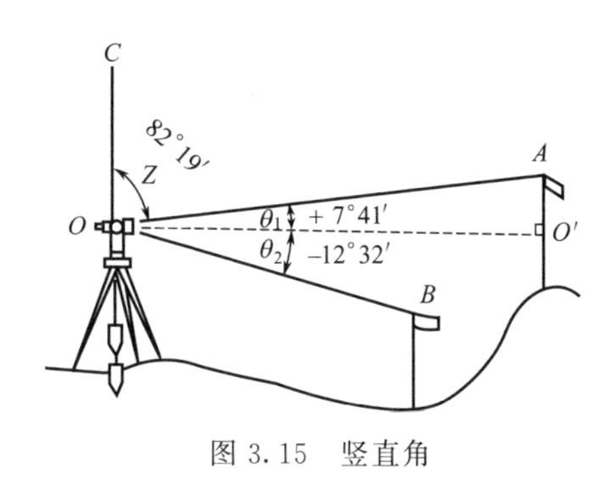

图3.15　竖直角

3.2.2　水平角测量(附视频)

常用的水平角观测的方法有测回法和全圆测回法(方向观测法)两种。

(1) 测回法　测回法适用于观测两个方向之间的单个水平角。如图3.16所示，欲测出地面上OA、OB两方向间的水平角β，可按下列步骤进行观测。

① 安置仪器。在角顶O点安置经纬仪，在A、B点上分别竖立花杆。

② 盘左观测。以盘左位置（竖盘在望远镜的左侧，也称正镜）照准左边目标（归零后）A，得水平度盘读数$a_{左}$（如为0°01′10″），记入表3.7的观测手簿的相应位置。松开照准部和望远镜制动螺旋，顺时针转动照准部，瞄准右边目标B，得水平度盘读数$b_{左}$（如为145°10′25″），记入观测手簿相应栏内。

图 3.16 测回法

以上称为上半测回。用式(3.16)计算盘左所测的角值为145°09′15″。为了检核及消除仪器误差对测角的影响，应该以盘右（竖盘在望远镜的右侧，也叫倒镜）位置再作下半个测回观测。

③ 盘右观测。松开照准部和望远镜制动螺旋，转动望远镜成盘右位置，先瞄准右边目标 B，得水平度盘读数 $b_{右}$（如为 325°10′50″），记入手簿；逆时针方向转动照准部，瞄准左边目标 A，得水平度盘读数 $a_{右}$（如为 180°01′50″），记入手簿，完成了下半测回，其水平角值为145°09′00″。

计算时，均用右边目标读数 b 减去左边目标读数 a，不够减时，应加上 360°。

上、下两个半测回合称为一测回。用 J6 级经纬仪观测水平角时，上、下两个半测回所测角值之差（称不符值）应≤±40″，达到精度要求取平均值作为一测回的结果。

本例中，因 $\beta_{左}-\beta_{右}=145°09'15''-145°09'00''=15''<+40''$，符合精度要求。

若两个半测回的不符值超过±40″（此数值与工程精度要求有关）时，应重新观测。

当测角精度要求较高时，须观测 n 个测回。为了消除度盘刻划不均匀的误差，每个测回应按 $180°/n$ 的差值变换度盘起始位置。记录见表 3.7。

表 3.7 水平角观测手簿（测回法）

测点	竖盘位置	目标	水平度盘读数/(° ′ ″)	半测回角值/(° ′ ″)	一测回角值/(° ′ ″)	各测回平均角值/(° ′ ″)	备注
O	左	A	0 01 10	145 09 15	145 09 08	145 09 06	
		B	145 10 25				
	右	A	180 01 50	145 09 00			
		B	325 10 50				
	左	A	90 02 35	145 09 00	145 09 03		
		B	235 11 35				
	右	A	270 02 45	145 09 05			
		B	55 11 50				

(2) 方向观测法 在一个测站上，当观测方向在三个以上时，一般采用方向观测法，即从起始方向顺次观测各个方向后，最后要回测起始方向。最后一步称为“归零”，这种半测回归零的方法称为“方向法”，如图 3.17 中假定 OA 为起始方向，也称零方向。

① 方向观测法水平角观测限差。具体要求见表 3.8。

表 3.8 方向观测法水平角观测限差

项目 \ 仪器类型	DJ2	DJ6
半测回归零差	8″	24″
一测回 2c 变动范围	13″	36″
各测回同一归零方向值互差	9″	24″
光学测微器两次重合差	3″	

② 观测步骤

a. 安置仪器。安置仪器于 O 点，盘左位置状态，使水平度盘读数略大于 0°时照准起始方向，如图 3.17 中的 A 点，读取水平度盘读数 a，并记录在表格的相应位置，见表 3.9。

b. 盘左顺时针。顺时针方向转动照准部，依次照准 B、C、D 各个方向，并分别读取水平度盘读数为 b、c、d，继续转动再照准起始方向，得水平度盘读数为 a'。a'与 a 之差，称为“半测回归零差”，需要

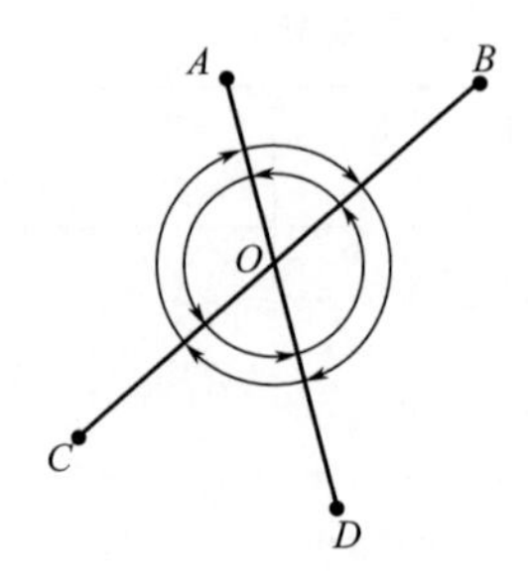

图 3.17　方向法

满足表 3.8 的要求。

本例中，A、B、C、D、A 方向的读数依次为：

A：　0°　01′　12″

B：　41°　18′　18″

C：　124°　27′　35″

D：　160°　25′　18″

A：　0°　01′　06″

表 3.9　水平角观测手簿（方向观测法）

测站	测回数	目标	水平度盘读数		2c	平均读数 /(° ′ ″)	归零后方向值 /(° ′ ″)	各测回归零后方向归零值	水平角 /(° ′ ″)
			盘左 /(° ′ ″)	盘右 /(° ′ ″)					
O	1					(0 01 03)			
		A	0 01 12	180 01 00	+12	0 01 06	0 00 00	0 00 00	
		B	41 18 18	221 18 00	+18	41 18 09	41 17 06	41 17 02	
		C	124 27 35	304 27 30	+6	124 27 33	124 26 30	124 26 34	
		D	160 25 18	340 25 00	+18	160 25 09	160 24 06	160 24 06	
		A	0 01 06	180 00 54	+12	0 01 00			
	2					(90 03 09)			
		A	90 03 18	270 03 12	+6	90 03 15	0 00 00		
		B	131 20 12	311 20 00	+12	131 20 06	41 16 57		
		C	214 29 54	34 29 42	+12	214 29 48	124 26 39		
		D	250 27 24	70 27 06	+18	250 27 15	160 24 06		
		A	90 03 06	270 03 00	+6	90 03 03			

以上观测过程为全圆方向法的上半个测回。

c. 盘右逆时针。以盘右位置按逆时针方向依次照准 A、D、C、B、A，并分别读取水平度盘读数。以上为下半个测回，其半测回归零差不应超过限差规定。

本例中，A、D、C、B、A 方向的读数依次为

A： 180° 00′ 54″

D： 340° 25′ 00″

C： 304° 27′ 30″

B： 221° 18′ 00″

A： 180° 01′ 00″

注意

盘左的记录从上向下记，盘右时从下向上记。

若同一个方向的盘左、盘右读数相差与 180°有明显差别，说明读数有问题。

上、下半测回合起来称为一测回。当精度要求较高时，可观测 n 个测回，为了消除度盘刻划不均匀误差，每测回要按 $180°/n$ 的差值变换度盘的起始位置。

③ 全圆方向观测法的计算

a. 计算两倍照准误差 $2c$ 值。二倍照准误差是同一台仪器观测同一方向盘左、盘右读数之差，简称 $2c$ 值。它是由于视准轴不垂直于横轴引起的观测误差，计算公式为：

$$2c = \text{盘左读数} - (\text{盘右读数} \pm 180°) \tag{3.17}$$

对于 DJ6 级经纬仪，$2c$ 值只作参考，不做限差规定。如果其变动范围不大，说明仪器是稳定的，不需要校正，取盘左、盘右读数的平均值即可消除视准轴误差的影响。

b. 一测回内各方向平均读数的计算：

$$\text{同一方向的平均读数} = [\text{盘左读数} + (\text{盘右读数} \pm 180°)]/2 \tag{3.18}$$

起始方向有两个平均读数，应再取其平均值，将算出的结果填入同一栏的括号内，如第一测回中的（0°01′03″）。

c. 一测回归零方向值的计算。将各个方向（包括起始方向）的平均读数减去起始方向的平均读数，即得各个方向的归零方向值。显然，起始方向归零后的值为0°00′00″。

d. 各测回平均方向值的计算。每一测回各个方向都有一个归零方向值，当各测回同一方向的归零方向值之差不超限，则可取其平均值作为该方向的最后结果。

e. 水平角值的计算。将右方向值减去左方向值即为该两方向的夹角。

3.2.3 竖直角测量（附视频）

(1) 竖直度盘的构造 竖直度盘简称竖盘，如图3.18所示，为J6级经纬仪竖盘构造示意图，主要包括竖盘、竖盘指标、竖盘指标水准管和竖盘指标水准管微动螺旋。竖盘固定在横轴的一侧，随望远镜在竖直面内同时上、下转动。竖盘读数指标不随望远镜转动，它与竖盘指标水准管连接在一个微动架上，转动竖盘指标水准管微动螺旋，可使竖盘读数指标在竖直面内作微小移动。当竖盘指标水准管气泡居中时，指标应处于竖直位置，即在正确位置。一个校正好的竖盘，当望远镜视准轴水平、指标水准管气泡居中时，读数窗上指标所指的读数应是90°或270°，此读数即为视线水平时的竖盘读数。一些新型的经纬仪安装了自动归零装置来代替水准管，测定竖直角时，放开阻尼器钮，待摆稳定后，直接进行读数，提高了观测速度和精度。

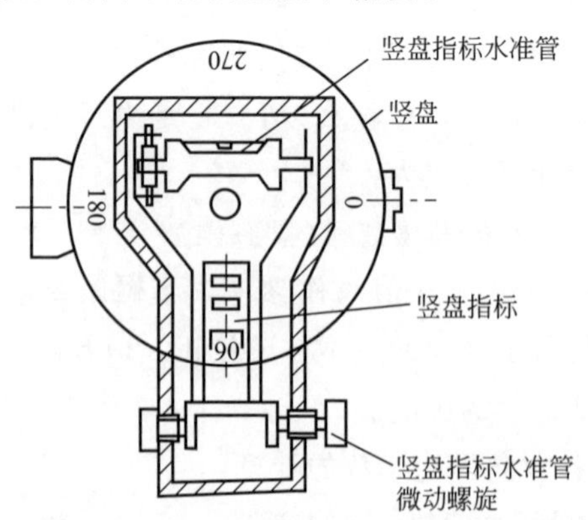

图3.18 J6级径纬仪竖盘构造示意图

(2) 竖直角计算公式的确定 由于竖盘注记形式不同，垂直角计算的公式也不一样。现在以顺时针注记的竖盘为例，推导垂直角计算的公式。

如图 3.19 所示，盘左位置：视线水平时，竖盘读数为 90°，当瞄准一目标时，竖盘读数为 L，则盘左垂直角为：

$$\alpha_{左}=90°-L \qquad (3.19)$$

盘右位置：视线水平时，竖盘读数为 270°。当瞄准原目标时，竖盘读数为 R，则盘右垂直角为：

$$\alpha_{右}=R-270° \qquad (3.20)$$

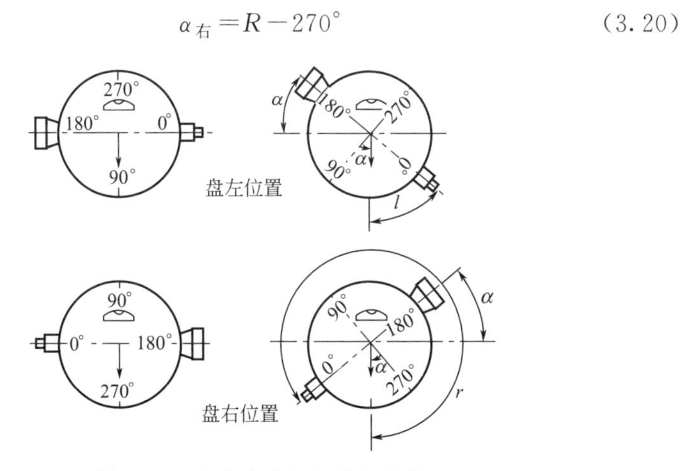

图 3.19　竖直度盘与竖直角计算

将盘左、盘右位置的两个垂直角取平均值，即得垂直角计算公式为：

$$\alpha_{均}=\frac{\alpha_{左}+\alpha_{右}}{2} \qquad (3.21)$$

对于逆时针注记的竖盘，用类似的方法推得垂直角的计算公式为：

$$\alpha_{左}=L-90° \qquad (3.22)$$

$$\alpha_{右}=270°-R \qquad (3.23)$$

注意

一个仪器只有一组计算公式，计算结果为正为仰角，否则为俯角。

(3) 竖直角的观测 与水平角相比，每一个方向就有一个竖直角。

① 在测站 O 点上安置经纬仪，以盘左位置用望远镜的十字丝中横丝，瞄准目标上某一点 A。

② 转动竖盘指标水准管微动螺旋，使气泡居中，读取竖盘读数 L。

③ 倒转望远镜，以盘右位置再瞄准目标上 A 点。调节竖盘指标水准管气泡居中，读取竖盘读数 R。竖直角的观测记录手簿见表 3.10。

(4) 竖直角的计算 分清竖直度盘的注记形式，采用公式进行计算。表 3.10 为顺时针注记形式，盘左按式(3.19)计算，盘右按式(3.20)计算。

表 3.10 竖直角观测记录手簿

测站	目标	竖盘位置	竖盘读数/(° ′ ″)	半测回角值/(° ′ ″)	指标差/(″)	一测回角值/(° ′ ″)	备注
O	A	左	80 20 36	9 39 24	+15	9 39 39	盘左时竖盘注记 270 180 0 90
		右	279 39 54	9 39 54			
	B	左	96 05 24	−6 05 24	+6	−6 05 18	
		右	263 54 48	−6 05 12			

(5) 竖盘指标差 当望远镜的视线水平，竖盘指标水准管气泡居中时，竖盘指标所指的读数应为 90°或 270°，否则，其差值即称为竖盘指标差，以 x 表示。它是由于竖盘指标水准管与竖盘读数指标的关系不正确等因素而引起的。

竖盘指标差有正、负之分，当指标偏移方向与竖盘注记方向一致时，会使竖盘读数中增大一个 x 值，即 x 为正；反之，当指标偏移方向与竖盘注记方向相反时，则使竖盘读数中减小了一个 x 值，故 x 为负。

竖直角的测量

因此，若用盘左读数计算正确的竖直角 α，则 $\alpha=(90^\circ+x)-L=\alpha_L+x$，若用盘右读数计算正确的竖直角时，则 $\alpha=R-(270^\circ+x)=\alpha_R-x$，显然这两式平均可以得到正确的结果，即可以消除竖盘指标差对竖直角的影响而得到正确的结果。这两式相减可得：

$$x=\frac{\alpha_R-\alpha_L}{2}=\frac{(R+L)-360^\circ}{2} \tag{3.24}$$

在测量竖直角时，虽然利用盘左、盘右两次观测能消除指标差的影响，但求出指标差的大小可以检查观测成果的质量。同一仪器在同一测站上观测不同的目标时，在某段时间内其指标差应为固定值，但由于观测误差、仪器误差和外界条件的影响，使实际测定的指标差数值总是在不断变化，对于 DJ6 级经纬仪该变化不应超过 25″。

3.2.4　角度测量的误差及注意事项（附视频）

(1) 角度测量的误差　角度测量的误差主要来源于仪器误差、人为操作误差以及外界条件的影响等几个方面。认真分析这些误差，找出消除或减小误差的方法，从而提高观测精度。

扫码看视频

测角误差的来源

由于竖直角主要用于三角高程测量和视距测量，在测量竖直角时，只要严格按照操作规程作业，采用测回法消除竖盘指标差对竖角的影响，测得的竖直角值即能满足对高程和水平距离的求算。因此，下面只分析水平角的测量误差。

① 仪器制造加工不完善所引起的误差。主要的仪器误差有水准管轴不垂直于竖轴，视线不垂直横轴、横轴下垂直竖轴、照准部偏心，光学对中器视线不与竖轴旋转中心线重合及竖盘的指标差等。

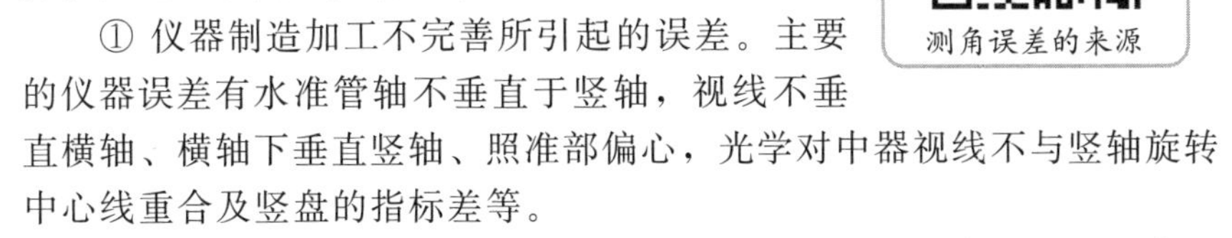

② 仪器校正不完善所引起的误差。如望远镜视准轴不严格垂直于横轴、横轴不严格垂直于竖轴所引起的误差，可以采用盘左、盘右观测取平均的方法来消除，而竖轴不垂直于水准管轴所引起的误差则不能通过盘左、盘右观测取平均或其他观测方法来消除，因此，必须认真做好

仪器的此项检验和校正。

③ 观测误差。造成观测误差的原因有二：一是工作时不够细心；二是受人的器官及仪器性能的限制。观测误差主要有：对中误差、整平误差、目标偏心误差、瞄准误差及读数误差等。对于竖直角观测，则有指标水准器的调平误差。

a. 对中误差。仪器对中不准确，使仪器中心偏离测站中心的位移叫偏心距，偏心距将使所观测的水平角值不是大就是小。经研究已经知道，对中引起的水平角观测误差与偏心距成正比，并与测站到观测点的距离成反比。因此，在进行水平角观测时，仪器的对中误差不应超出相应规范规定的范围，特别是对于短边的角度进行观测时，更应该精确对中。

b. 整平误差。若仪器未能精确整平或在观测过程中气泡不再居中，竖轴就会偏离铅直位置。整平误差不能用观测方法来消除，此项误差的影响与观测目标时视线竖直角的大小有关，当观测目标与仪器视线大致同高时，影响较小；当观测目标时，视线竖直角较大，则整平误差的影响明显增大，此时，应特别注意认真整平仪器。当发现水准管气泡偏离零点超过一格以上时，应重新整平仪器，重新观测。

c. 目标偏心误差。由于测点上的标杆倾斜而使照准目标偏离测点中心所产生的偏心差称为目标偏心误差。目标偏心是由于目标点的标志倾斜引起的。观测点上一般都是竖立标杆，当标杆倾斜而又瞄准其顶部时，标杆越长，瞄准点越高，则产生的方向值误差越大；边长短时误差的影响更大。为了减少目标偏心对水平角观测的影响，观测时，标杆要准确而竖直地立在测点上，且尽量瞄准标杆的底部。

d. 瞄准误差。引起误差的因素很多，如望远镜孔径的大小，分辨率，放大率，十字丝粗细、清晰等，人眼的分辨能力，目标的形状、大小、颜色、亮度和背景，以及周围的环境，空气透明度，大气的湍流、温度等，其中与望远镜放大率的关系最大。经计算，DJ6 级经纬仪的瞄准误差为$\pm 2''$～$\pm 2.4''$，观测时应注意消除视差，调清十字丝。

e. 读数误差。读数误差与读数设备、照明情况和观测者的经验有关。一般来说，主要取决于读数设备。对于 DJ6 级光学经纬仪，估读误差不超过分划值的 1/10，即不超过$\pm 6''$。如果照明情况不佳，读数显微镜存在视差，以及读数不熟练，估读误差还会增大。

④ 外界条件的影响。影响角度测量的外界因素很多，大风、松土会影响仪器的稳定；地面辐射热会影响大气稳定而引起物像的跳动；空气的透明度会影响照准的精度，温度的变化会影响仪器的正常状态等。这些因素都会在不同程度上影响测角的精度，要想完全避免这些影响是不可能的，观测者只能采取措施及选择有利的观测条件和时间，使这些外界因素的影响降低到最小的程度，从而保证测角的精度。

(2) 角度测量的注意事项 用经纬仪测角时，往往由于粗心大意而产生错误，如测角时仪器没有对中整平，望远镜瞄准目标不正确，度盘读数读错，记录记错和拧错制动螺旋等，因此，角度测量时必须注意以下几点。

① 仪器安置。高度要合适，三脚架要踩牢，仪器与三脚架连接要牢固；观测时不要手扶或碰动三脚架，转动照准部和使用各种螺旋时，用力要轻。

② 对中、整平要准确。测角精度要求越高或边长越短的，对中要求越严格；如观测的目标之间高低相差较大时，更应注意仪器整平。

③ 仪器操作。在水平角观测过程中，如同一测回内发现照准部水准管气泡偏离居中位置，不允许重新调整水准管使气泡居中；若气泡偏离中央超过一格时，则需重新整平仪器，重新观测。

④ 竖直度盘指标。观测竖直角时，每次读数之前，必须使竖盘指标水准管气泡居中或自动归零开关设置“ON”位置。

⑤ 瞄准。标杆要立直于测点上，尽可能用十字丝交点瞄准标杆或测钎的基部；竖角观测时，宜用十字丝中丝切于目标的指定部位。

⑥ 记录。不要把水平度盘和竖直度盘读数弄混淆；记录要清楚，并当场计算校核，若误差超限应查明原因并重新观测。

⑦ 度盘变换。观测水平角时，同一个测回里不能转动度盘变换手轮或按水平度盘复测扳钮。

3.3 钢尺测量

地面上A、B两点间的水平距离指A点、B点在水平面的投影长度。距离测量就是测量地面上A、B两点间的水平距离。

3.3.1 量距的工具（附视频）

(1) 钢尺 钢尺是优质钢制成的带状尺，又称钢卷尺。尺宽10～15mm，最小分划以毫米为单位，在米、分米、厘米处刻有标记，其长度有20m、30m、50m等几种。根据尺的零点位置不同，有端点尺和刻线尺两种，如图3.20（a）、（b）所示。

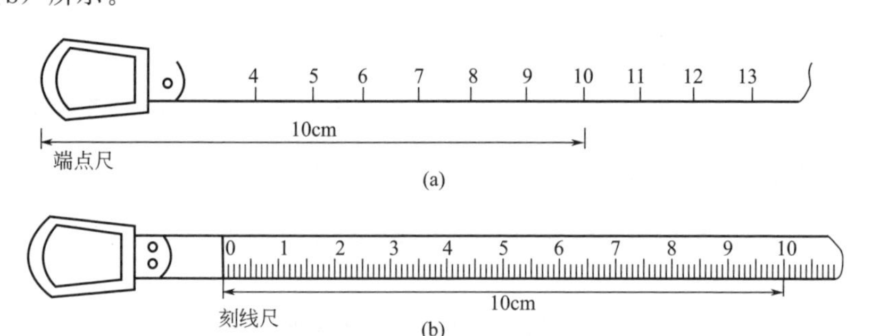

图3.20 端点尺和刻线尺

优点：钢尺抗拉强度高，不易拉伸，量距精度较高，在工程测量中常用。

缺点：钢尺性脆，易折断，易生锈，使用时要避免扭折、防止受潮。

(2) 测杆 长2～3m，用圆木或合金制成，杆身做成红白相间，每节长为20cm，因此又称花杆。标杆底装有锥形铁脚以便插入土中，或对准点的中心。标杆可用于标定直线、标志点位，以及粗略测高差。

(3) 测钎 测钎用粗铁丝加工制成，长20～30cm，上端弯成环形，下端磨尖。常用于标定尺的端点和计算整尺的段数，也可作为瞄准的标志。一般6根或11根为一组，穿在铁环中。量距时，将测钎插入地面，用以标定尺端点的位置，亦可作为近处目标的瞄准标志。

(4) 锤球、弹簧秤和温度计等 锤球常用于在斜坡上丈量水平距离。弹簧秤和温度计等在精密量距中应用。

3.3.2 直线定线(附视频)

在丈量 A、B 两点距离时，如距离较长，一个尺段不能完成测量时，为了使尺子能在直线上进行丈量，就要在 A、B 两点间的直线上标定一些点，然后再进行分段丈量。在已知两点的直线方向线上确定一些点，用以标定这条直线的工作，称为直线定线。

直线定线的方法一般采用目测定线，在精度要求高时可用经纬仪定线。

(1) 目估定线法 分为两点间定线和两点延长线上定线两种定线方式。

① 两点间定线。如图 3.21 所示，A、B 为地面上相互通视的两点，现要在该方向两点之定出 1 等点。定线由甲、乙两人进行，先在 A、B 两点插一标杆，甲站在 A 点标杆后 1～2m 处，通过 A 点标杆瞄准 B 点标杆。乙拿标杆在 1 点附近按甲的指挥，左右移动标杆，直至 1 点标杆在 A、B 方向线上，然后将标杆垂直插在 1 点上，即定出 1 点(分点)，同法依次定出另外点。定线工作也可与丈量工作同时进行。

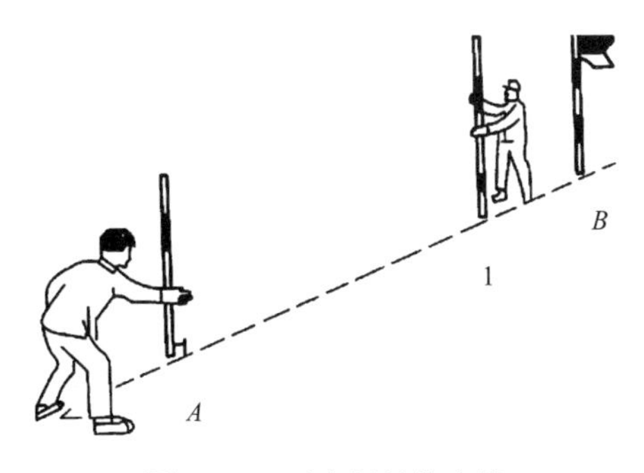

图 3.21 两点间目估定线

② 两点延长线上定线。如图 3.22 所示，设 A、B 为直线的两端点，现需将直线 AB 延长。观测者在 AB 的延长线方向适当距离 1 处立标杆，观测自己所立标杆是否与 A、B 两标杆复合，经左右移动标杆，

直到1点标杆在 A、B 方向线上，即定出 AB 上的1点，同法再定出其他点。

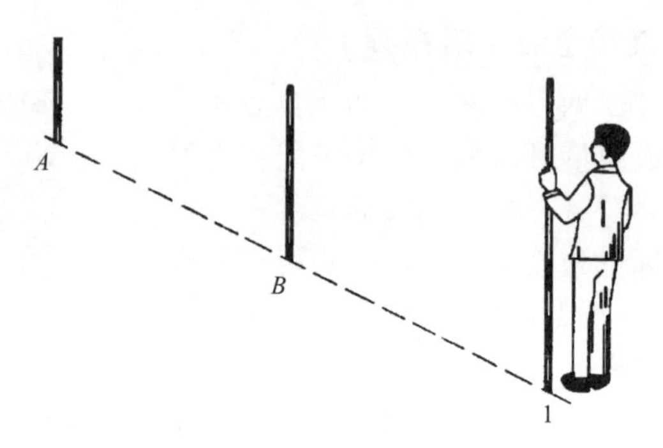

图 3.22 两点延长线上定线

(2) 经纬仪定线法 在待测点的一端点 A 安置经纬仪，然后照准另一端点 B 的花杆，固定照准部，并指挥另一司尺员在距 B 小于一整尺段的地方沿垂直于测线方向左右移动，直到与望远镜完全重合为止。

3.3.3 直线丈量的一般方法(附视频)

(1) 平坦地面的直线丈量 主要采用平量法，如图 3.23 所示。

① 丈量方法。因为地面平坦，可以量整尺长。丈量时，可边定线边丈量。需要注意的是钢尺一定要拉平，前后两个尺段间衔接要准确。前司尺员插测钎，后司尺员拔测钎，最后数测钎的个数就是整尺段的个数。

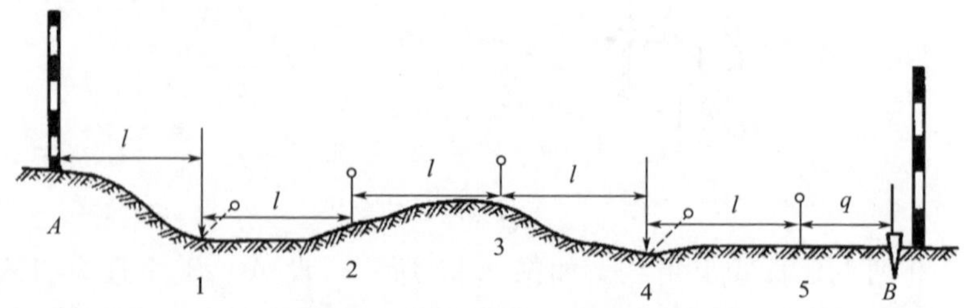

图 3.23 平坦地面的直线丈量

则 AB 的水平距离为：

$$D=nl+q \tag{3.25}$$

式中 l——整尺段的长度；

n——测钎数，即整尺段数；

q——不足整尺的零尺段长。

② 丈量精度的评定。为了防止错误和提高丈量的精度，通常丈量工作必须往返丈量。若往测的距离为 $D_{往}$，返测距离为 $D_{返}$，往返测较差为 ΔD，平均值为 $\overline{D}$，则丈量精度 K 按式(3.26) 计算。

$$K=\frac{1}{\overline{D}/\Delta D}=\frac{1}{M} \tag{3.26}$$

在一般情况下，平坦地区钢尺量距的相对误差不应大于1/3000；在量距困难的地区，相对误差不应大于 1/2000。如果超出该范围，应重新进行丈量。满足精度要求时，用平均值作为测量结果。

(2) 倾斜地面的直线丈量 视不同地形采用平量法和斜量法。

① 平量法。当地面倾斜，但地面起伏不大时，沿倾斜地面丈量距离，一般将尺子抬平进行丈量，如图 3.24 所示。

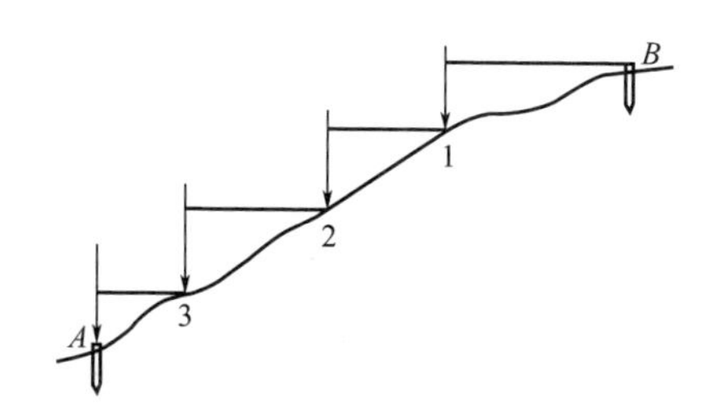

图 3.24 平量法

② 斜量法。当地面倾斜比较均匀时，如图 3.25 所示，可沿地面量出倾斜距离 l，并用罗盘仪或经纬仪测出地面倾斜角 θ，然后按下式计算水平距离：

$$D=l\cos\theta \tag{3.27}$$

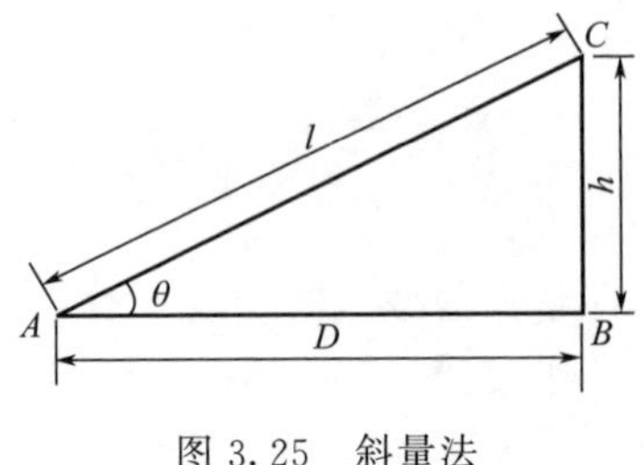

图 3.25 斜量法

3.3.4 钢尺丈量的精密方法(附视频)

(1) 丈量方法 直线丈量精度较高时，需采用精密丈量方法。丈量方法与一般方法相同，需要注意以下几点。

① 必须采用经纬仪定线，且在分点上定木桩，桩顶高出地面2～4cm，再用经纬仪在木桩桩顶精确定线。

② 丈量两个相邻点间的倾斜长度，测量其高差。每尺段要用不同的尺位读取三次读数，三次算出的尺段长度其较差如不超过2～3mm，取其平均值作为丈量结果。每量一个尺段，均要测量温度，温度值按要求读至 0.5℃或 1℃。同法丈量各尺段长度，当往测完毕后，再进行返测。

③ 量距精度为 1/40000 时，高差较差不应超过±5mm；量距精度为 1/20000～1/10000 时，高差较差不应超过±10mm。若符合要求，取其平均值作为观测结果。

(2) 成果整理 精密测量时需要考虑温度、拉力等因素。

① 尺长方程式。为了改正量取的名义长度，获得实际距离，故需要对使用的钢尺进行检定。通过检定，求出钢尺在标准拉力（30m 钢尺为 100N)、标准温度（通常为 20℃）下的实际长度，给出在标准拉力下尺长随温度变化的函数关系式，这种关系式称尺长方程式。

$$l_t = l_0 + \Delta l_0 + \alpha(t - t_0) l_0 \tag{3.28}$$

式中　l_t——钢尺在标准拉力 F 下，温度为 t 时的实际长度；

l_0——钢尺的名义长度；

Δl_0——在标准拉力、标准温度下钢尺名义长度的改正数，等于实际长度减去名义长度；

α——钢尺的线膨胀系数，即温度变化1℃，单位钢尺长度的变化量，其值取(1.15～1.25)×10^{-5}/(m·℃)；

t——量距时的钢尺温度,℃；

t_0——标准温度，通常为20℃。

② 各尺段平距的计算。精密量距中，每一实测的尺段长度，都需要进行尺长改正、温度改正、倾斜改正，以求出改正后的尺段平距，见表3.11。

表3.11　精密量距记录计算表

尺段编号	钢尺读数			尺段长度/m	温度/℃	高差/m	尺长改正/mm	温度改正/mm	高差改正数/mm	改正后尺段平距/m
	次数	前尺读数	后尺读数							
A-1	1	29.939	0.005	29.934	26.5	−0.15	+2.5	+2.4	−0.37	29.9385
	2	29.950	0.016	29.934						
	3	29.957	0.024	29.933						
	平均	29.949	0.015	29.934						
…	…	…	…	…	…	…	…	…	…	…
4-B	1	8.324	0.004	8.320	27.5	+0.07	+0.69	+0.68	−0.29	8.3221
	2	8.336	0.015	8.321						
	3	8.350	0.028	8.322						
	平均	8.337	0.016	8.321						
总和				67.355			+5.69	+5.69	−1.16	67.365

a. 尺长改正。按式(3.29)计算尺段 l 的尺长改正数 Δl：

$$\Delta l=\frac{\Delta l_0}{l_0}l \tag{3.29}$$

b. 温度改正。按式(3.30)计算尺段 l 的温度改正数 Δt：

$$\Delta t=\alpha(t-t_0)l \tag{3.30}$$

c. 倾斜改正。按式(3.31) 计算倾斜改正 Δh：

$$\Delta h=-\frac{h^2}{2l} \tag{3.31}$$

d. 计算改正后的尺段平距 D：

$$D=l+\Delta l+\Delta t+\Delta h \tag{3.32}$$

各尺段的水平距离求和，即为总距离。往、返总距离算出后，按相对误差评定精度。当精度符合要求时，取往、返测量的平均值作为距离丈量的最后结果。

3.3.5 钢尺量距的误差分析（附视频）

扫码看视频

钢尺量距的误差

(1) 定线误差 分段丈量时，距离也应为直线，定线偏差使其成为折线，与钢尺不水平的误差性质一样，使距离量长了。前者是水平面内的偏斜，而后者是竖直面内的偏斜。

(2) 尺长误差 钢尺必须经过检定以求得其尺长改正数。尺长误差具有系统积累性，它与所量距离成正比。精密量距时，钢尺虽经检定并在丈量结果中进行了尺长改正，其成果中仍存在尺长误差，因为一般尺长检定方法只能达到0.5mm左右的精度。在一般量距时可不作尺长改正。

(3) 温度误差 由于用温度计测量温度，测定的是空气的温度，而不是钢尺本身的温度。在夏季阳光暴晒下，此两者温度之差可大于5℃。因此，钢尺量距宜在阴天进行，并要设法测定钢尺本身的温度。

(4) 拉力误差 钢尺具有弹性，会因受拉力而伸长。量距时，如果拉力不等于标准拉力，钢尺的长度就会产生变化。精密量距时，用弹簧秤控制标准拉力，一般量距时拉力要均匀，不要或大或小。

(5) 尺子不水平的误差 钢尺量距时，如果钢尺不水平，总是使所量距离偏大。精密量距时，测出尺段两端点的高差，进行倾斜改正。常用普通水准测量的方法测量两点的高差。

(6) 钢尺垂曲和反曲的误差 钢尺悬空丈量时，中间下垂，称为垂曲。故在钢尺检定时，应按悬空与水平两种情况分别检定，得出相应的尺长方程式，按实际情况采用相应的尺长方程式进行成果整理，这项误差在实际作业中可以不计。

在凹凸不平的地面量距时，凸起部分将使钢尺产生上凸现象，称为反曲。如在尺段中部凸起 0.5m，由此而产生的距离误差，这是不能允许的。应将钢尺拉平丈量。

(7) 丈量本身的误差 它包括钢尺刻划对点的误差、插测钎的误差及钢尺读数误差等。这些误差是由人的感官能力所限而产生，误差有正有负，在丈量结果中可以互相抵消一部分，但仍是量距工作的一项主要误差来源。

3.4 直线定向

确定地面上两点之间的相对位置，除确定水平距离外，还必须确定此直线与标准方向之间的水平夹角，确定一直线与标准方向之间角度关系称为直线定向。

3.4.1 标准方向的种类（附视频）

标准方向

(1) 真子午线方向 通过地球表面某点的真子午线的切线方向，称为该点的真子午线方向，真子午线北端所指的方向为真北方向。

(2) 磁子午线方向 地球表面某点上的磁针在地球磁场的作用下，自由静止时其轴线所指的方向，磁针北端所指的方向为磁北方向。磁子午线方向可用罗盘仪测定。

(3) 坐标纵轴方向 通过地面上某点平行于该点所处的平面直角坐标系的纵轴方向，称为坐标纵轴方向。坐标纵轴北端所指的方向为坐标北方向。如假定坐标系，则用假定的坐标纵轴（x 轴）作为标准方向。

以上三个标准方向的北方向，总称“三北方向”，在一般情况下，它们是不一致的。

3.4.2 直线方向的表示方法

表示直线方向的方法有方位角和象限角两种。

(1) 方位角 由标准方向的北端起，顺时针方向到某一直线的水平夹角，称为该直线的方位角，其角值在0°～360°之间。根据基本方向的不同，方位角可分为真方位角A、磁方位角A_m和坐标方位角α。

(2) 象限角 由标准方向北端或南端起，顺时针或逆时针到某一直线所夹的水平锐角，称为该直线的象限角，以R表示。象限角的角值在0°～90°之间。象限角不但要写出角值大小，还应注明所在的象限。测量中的象限顺序和数学中的象限顺序相反。象限角和方位角一样，可分为真象限角、磁象限角和坐标象限角三种，常用坐标象限角。

(3) 方位角与象限角的关系 同一条直线的方位角和象限角存在着固定的关系，如表3.12所示。

表3.12 方位角和象限角的换算关系

象限		据方位角求象限角	根据象限角求方位角
编号	名称		
Ⅰ	北东(NE)	$R=\alpha$	$\alpha=R$
Ⅱ	南东(SE)	$R=180°-\alpha$	$\alpha=180°-R$
Ⅲ	南西(SW)	$R=\alpha-180°$	$\alpha=180°+R$
Ⅳ	北西(NW)	$R=360°-\alpha$	$\alpha=360°-R$

3.4.3 坐标方位角传递

在实际工作中并不需要测定每条直线的坐标方位角，而是通过与已知坐标方位角的直线连测后，推算出各直线的坐标方位角；假定坐标系以起始边的坐标方位角推算其余边的坐标方位角。如图3.26所示，AB为已知直线，测定了$\beta_{B左}$、$\beta_{1左}$，推算直线$B1$和直线12的坐标方位角α_{B1}、α_{12}，过程如下。

由图3.26中的各角度的几何关系可以看出：

$$\alpha_{B1}=\alpha_{BA}+\beta_{B左}$$

又知：$\alpha_{BA}=\alpha_{AB}\pm180°$，代入上式得：

$$\alpha_{B1}=\alpha_{AB}+\beta_{B左}\pm180°$$

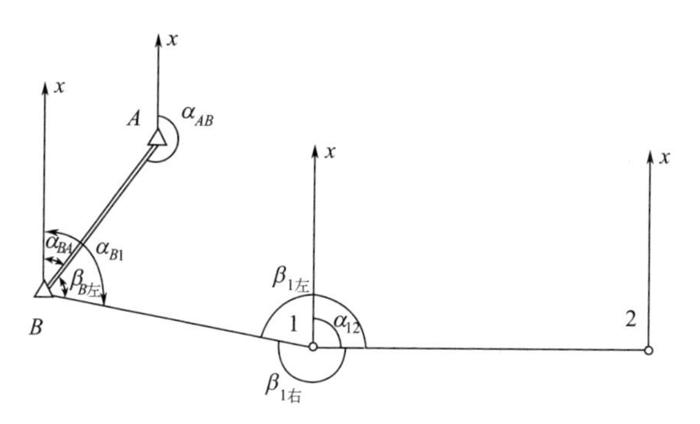

图 3.26　坐标方位角传递

同理可推出：

$$\alpha_{12}=\alpha_{B1}+\beta_{1左}\pm180^\circ$$

若观测水平角为右角，则有 $\beta_{左}=360^\circ-\beta_{右}$

归纳以上各式可得出方位角推算的一般公式：

$$\alpha_{前}=\alpha_{后}+\beta_{左}\pm180^\circ \tag{3.33}$$

$$\alpha_{前}=\alpha_{后}-\beta_{右}\pm180^\circ \tag{3.34}$$

注意

下一条边的方位角等于上一条边的方位角加左角或减右角（左“+”右“−”）后，再加或减 180°。当后一条边的坐标方位角加左角或减右角后的值大于或等于时 180°，就减 180°；否则，应加上 180°。

【实例】 如图 3.27 所示，已知直线 BA 方位角 $\alpha_{BA}=30^\circ06'24''$，测得 $\beta_B=39^\circ26'18''$，$\beta_1=225^\circ34'18''$，$\beta_2=40^\circ26'36''$，$\beta_3=270^\circ27'48''$，试推算各边的坐标方位角。

【解】 $\alpha_{AB}=\alpha_{BA}+180^\circ=30^\circ06'24''+180^\circ=216^\circ06'24''$

根据图 3.27 可知：

$$\alpha_{B1}=\alpha_{AB}+\beta_B\pm180^\circ$$
$$=216^\circ06'24''+39^\circ26'18''-180^\circ$$
$$=69^\circ32'32''$$（前两项之和大于 180°,取减号）

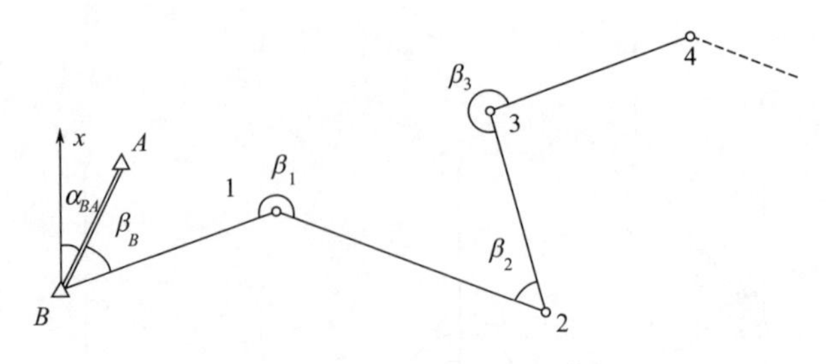

图 3.27 坐标方位角推算

$$\alpha_{12}=\alpha_{B1}+\beta_1\pm180°$$
$$=69°32'32''+225°34'18''-180°=115°06'50''$$
$$\alpha_{23}=\alpha_{12}+\beta_2\pm180°$$
$$=115°06'50''+40°26'36''+180°$$
$=335°33'26''$(前两项之和小于 180°,取加号)

$$\alpha_{34}=\alpha_{23}+\beta_3\pm180°$$
$$=335°33'26''+270°27'48''-180°$$
$$=426°01'14''-360°$$
$=66°01'14''$(前两项之和大于 180°,取减号;结果超过 360°,再减去 360°)

3.4.4 罗盘仪及磁方位角测量

罗盘仪是主要用来测定直线的磁方位角或磁象限角的仪器，也可以粗略地测量水平角和竖直角，还可以进行视距测量。罗盘仪测定的精度虽然不高，但其构造简单，使用方便。罗盘仪由于构造不同，常用的有望远镜罗盘仪和手持罗盘仪。现介绍望远镜罗盘仪。

(1) 罗盘仪的构造 罗盘仪由望远镜、磁针、刻度盘、水准器和球臼等部分组成，如图 3.28 所示。

① 望远镜。望远镜是罗盘仪的照准设备，由物镜、目镜和十字丝分划板三部分组成。在望远镜的左侧附有竖盘，可测量倾斜角，同时还有用作控制望远镜转动的制动螺旋和微动螺旋。

② 磁针。磁针是一个长条形的人造磁铁，置于圆形罗盘盒的中央顶针上，可以自由转动。不用时可以旋转磁针制动螺旋，将磁针抬起而被磁针制动螺旋下面的杠杆压紧在圆盒的玻璃盖上，避免磁针帽与顶针

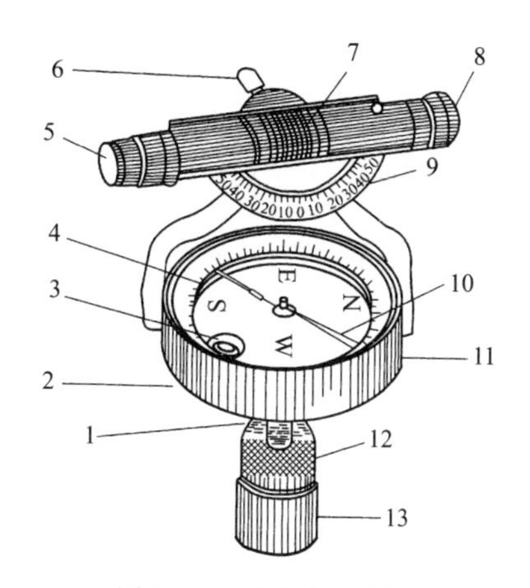

图 3.28 罗盘仪的构造

1—水平制动螺旋；2—磁针制动螺旋；3—圆水准器；4—水平度盘；
5—目镜；6—望远镜制动螺旋；7—对光螺旋；8—望远镜物镜；
9—竖直度盘；10—磁针；11—罗盘盒；12—球臼；13—连接螺旋

的碰撞和磨损。

为了消除磁倾角的影响，保持磁针两端的平衡，常在磁针南端缠绕几周金属丝以达到磁针的平衡。这也是区别磁针南端的重要标志之一。

③ 刻度盘。盘上最小分划为1°或30′，并每隔10°作一注记。刻度盘的注记形式有两种，即方位罗盘和象限罗盘。方位罗盘的刻度盘注记为0°～360°，按逆时针方向注记，可直接测出磁方位角；象限罗盘则是由0°直径的两端起，分别对称地向左右两边各刻划注记到90°，它可直接测出磁象限角，所以称为象限式刻度盘。

④ 水准器和球臼。在罗盘盒内装有一个圆水准器或两个互相垂直的水准管，当圆水准器内的气泡位于中心位置，或两个水准管内的气泡同时居中，此时，罗盘盒处于水平状态。球臼螺旋在罗盘盒的下方，配合水准器可使罗盘盒处于水平状态；在球臼与罗盘盒之间的连接上安有水平制动螺旋，以控制罗盘的水平转动。

(2) 罗盘仪测定磁方位角 用罗盘仪测定直线的磁方位角，要经过安置仪器、放下磁针、瞄准目标和读数四个步骤。

① 安置仪器。将仪器安置在直线的端点上，进行对中和整平。对中时，在三脚架下方悬挂一垂球，移动三脚架使垂球尖对准地面点的中

心。对中的目的是使罗盘仪水平度盘的中心和地面点在同一条铅垂线上。对中容许误差为2cm。整平时，松开球臼螺旋，用手前后、左右摆动刻度盘，使度盘内的水准器气泡居中，然后拧紧球臼螺旋，此时罗盘仪刻度盘处于水平状态。

② 放下磁针。仪器水平后，旋松磁针制动螺旋，使磁针自由支承在顶针上，在地磁影响下磁针变为静止，指向磁南北极。

③ 瞄准目标。松开水平制动螺旋和望远镜制动螺旋，旋转望远镜，瞄准直线另一端竖立的目标。瞄准时要通过目镜对光、粗略瞄准、物镜对光和精确瞄准。为了减少瞄准误差，应使十字丝交点瞄准目标基部中心。

④ 读数。如图3.29所示，待磁针静止后，可直接读取直线的磁方位角。读数时，当望远镜的物镜在度盘的0°刻划线上方时，读磁针指北端所指的读数；当望远镜的物镜在度盘的180°刻划线上方时，读磁针指南端所指的读数；读数可直接读1°，估读至30′。

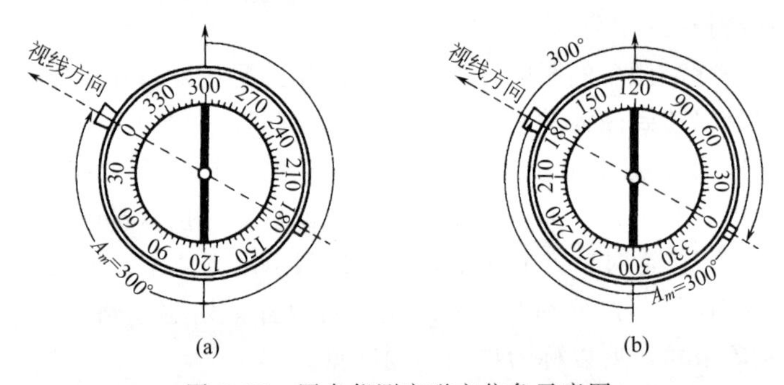

图3.29 罗盘仪测定磁方位角示意图

为了防止错误和提高观测成果的精度，往往在测得直线正磁方位角之后，还要测反磁方位角。在直线不太长的情况下，可以把两端点的磁子午线方向认为是平行的。若测得正、反方位角相差为±（180°±1°）之内可按式(3.35）取其平均值作为最后的结果。否则应查明原因，重新观测。

$$A_{m均}=\frac{1}{2}[A_{m正}+(A_{m反}\pm180°)] \qquad (3.35)$$

(3) 使用罗盘仪应注意的事项 若使用不当，测量结果相差很多。

① 在磁铁矿区或离高压线、无线电天线、电视转播台等较近的地方不宜使用罗盘仪，会有电磁干扰现象。

② 观测时一切铁器等物体，如斧头、钢尺、测钎等不要接近仪器。

③ 读数时，眼睛的视线方向与磁针应在同一竖直面内，以减少读数误差。

④ 在磁力异常的地区，不能使用罗盘仪测图，应用经纬仪等测图，使其不受磁力异常的影响。

⑤ 观测完毕后搬动仪器时，应固定磁针，以防损坏磁针。

3.5　视距测量

与钢尺量距相比，视距测量一般不受地形起伏限制，有方法简单、工作效率高的优点。但是，视距测量的测量精度较低，其测距精度约为1/300。因此，这种测量方法只能用于精度要求较低的地形测量中。

3.5.1　视距测量的公式

如图3.30所示，A、B两点的水平距离和高差按式(3.36)和式(3.37)计算。

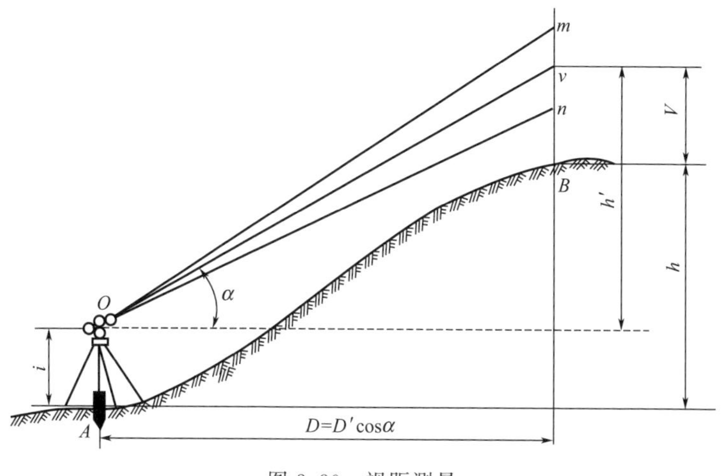

图3.30　视距测量

$$D=Kl\cos^2\alpha \tag{3.36}$$

$$h=0.5Kl\sin 2\alpha+i-v \tag{3.37}$$

式中 K——视距乘常数，现代仪器均为100；

l——尺间隔，等于上丝读数 m 与下丝读数 n 的差值绝对值，即：$l=|m-n|$；

α——竖直角；

i——仪器高；

v——中丝读数。

$h'=0.5Kl\sin 2\alpha$ 称为出算高差或高差主值，测量时，若让中丝读数 v 等于仪器高 i，则出算高差等于高差，可提高计算的速度。视距测量不需要专用仪器，常用的水准仪、经纬仪都可进行视距测量。当竖直角等于0时，说明视线水平。

3.5.2 视距测量的方法(附视频)

视距测量的方法

(1) 视距测量的观测步骤 与竖直角测量基本相同。

① 安置仪器于测站，对中、整平。

② 量取仪器高 i 至厘米。

③ 在测点立视距尺。

④ 用望远镜瞄准视距尺上某一高度，分别读取上、中、下丝读数，然后调节竖盘水准管微倾螺旋，使指标水准管气泡居中，读取竖盘读数，并将其观测的值记录于表3.13中。

表3.13 视距测量观测值记录表

测站点:A　　测站高程:1142.60m　　仪器型号:DJ6　　仪器高:1.30m

测点	下丝读数 上丝读数 /m	视距间隔/m	中丝读数/m	竖盘读数	竖直角/(° ′)	高差主值/m	$i-v$/m	水平距离/m	测点高程/m	已知高程/m
B	2.030 1.000	1.030	2.500	7539	+1421	+23.77	−1.2	96.67	59.19	35.42

(2) 视距测量的计算 先根据上、下丝读数和竖直读数计算出尺间隔 l 和竖直角 α。再根据式(3.36)和式(3.37)计算水平距离和高差，并可计算出高程。

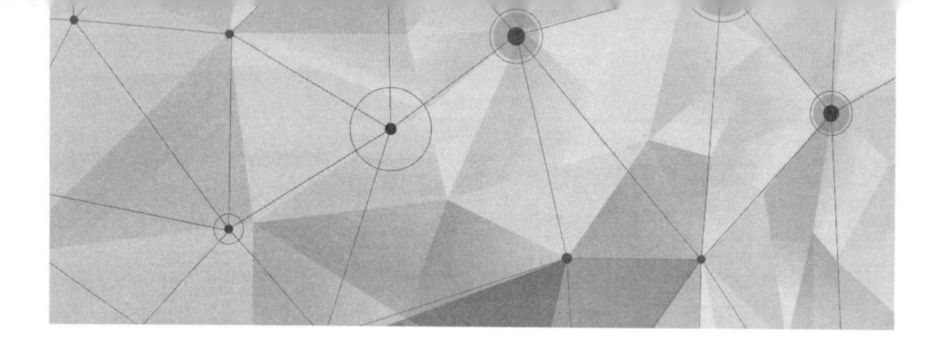

第4章　测量精度的评定

4.1　精度评定的概述

由于人员、仪器、天气等因素，测量结果一定存在不精确的因素，称为误差。为了评定测量结果的精度，需要解决两个问题：测量误差的种类；测量误差的限定。

在实际的测量工作中发现：对角度、高差、距离等某个确定的量进行多次观测时，所得到的结果之间往往存在着一些差异。另外对若干个量进行观测时，如果已经知道在这几个量之间应该满足某一理论值，实际观测结果往往不等于其理论上的应有值。例如，一个平面三角形的内角和理论值等于180，但实测的三个内角和往往不等于180，而是有一定的差异，这些差异称为不符值。这种差异是测量工作中经常而又普遍发生的现象，这是由于观测值中包含有各种误差的缘故。这种差异实质上反映了各次测量所得的数值（称为观测值）与未知量的真实值（称为真值）之间存在的差值，称为测量误差。即

$$\Delta_i = x - X \qquad (i=1,2,\cdots,n) \tag{4.1}$$

式中　x——观测值；

X——观测值的真值；

Δ_i——观测的真误差。

实践证明，测量时无论使用的仪器多么精密、采用的方法多么合

理、所处的环境多么有利、观测者多么仔细，但各观测值之间总存在着差异，这种差异就是观测值的测量误差。

4.1.1 误差产生的原因

(1) 仪器因素 由于仪器构造上的不完善、制造和装配的误差、检验校正的残余误差、运输和使用过程中仪器状况的变化等，必然在观测结果中产生误差。例如，在用只刻有厘米分划的普通水准尺进行水准测量时，就难以保证估读的毫米值完全准确。同时，仪器因装配、搬运、磕碰等原因存在着自身的误差，如水准仪的视准轴不平行于水准管轴，就会使观测结果产生误差。

(2) 人为因素 主要受观测者的感官限制、观测习惯和熟练程度的影响。由于观测者的视觉、听觉等感官的鉴别能力有一定的限制，所以在仪器的安置、使用中都会产生误差，如整平误差、照准误差、读数误差等。同时，观测者的工作态度、技术水平和观测时的身体状况等也是对观测结果的质量有直接影响的因素。

(3) 外界因素 由于测量时所处的外界环境中的空气温度、压力、风力、日光照射、大气折光、烟尘等客观因素的不断变化，必将使测量结果产生误差。

4.1.2 测量误差的分类

按测量误差对测量结果影响性质的不同，可将测量误差分为系统误差、偶然误差和粗差三类。

(1) 系统误差 在一定的测量条件下，对同一个被观测量进行多次重复测量时，误差值的大小和符号保持不变；或者在条件变化时，按一定规律变化的误差。如一把与标准尺比较相差 3mm 的 30m 钢尺，用该尺每丈量一尺段即产生 3mm 的误差，若丈量 300m 的距离就会产生 30mm 的误差。

系统误差具有累积性，它随着单一观测值观测次数的增多而积累。对观测结果的影响较为显著，它的存在必将给观测成果带来系统的偏差，降低了观测结果的准确度。但是系统误差总表现出一定的规律，可以根据它的规律，采取相应措施，把它的影响尽量地减弱直至消除。通常有以下三种方法。

① 测定系统误差的大小，对观测值加以改正。如用钢尺量距时，通过对钢尺的检定求出尺长改正数，对观测结果加尺长改正数和温度变化改正数，来消除尺长误差和温度变化引起的误差。

② 采用对称观测的方法，使系统误差在观测值中以相反的符号出现，加以抵消。如水准测量时，采用前、后视距相等的对称观测，以消除由于视准轴不平行于水准管轴所引起的系统误差；经纬仪测角时，用盘左、盘右两个观测值取中数的方法可以消除视准轴误差等系统误差的影响等。

③ 检校仪器。将仪器存在的系统误差降到最低程度或限制在允许的范围内，以减弱其对观测结果的影响。如经纬仪照准部水准管轴不垂直于竖轴的误差对水平角的影响，可通过精确检校仪器并在观测中仔细整平的方法来减弱其影响。

(2) 偶然误差 又称随机误差。在相同观测条件下，对某一未知量进行一系列的观测，从单个误差看其大小和符号的出现，没有明显的规律，但从一系列误差总体看，则有一定的统计规律。

如用经纬仪测角时，就单一观测值而言，由于受照准误差、读数误差、外界条件变化所引起的误差、仪器自身不完善引起的误差等综合的影响，测角误差的大小和正负号都不能预知，即具有偶然性，所以测角误差属于偶然误差。

偶然误差反映了观测结果的精密度。精密度是指在同一观测条件下，用同一观测方法对某量进行多次观测时，各观测值之间相互的离散程度。

在观测过程中，系统误差和偶然误差往往是同时存在的。当观测值中有显著的系统误差时，偶然误差就居于次要地位，观测误差呈现出系统的性质；反之，呈现出偶然的性质。因此，对一组剔除了粗差的观测值，首先应寻找、判断和排除系统误差，或将其控制在允许的范围内，然后根据偶然误差的特性对该组观测值进行数学处理，求出最接近未知量真值的估值，称为最或是值；同时，评定观测结果质量的优劣，即评定精度。这项工作在测量上称为测量平差，简称平差。

(3) 粗差 又称错误，是由于观测者使用仪器不正确或疏忽大意，如测错、读错、听错、算错等造成的错误，或因外界条件发生意外的显著变动引起的差错。粗差的数值往往偏大，使观测结果显著偏离真值。因此，一旦发现含有粗差的观测值，应将其从观测成果中剔除出去。

一般地讲，只要严格遵守测量规范，工作中仔细谨慎，并对观测结果做必要的检核，粗差是可以发现和避免的。

在实际测量中，误差总是不可避免的，可以通过技术处理减弱或消除误差的影响，错误是不允许存在的，测量中要认真仔细且在测量前对测量仪器进行必要的校正，以确保测量仪器达到精度标准。

4.2 偶然误差特性

偶然误差是由多种因素综合影响产生的，观测结果中不可避免地存在偶然误差，因而偶然误差是误差理论主要研究的对象。由上节可知，就单个偶然误差而言，其大小和符号都没有规律性，呈现出随机性，但就其总体而言却呈现出一定的统计规律性，并且是服从正态分布的随机变量。即在相同观测条件下，大量偶然误差分布表现出一定的统计规律性。

(1) 分析方法 通常采用表格法、直方图法、误差分布曲线法等方法。

① 表格法。按区间划分，统计落入区间的个数。

② 直方图法。可以形象反映其分布。

③ 误差分布曲线法。高斯误差分布曲线，便于数学分析。

(2) 特性 大量误差的统计学结果，如图 4.1 所示。

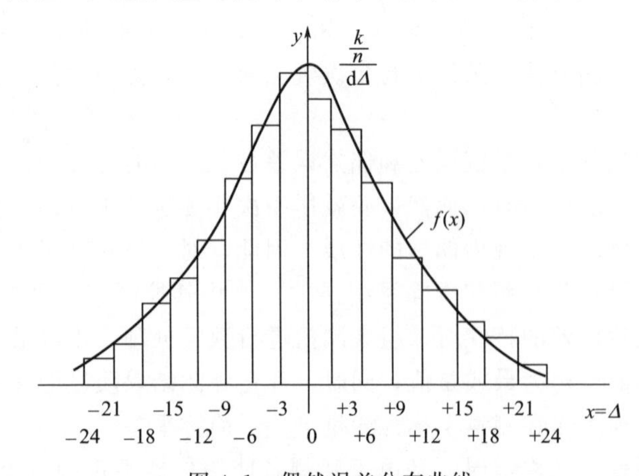

图 4.1 偶然误差分布曲线

① 有界性。在一定的观测条件下，偶然误差的绝对值不会超过一定的限值，即超过一定限值的误差，其出现的概率为零。

② 方向性。绝对值小的误差比绝对值大的误差出现的概率大。

③ 对称性。绝对值相等的正负误差出现的概率相同。

④ 抵消性。当观测次数无限多时，偶然误差的算术平均值趋近于零。

上述第一个特性说明误差出现的范围，第二个特性说明误差值大小出现的规律，第三个特性说明误差符号出现的规律，第四个特性是由第三个特性导出的，这个特性对深入研究偶然误差具有十分重要的意义。

大量实验资料表明，在相同条件下重复观测某一量时，观测次数越多，偶然误差的统计性规律越明显。

例如，如表 4.1 所示，在相同条件下对某一个平面三角形的三个内角重复观测了 358 次，由于观测值含有误差，故每次观测所得的三个内角观测值之和一般不等于 180°，按下式算得三角形各次观测的误差 Δ_i（称三角形闭合差）：

$$\Delta_i = a_i + b_i + c_i - 180° \tag{4.2}$$

式中 a_i, b_i, c_i——三角形三个内角的各次观测值（$i=1,2,\cdots,358$）。

现取误差区间 dΔ（间隔）为 0.2″，将误差按数值大小及符号进行排列，统计出各区间的误差个数 k 及相对个数 $k/n(n=358)$。

表 4.1 误差统计表

误差区间	负误差		正误差	
″	个数 k	相对个数	个数 k	相对个数
0.0～0.2	45	0.126	46	0.128
0.2～0.4	43	0.112	41	0.115
0.4～0.6	33	0.092	33	0.092
0.6～0.8	23	0.064	21	0.059
0.8～1.0	17	0.047	16	0.045
1.0～1.2	13	0.036	13	0.036
1.2～1.4	6	0.017	5	0.014
1.4～1.6	4	0.011	2	0.006
1.6 以上	0	0.000	0	0.000
总和	181	0.505	177	0.495

4.3 评定精度的标准

在任何观测结果中，都存在着不可避免的偶然误差，即使在相同的观测条件下，同一个量的各次观测结果也不尽相同。为了说明测量结果的精确程度，就必须建立一个统一的衡量精度的标准。常用的衡量精度的标准有以下几种。

4.3.1 平均误差

平均误差是一组真误差的绝对值的算术平均值。平均误差反映了一组观测值的平均程度，但不能反映误差的分布变化情况，所以实际应用价值不大。用“[ ]”表示求和，有：

$$\Delta_{均}=\pm\frac{[|\Delta|]}{n} \tag{4.3}$$

4.3.2 中误差

在相同的观测条件下，设对某一量进行了 n 次观测，其结果为 x_1，$x_2,\cdots,x_n$，每个观测值的真误差为 $\Delta_1,\Delta_2,\cdots,\Delta_n$。则取各个真误差的平方总和的平均数的平方根，称为观测值的中误差，以“m”表示。即：

$$m=\pm\sqrt{\frac{\Delta_1^2+\Delta_2^2+\cdots+\Delta_n^2}{n}}=\pm\sqrt{\frac{[\Delta\Delta]}{n}} \tag{4.4}$$

中误差又称为均方误差或标准差。

【实例 4.1】 两个组对一个三角形分别做了 10 次观测，各组根据每次观测值求得三角形内角和的真误差为：

第一组：+3″、−2″、−4″、+2″、0″、−4″、+3″、+2″、−3″、−1″。

第二组：0″、−1″、−7″、+2″、+1″、+1″、−8″、0″、+3″、−1″。

【解算】

按式(4.4) 计算两组观测值的中误差分别为

$$m_1=\pm 2.7'', m_2=\pm 3.6''$$

因 $m_1<m_2$，所以第一组的精度高于第二组。

从中误差的定义和上例可以看出：中误差与真误差不同，中误差只表示该观测系列中一组观测值的精度；真误差则表示每一观测值与真值之差，用 Δ 表示。显然，一组观测值的真误差愈大，中误差也就愈大，精度就愈低。反之，精度就愈高。由于是同精度观测，故每一观测值的精度均为 m。通常称 m 为任一次观测值的中误差。

4.3.3 极限误差

由偶然误差的特性可知，在一定的观测条件下，偶然误差的绝对值大小不会超过一定的限值。如果某个观测值的误差超过了这个限值，就说明这个观测值中，除含有偶然误差外，还含有不能允许的粗差或错误，必须舍去，应当重测。

至于这个限值究竟应定多大，根据误差理论及大量实验资料的统计结果表明，大于 2 倍中误差的偶然误差出现的机会只有 5%，而大于 3 倍中误差的偶然误差出现的机会仅有 0.3%，所以在实际工作中，一般就以 2～3 倍中误差作为容许误差，即

$$\Delta_{允}=(2\sim 3)m \tag{4.5}$$

各种测量误差的限值在测量规范中都有规定。

4.3.4 相对误差

有时仅利用中误差还不能反映出测量的精度，例如丈量了两条直线，其长度分别为 100m 和 500m，它们的中误差都为±0.01m。显然，不能认为所丈量的两条直线距离的精度是相等的，因为量距误差的大小和距离的长短有关，所以必须引入另一个衡量精度的标准——相对中误差。

相对中误差就是以中误差的绝对值和相应的观测结果之比，它是个无量纲数，并以分子为 1 的分式表示，即：

$$k=\frac{m}{x}=\frac{1}{x/m} \tag{4.6}$$

在【实例 4.1】中算得 $k_1=1/10000$，$k_2=1/50000$，因 $k_1>k_2$，故

后者的丈量精度高于前者。

应当注意的是，当误差的大小与所观测的量无关时，就不能采用相对中误差来衡量其精度。例如，在角度观测中，因为角度误差的大小与所测角值的大小无关，故只能直接用中误差来衡量其精度。

4.4 平均值及中误差

4.4.1 算术平均值及中误差

等精度观测条件下，观测值的最或是值（最可靠值）是算术平均值。

(1) 算术平均值 在相同的观测条件下，设对某一量 x 进行了 n 次观测，其结果为 $x_1, x_2, \cdots, x_n$，这些观测值的总除以个数 n，即为该观测值的算术平均值：

$$\overline{x}=\frac{[x]}{n} \tag{4.7}$$

相同观测条件下的算术平均值也称最或是值，理论上可以证明，该值随着观测次数的增加与真值（观测值的实际值）之差逐渐减小，说明算术平均值是比任何单一观测值更符合实际。

(2) 利用改正数求中误差 由于观测值的真值 x 一般无法知道，故真误差 Δ 也无法求得。所以不能直接求观测值的中误差，而是利用观测值的最或是值 $\overline{x}$ 与各观测值之差（改正数）v 来计算中误差，即：

$$v=x-\overline{x} \tag{4.8}$$

实际工作中利用改正数计算观测值中误差的实用公式称为白塞尔公式。即

$$m=\pm\sqrt{\frac{[vv]}{n-1}} \tag{4.9}$$

式(4.8) 是利用改正数 v 计算中误差的使用计算公式，适用于如高程测量、距离测量等不能求真误差的情况。

(3) 算术平均值的中误差 在求出观测值的中误差 m 后，就可应

用误差传播定律求观测值算术平均值的中误差 M：

$$M=\frac{m}{\sqrt{n}}=\pm\sqrt{\frac{[vv]}{n(n-1)}} \tag{4.10}$$

由上式可知，增加观测次数能削弱偶然误差对算术平均值的影响，提高其精度。但因观测次数与算术平均值中误差并不是线性比例关系，所以当观测次数达到一定数目后，即使再增加观测次数，精度却提高得很少。因此，除适当增加观测次数外，还应选用适当的观测仪器，选用科学而易于操作的观测方法，选择良好的外界环境，才能有效地提高精度。

4.4.2 加权平均值及中误差

不等精度观测条件下，观测值的最或是值是加权平均值。

【实例 4.2】 四个人对同一段距离进行了观测：第一个人观测 4 个测回，平均结果为 271.425m，第二个人观测 6 个测回，平均结果为 271.404m，第三个人观测 1 个测回，结果为 271.400m，第四个人观测 2 个测回，平均结果为 271.428m。

【解算】

它们的平均观测结果为

$$\begin{aligned}\overline{x}&=271.400+(4\times0.025+6\times0.004+1\times0+2\times0.028)/\\&\quad(4+6+1+2)=271.414(\text{m})\end{aligned}$$

显然上式计算时考虑了每个人测量结果在平均结果中的“比重”的大小，即观测的测回数多的在平均值中所占的“比重”就大。这个“比重”在不等精度的计算中我们称之为“权”，权是衡量测量结果精度的无名数，这种方法就是加权平均值。

当观测条件不同时，如果仍然采用算术平均值显然没有考虑观测条件的差异，使得计算的结果不符合实际，此时需要用加权平均值。

(1) 权

① 权的概念。权可以理解为中误差与任意大于零的实数的比值。

② 权的计算公式。确定一个任意正数 C，则有：

$$p_i=\frac{C}{m_i^2} \tag{4.11}$$

③ 权的性质。使用时要特别注意权的以下性质。

a. 权与中误差均是用来衡量观测值精度的指示，但中误差是绝对性数值，表示观测值的绝对精度；权是相对性数值，表示观测值的相对精度。

b. 权与中误差的平方成反比，中误差越小，其权越大，表示观测值精度越高。

c. 由于权是一个相对数值，对于单一观测值而言，权无意义。

d. 权恒取正值，权的大小是随 C 值的不同而异，但其比例关系不变。

e. 在同一问题中只能选定一个 C 值，否则就破坏了权之间的比例关系。

(2) 权的确定方法 不同观测量的确定方法不尽相同。

① 角度测量。测回数为“权”。

② 高差测量。测站数的倒数为“权”。

③ 距离测量。公里数的倒数为“权”或者以测回数为“权”。

④ 导线测量。一般以测量点的倒数为“权”或者以距离公里数倒数为“权”。

(3) 加权算术平均值的计算 设对某量进行了 n 次不同精度观测，观测值为 x_i，其对应的权 p_i，则有加权平均值的计算公式：

$$\overline{x}=\frac{p_1x_1+p_2x_2+\cdots+p_nx_n}{p_1+p_2+\cdots+p_n}=\frac{[px_i]}{[p]} \tag{4.12}$$

(4) 最或是值的中误差 由式(4.12)及误差传播定律可得加权平均值中误差公式：

$$M=\frac{\mu}{\sqrt{[p]}}=\pm\sqrt{\frac{[pvv]}{[p](n-1)}} \tag{4.13}$$

式中，$\mu^2=p_im_i^2$，当 $p_i=1$ 时，$\mu=m$，即 μ 表示当权等于1时的中误差，称为单位权中误差。单位权中误差的计算公式：

$$\mu=\pm\sqrt{\frac{[pvv]}{n-1}} \tag{4.14}$$

【实例4.3】 如图4.2所示，在水准测量中，从已知水准点 A、B、C、D 经四条水准路线测到 E 点，各测段观测高程和水准路线长度见

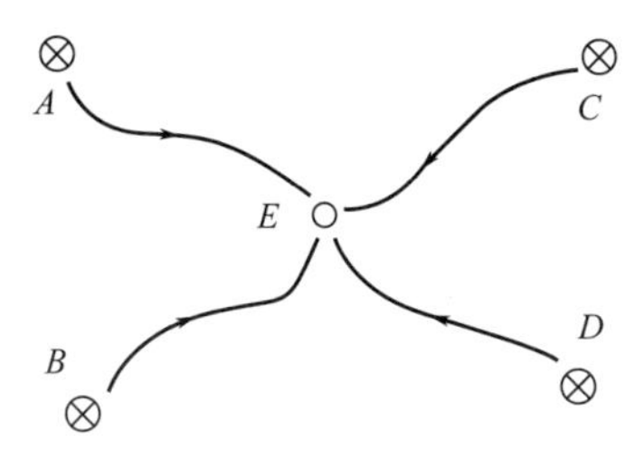

图 4.2 不等精度高程测量路线

表 4.2。

表 4.2 各测段观测高程和水准路线长度

测段	高程观测值/m	水准路线长度/km	权 $p_i=1/S_i$	v	pv	pvv
AE	25.347	4.0	0.25	+17.0	4.2	71.4
BE	25.320	2.0	0.50	−10.0	−5.0	50.0
CE	25.332	2.5	0.40	+2.0	0.8	1.6
DE	25.330	2.5	0.40	0	0	0
			$[p]=1.55$		$[pv]=0$	$[pvv]=123.0$

【解算】

由于测量路线长度不同，所以 E 点的高程显然要用加权的方法。权采用路线长度的倒数。

$$\bar{x}=\frac{25.330+(0.25\times0.017-0.50\times0.010+0.40\times0.002+0.40\times0)}{(0.25+0.50+0.40+0.40)}$$

$$=25.330(\mathrm{m})$$

$$\mu=\pm\sqrt{\frac{[pvv]}{n-1}}=\pm\sqrt{\frac{123.0}{4-1}}=\pm6.4(\mathrm{mm})$$

$$M=\pm\frac{\mu}{\sqrt{[p]}}=\pm\frac{6.4}{\sqrt{1.55}}=\pm5.1(\mathrm{mm})$$

4.5 基本测量工作误差分析

4.5.1 水准测量的精度分析

(1) 水准尺的读数中误差 m_D 水准尺上的读数误差，主要由水准管气泡居中误差、照准误差和估读误差组成。

① 水准管气泡居中误差。实验证明气泡偏离水准管中点的中误差

约为水准管分划值的0.15倍，采用符合水准器时，气泡居中精度可提高一倍，当视距为D时，水准管居中误差对读数的影响为：

$$m_\tau=\pm\frac{0.15\tau}{2\rho''}\times D \tag{4.15}$$

当$D=100\text{m}$，τ为$20''/2\text{mm}$时，则：

$$m_\tau=\pm\frac{0.15\times100\times1000}{2\times206265}\approx\pm0.73(\text{mm})$$

② 照准误差。一般情况下人眼睛的分辨率为$1'$，如果某两点在人眼睛中视角小于分辨率时会把两点看成一点，当望远镜放大率为$V=30$倍，视距为$D=100\text{m}$时，则望远镜的照准中误差为：

$$m_Z=\pm\frac{60''}{V}\times\frac{D}{\rho''}=\frac{60}{30}\times\frac{100\times1000}{206265}\approx\pm0.97(\text{mm})$$

③ 估读误差。一般认为估读误差为1.5mm左右。

$$m_G=\pm1.5\text{mm}$$

综合上述因素，所以水准尺度读数中误差m_D为：

$$m_D=\pm\sqrt{m_\tau^2++m_Z^2+m_G^2}=\pm\sqrt{0.73^2+0.97^2+1.5^2}\approx\pm2.0\ (\text{mm})$$

(2) 水准路线高差的中误差 若在A、B两点间进行水准测量，共安置了n个测站，测得两点间的高差为h_{AB}，下面分析水准路线高差的中误差及图根水准的允许闭合差。

每测站的高差公式为$h=a-b$，因为是等精度观测，所以前、后视读数中误差均为$m_D=\pm2\text{mm}$，则一个测站的中误差为：$m_h=\pm\sqrt{m_a^2+m_b^2}=\pm\sqrt{2}m_D\approx\pm3.0(\text{mm})$。

A、B两点的高差的计算公式为：

$$h_{AB}=h_1+h_2+\cdots+h_n \tag{4.16}$$

根据误差传播定律有：

$$m_{h_{AB}}^2=m_{h_1}^2+m_{h_2}^2+\cdots+m_{h_n}^2 \tag{4.17}$$

若每个测站高差中误差相等，即：

$$m_{h_1}=m_{h2}=\cdots=m_{h_n}=m_h$$

则可得：$m_{h_{AB}}=\pm\sqrt{n}m_h=\pm3\sqrt{n}(\text{mm})$ (4.18)

设两水准点间的水准路线长为D，前、后视距均为d，则有$n=D/2d$，照顾到$m_{h_{AB}}=\pm\sqrt{n}m_h$，并令$\mu=m_h/\sqrt{2d}$则有：

$$m_{h_{AB}}=\pm m_h\sqrt{\frac{D}{2d}}=\pm\frac{m_h}{\sqrt{2d}}\sqrt{D}=\pm\mu\sqrt{D} \tag{4.19}$$

当 $D=1$ 单位长度时，$\mu=\pm m_{h_{AB}}$，若 D 以 km 为单位，则 μ 为 1km 水准路线的高差中误差，规范中规定图根水准 1km 的高差中误差 $\mu=\pm 20\text{mm}$，所以 D 的高差中误差 $m_{h_{AB}}=\pm 20\sqrt{D}(\text{mm})$，平地一般取 2 倍高差中误差为图根水准测量高差闭合差的允许值：

$$f_{hR}=\pm 40\sqrt{D}(\text{mm}) \tag{4.20}$$

因此由式(4.18)可知，当各测站高差的观测精度相同时，水准路线高差的中误差与测站的平方根成正比；由式(4.19)可知，水准路线高差中误差与水准路线长度的平方根成正比。

【实例 4.4】 从 A 点到 B 点测得高差 $h_{AB}=+15.476\text{m}$，中误差 $m_{h_{AB}}=12\text{mm}$，从 B 点到 C 点测得高差 $h_{BC}=+5.747\text{m}$，中误差 $m_{h_{BC}}=\pm 9\text{mm}$，求 A、C 两点间的高差及其中误差。

【解算】 $h_{AC}=h_{AB}+h_{BC}=15.476+5.747=+21.223(\text{m})$

$$m_{h_{AC}}=\pm\sqrt{m_{h_{AB}}^2+m_{h_{BC}}^2}=\pm\sqrt{12^2+9^2}=\pm 15(\text{mm})$$

所以：$h_{AC}=(+21.223\pm 0.015)\text{m}$

【实例 4.5】 水准测量在水准点 1～6 各点之间往返各测了一次，各水准点间的距离均为 1km，各段往返测所得的高差见表 4.3。求每公里单程水准测量高差的中误差和每公里往返测平均高差的中误差。

表 4.3 各段往返测所得的高差数值

测段	高差观测值/m		往返测高差之和(v)	vv
	往测	返测		
1～2	−0.185	+0.188	+3	9
2～3	+1.626	−1.629	−3	9
3～4	+1.435	−1.430	+5	25
4～5	+0.505	−0.509	−4	16
5～6	−0.007	+0.005	−2	4
Σ				63

【解算】

$$m=\pm\sqrt{\frac{[vv]}{2n}}=\pm\sqrt{\frac{63}{2\times 5}}\approx\pm 2.5(\text{mm})$$

每公里往返测平均高差的中误差为：

$$m_{中}=\frac{m}{\sqrt{2}}=\frac{\pm 2.5}{\sqrt{2}}\approx\pm 1.8(\mathrm{mm})$$

4.5.2 水平角测量的精度分析

若用J6光学经纬仪观测水平角，现以该型号仪器为基础来分析测水平角时的一些限差来源。按我国经纬仪系列标准，J6型经纬仪一测回方向中误差为±6″，它是指盘左、盘右两个半测回方向的平均值的中误差$m_{方}$。

(1) 一测回的测角中误差 水平角是由两个方向值之差求得的，角值β为右方向的读数b与左方向的读数a之差，则函数式为：

$$\beta=b-a \tag{4.21}$$

根据误差传播公式有：

$$m_{\beta}^{2}=m_{b}^{2}+m_{a}^{2} \tag{4.22}$$

当$m_{a}=m_{b}=m_{方}=\pm 6''$时，一测回的测角中误差为

$$m_{\beta}=\sqrt{2}m_{方}=\pm 6''\sqrt{2}\approx\pm 8.5(\mathrm{mm})$$

(2) 上、下半测回的允许误差 一测回的角值β等于该盘左角值β_{Z}与盘右角值β_{Y}的平均数，函数式为

$$\beta=\frac{\beta_{Z}+\beta_{Y}}{2} \tag{4.23}$$

根据误差传播公式有：

$$m_{\beta}^{2}=\frac{1}{4}(m_{\beta左}^{2}+m_{\beta右}^{2}) \tag{4.24}$$

当$m_{\beta左}=m_{\beta右}=m_{\beta半测回}$时，则

$$m_{\beta}=\frac{m_{\beta半测回}}{\sqrt{2}} \tag{4.25}$$

因此半测回角值的中误差为

$$m_{\beta半测回}=\pm\sqrt{2}m_{\beta}=\pm\sqrt{2}\times 8.5''=\pm 12''$$

而两个半测回角值之间的函数式为

$$\Delta\beta=\beta_{左}-\beta_{右} \tag{4.26}$$

则两个半测回角值之差的中误差为

$$m_{\Delta\beta}^2=m_{\beta左}^2+m_{\beta右}^2=2m_{\beta半测回}^2 \tag{4.27}$$

$$m_{\Delta\beta}=\pm\sqrt{2}m_{\beta半测回}=\pm\sqrt{2}\times12''\approx\pm17''$$

取两倍中误差作为允许误差，则两个半测回角值的允许误差为：

$$f_{\Delta\beta允}=\pm2m_{\Delta\beta}=\pm34''$$

考虑到其他因素的影响，一般规定的允许误差为$\pm36''$。

(3) 测回差的允许误差 设第 i 测回和第 j 测回的角值分别为 $\beta_{i测回}$ 和 $\beta_{j测回}$，测回差是两个测回角值的差，其函数式为：

$$\Delta\beta_{测回差}=\beta_{i测回}-\beta_{j测回} \tag{4.28}$$

根据误差传播公式，则两个测回角值之差的中误差为

$$m_{\Delta\beta测回差}^2=m_{\beta_i测回}^2+m_{\beta_j测回}^2 \tag{4.29}$$

设各测回的测角中误差相同，则

$$m_{\Delta\beta测回差}=\pm\sqrt{2m_{\beta}}=\pm\sqrt{2}\times8.5''=12''$$

取两倍中误差作为允许误差，则测回差的允许误差为

$$f_{\beta测回差允}=\pm2m_{\Delta\beta测回差}=\pm2\times12''=\pm24''$$

4.5.3 距离丈量的精度分析

若用长度为 l 的钢尺在等精度条件下丈量一直线，长度为 D，共丈量 n 个尺段，设已知丈量一尺段的中误差为 m_l，讨论直线长度 D 的中误差 m_D。

因为直线长度为各尺段之和，故：

$$D=l_1+l_2+l_3+\cdots+l_n \tag{4.30}$$

应用误差定律的公式得：$m_D=\pm m_l\sqrt{n}$ (4.31)

由于 $D=nl$，即 $n=\dfrac{D}{l}$，代入上式得：

$$m_D=\pm m_l\sqrt{\frac{D}{l}}=\pm\frac{m_l}{\sqrt{l}}\sqrt{D} \tag{4.32}$$

令 $\mu=\pm\frac{m_l}{\sqrt{l}}$，则：

$$M_D=\pm\mu\sqrt{D} \tag{4.33}$$

当 $D=1$ 时，则 $\mu=\pm m_D$，即 μ 表示单位长度的丈量中误差。

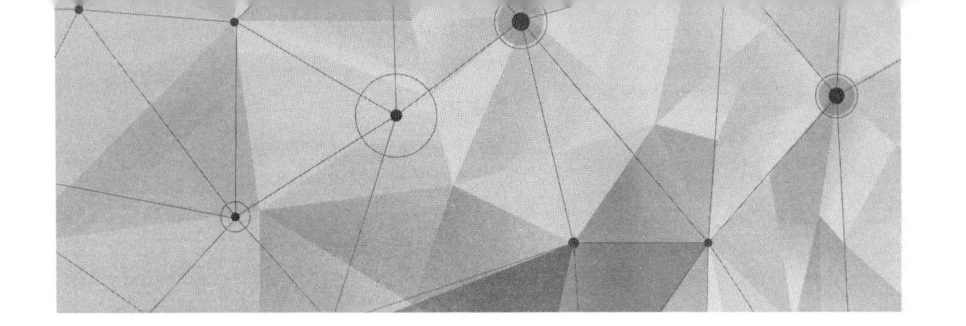

第5章 施工测量基本方法

施工测量的基本任务是把图纸上设计的建筑的一些特征点位置在地面上标定出来，作为施工的依据。因此，施工测量的根本任务是点位的测设。测设点位的基本工作是已知水平距离、已知水平角和已知高程等的测设。

5.1 已知水平距离的测设

5.1.1 任务

根据给定的直线起点和水平长度，沿已知方向确定出直线另一端点的测量工作，称为已知水平距离的测设。如图 5.1 所示，设 A 为地面上已知点，要在地面上给定 AB 方向上测设出设计水平距离 D，定出线段的另一端点 B。

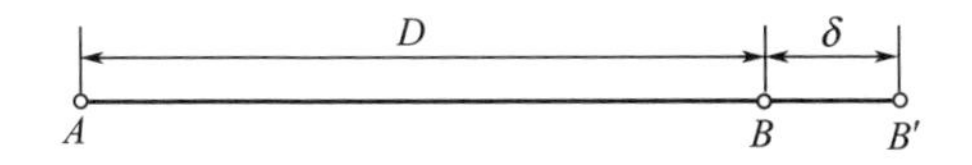

图 5.1 已知水平距离的测设

5.1.2 钢尺测量方法（附视频）

(1) 一般方法 按以下几个步骤进行。

① 初步测定。从 A 点开始，沿 AB 方向用钢尺拉平丈量设计长度 D 在地面定出 B'点位置。

② 距离校核。按常规方法重新量取 AB' 之间的水平距离 D'，若相对误差在容许范围（1/5000～1/3000）内，则将端点 B' 加以改正，求得 B 点的最后位置，使得 AB 两点间水平距离等于已知设计长度 D。

水平距离测设的一般方法

为了检核起见，应往返丈量测设的距离，往返丈量的较差，若在限差之内，取平均值作为最后结果。

③ 计算改正值。改正数 $\delta = D - D'$。

④ 改正方法。根据计算的 δ 值，求得 B 点的最后位置。当 δ 为正时，向外改正；当 δ 为负时，则向内改正。

(2) 精密方法 当测设精度要求较高时，应按钢尺量距的精密方法进行测设，具体作业步骤如下。

① 将经纬仪安置在起点 A 上，并标定给定的直线方向，沿该方向概量并在地面上打下尺段桩和终点桩。桩顶刻“+”字标志。

② 用水准仪测定各相邻桩桩顶之间的高差。

③ 按精密丈量的方法先量出整尺段的距离，并加尺长改正、温度改正和高差改正，计算每尺段的长度及各尺段长度之和，得最后结果为 D。

④ 用已知应测设的水平距离 D 减去 D'，得余长 δ，然后计算余长段应测设的距离 δ'。

$$\delta' = \delta - \Delta l_d - \Delta l_t - \Delta l_h \tag{5.1}$$

⑤ 根据地面上测设余段长，并在终点桩上作出标志，即为所测设的终点 B。如终点超过了原打的终点桩时，应另打终点桩。

【实例 5.1】 试在地面上由 A 点测设 B 点。已知设计水平距离 52.000m，钢尺名义尺长 $l_0 = 30\text{m}$，钢尺检定尺长 $l' = 29.996\text{m}$，检定温度 $t_0 = 20℃$，测量时温度 $t = 5℃$，钢尺膨胀系数 $\alpha = 0.0000125$。按一般测量方法在地面的木桩上标定出 B' 点，经测量得到：A、B' 两点之间的实际距离为 52.012m，该两点的高差为 0.65m，求 B 点与 B' 点的改正距离 δ 值。

【解算】

尺长改正：$\Delta l_d = \dfrac{l' - l_0}{l_0} \times D_{AB'} = \dfrac{29.996 - 30}{30} \times 52.012 = -0.007(\text{m})$

温度改正：$\Delta l_t=\alpha(t-t_0)\times D_{AB'}=0.0000125\times(8-20)\times 52.012=-0.008(\mathrm{m})$

倾斜改正：$\Delta l_h=-\dfrac{h^2}{2\times D_{AB'}}=-\dfrac{0.65^2}{2\times 52.012}=-0.004(\mathrm{m})$

则 AB' 的精确水平距离为：$D'=D_{AB'}+\Delta l_d+\Delta l_t+\Delta l_h=51.993(\mathrm{m})$。

说明 $\delta=+0.007\mathrm{m}$，故 B' 点应向外改正 7mm，可得到正确的 B 点位置。

5.1.3　光电测距仪法（附视频）

如图 5.2 所示，安置光电测距仪于 A 点，瞄准已知方向。沿此方向移动棱镜位置，使仪器显示值略大于测设的距离 D，定出 B' 点。在 B' 点安置棱镜，测出棱镜的竖直角 α 及其斜距 L，计算出水平距离 $D'=L\cos\alpha$，求出 D' 与应测设的已知水平距离之差（$\delta=D-D'$）。根据 δ 的符号在实地用小钢尺沿已知方向改正 B' 至 B 点，并用木桩标定点位。

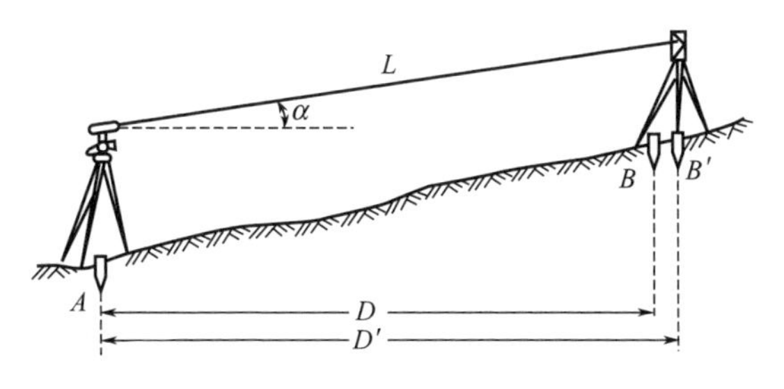

图 5.2　用光电测距仪测设水平距离

为了检核，应将反光棱镜安置于 B' 点再实测 AB' 的距离，若不符合应再次进行改正，直到测设的距离符合限差为止。

5.2 已知水平角的测设

5.2.1 任务

已知水平角的测设，就是在已知角顶点根据一已知方向标定出另一边方向，使两方向的水平夹角等于已知角值。

5.2.2 一般方法（附视频）

当测设水平角的精度要求不高时，可以用经纬仪盘左、盘右分别测设。如图5.3所示，设地面已知方向AB，A为顶角，β为已知角值，AC为欲定的方向线，具体操作方法如下。

(1) 盘左测设 安置仪器在顶角A上，对中、整平后，用盘左位置照准B点，调节水平度盘位置变换轮，使水平度盘读数为$0°00'00''$，转动照准部使水平度盘读数为β值，按照视线方向定出C'点。

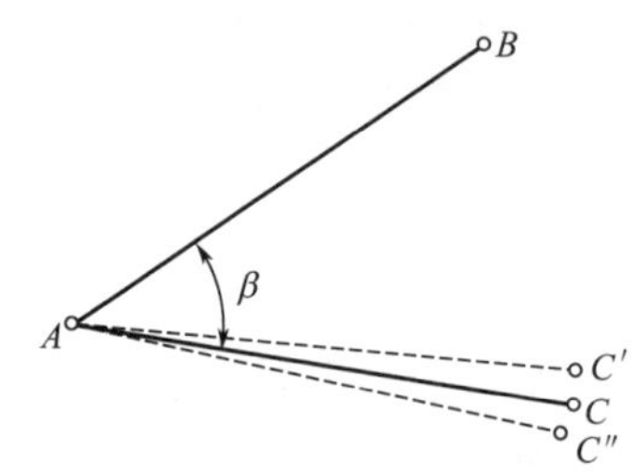

图5.3 测设水平角

(2) 盘右测设 用盘右位置重复（1），定出C''点。

(3) 确定水平角 取C'和C''连线的中点C，则AC即为测设角β的另一个方向线，$\angle BAC$为测设的β角。

5.2.3 精确方法（附视频）

(1) 测量方法 当测设水平角的精度要求较高时，可以先用一般方法测设出AC方向线，然后对$\angle BAC$进行多测回水平角观测，如图5.4所示，β为水平角的正确值，其观测值为β'。则$\Delta\beta=\beta-\beta'$，根据$\Delta\beta$及其AC边的长度D_{AC}，按照下式计算垂距d_{CC_0}（CC_0的距离）：

$$d_{CC_0}=D_{AC}\tan\Delta\beta\approx D_{AC}\times\frac{\Delta\beta''}{\rho''} \tag{5.2}$$

式中 ρ''——1弧度对应的角度值秒数，取206265″；

$\Delta\beta''$——水平角的正确值与观测值的差值（以″为单位）。

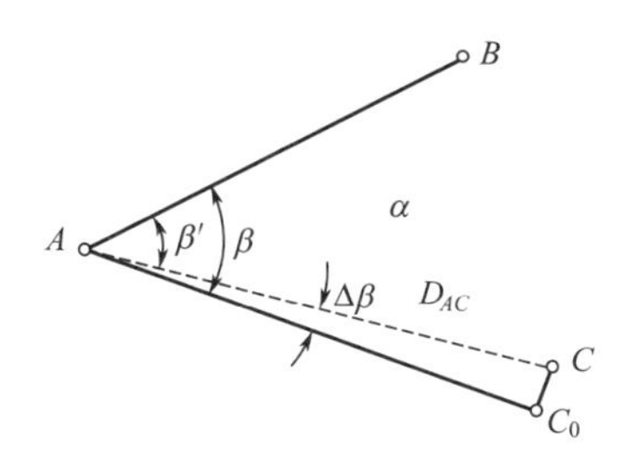

图5.4 精确测设水平角

(2) 改正方法 从 C 点起沿 AC 边的垂直方向量出垂直距离 CC_0 定出 C_0 点，则 AC_0 即为测设角值为 β 时的另一方向线。

必须注意，从 C 点起是向外还是向内量垂直距离，要根据 $\Delta\beta$ 的正负号来决定。若 $\beta'<\beta$，即 $\Delta\beta$ 为正值，则从 C 点向外量垂距，反之则向内量垂距改正。

【实例5.2】 参考图5.4，设计水平角 $\beta=45°30'00''$。用一般方法测设出 AC 方向，经过多测回观测该水平角实际值 β' 为 $45°30'17''$。已知 AC 的水平距离为60m，求垂距 CC_0 值，使改正后的角为设计值。

【解算】

$\Delta\beta=\beta-\beta'=-17''$，$D_{AC}=60.000\text{m}$，所以

$$CC_0=60.000\times(-17'')/206265''=-0.005(\text{m})$$

过 C 点作 AC 放线的垂线，过 C 点沿垂线方向向内侧量5mm，定出 C_0 点，则 $\angle BAC_0$ 即为所要测设的水平角。

5.2.4 用钢尺测设任意水平角

(1) 任务 如图5.5所示，从直线AB上一点B测设任意实际水平角β（BC方向）。

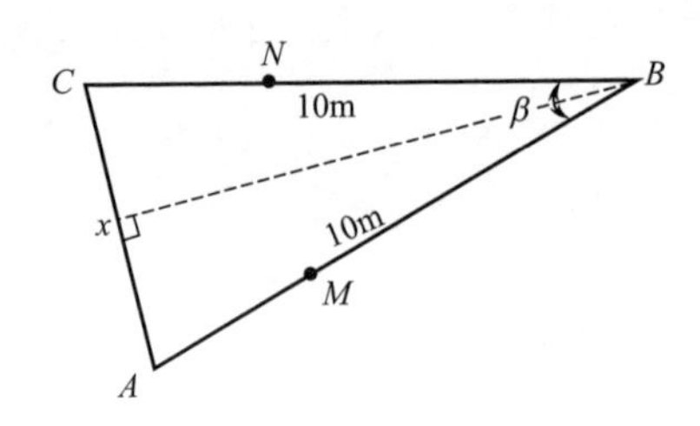

图5.5 钢尺测设水平角

(2) 计算 为计算和测设方便，不妨设AB、BA边长度均为m，β所对的便为x。在△ABC中，$AB=BC$，$\angle A=\angle C$，过B点作AC的垂线，将△ABC分成两个全等的直角三角形。在直角三角形中：

$$x=2m\sin\frac{\beta}{2} \tag{5.3}$$

(3) 结论 测设任意角β，可取三边比例为$m:m:x$，即可测设β角。

【实例5.3】 参考图5.5所示，从直线AB上一点B测设任意实际水平角36°36′30″。

【解算】

① 计算参数：为计算和测设简单起见，取AB、BC边长10m，

则：$x=2m\sin(\beta/2)=20\sin(36°36'30''/2)=6.281(\text{m})$

② 操作步骤

a. 用钢尺从B点向A点方向量取10m，确定M点。

b. 用两根钢尺丈量。一根钢尺0点刻线对准B点，找到10m刻线位置；另一根钢尺0点刻线对准M点，找到6.251m位置，同时拉紧这两根钢尺，使10m和6.251m的位置重合，该点即是N点，连接BN，则$\angle ABN$即是实际水平角36°36′30″。

③ 测设要点

a. 当场地允许时，在$m:m:x$比例不变的前提下，尽量选用较大尺寸；

b. 三边用同样的钢尺，拉力相同，在同一平面内；

c. 两个等腰边要同时水平。

5.2.5 用钢尺测设直线上一点的垂线

(1) 任务 用钢尺自直线上一点向外作垂线，如图5.6所示。

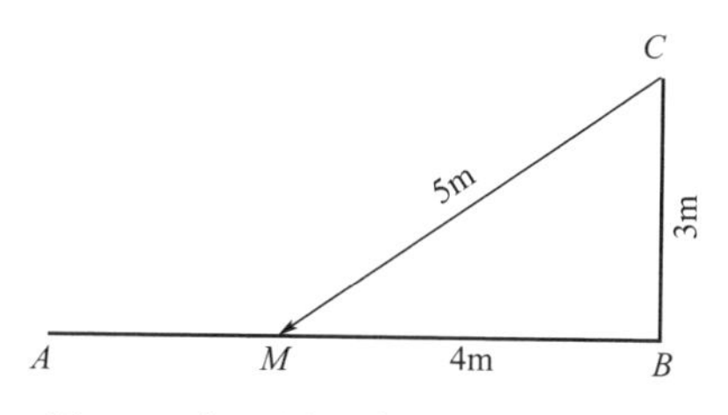

图5.6 钢尺测设直线上一点的垂线

(2) 操作步骤 采用“3-4-5”法。

① 用钢尺从 B 向 A 量取4m，确定 M 点。

② 将一根钢尺3m刻划点对准 B 点，两一根钢尺的5m刻划点对准 M 点，两根钢尺的0刻划点对齐拉紧，确定 C 点。则 BC 即为 AB 的垂线。该测量方法俗称“3-4-5”法。

(3) 操作要点 用钢尺距离交会的方法，需要注意以下问题。

① 已知方向上用“4”作底，在保证3∶4∶5比例不变的前提下，尽量选用较大尺寸；

② 钢尺要在同一平面内，拉力相同；

③ 两个直角边要水平。

5.2.6 用钢尺自直线外一点向直线作垂线

(1) 任务 用钢尺自直线上一点 C 向直线 AB 作垂线，如图5.7所示。

(2) 操作步骤 采用“圆弧中点”法。

① 用细绳连接 A、B 两点（或在地面上弹墨线）；

② 用细绳以 C 为圆心，适当长度为半径画弧，交 AB 两点，分别为 M、N 点；

③ 用钢尺确定线段 MN 的中点 P，连接 CP 两点，则 CP 即为所求的过直线外 C 点并与 AB 直线垂直的直线。

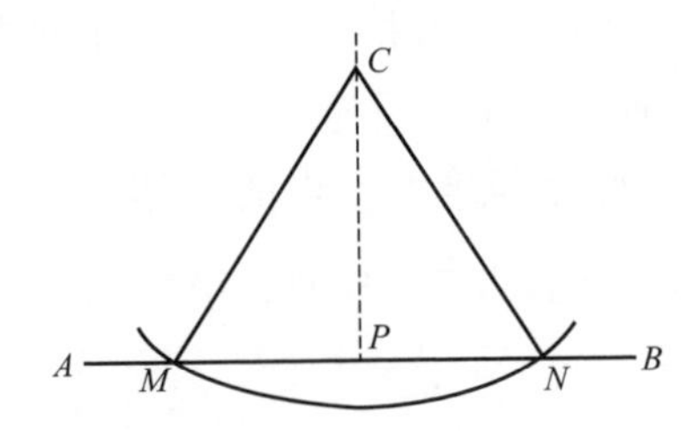

图 5.7 用钢尺自直线外一点向直线作垂线

(3) 操作要点 其实此法只用细绳就可以完成所有测量工作。

① 放线所用细绳不能有弹性，细绳要拉紧、拉平，不能抗线；

② 划弧半径要适中，使角$\angle CMN=\angle CNM=60°$左右为最好。

5.3 已知高程的测设

5.3.1 任务

已知高程的测设是利用水准测量的方法，根据附近已知的水准点，将设计点的高程测设到地面上的过程。

5.3.2 特点

测设是根据施工现场已有的水准点引测的，它与水准测量不同的是：不是测定两固定点之间的高差，而是根据已知水准点，测设设计高程的点。

在建筑设计和施工的过程中，为了计算方便，一般把建筑的室内地坪标高用±0.000表示，建筑其他部位的标高以±0.000为依据进行测设的。

5.3.3 测设方法(附视频)

(1) 一般情况 假设图纸上建筑室内地坪的高程为10.500m，附近水准点A的高程为10.250m，要求将地坪标高测设到木桩上。

具体步骤如下。

① 安置仪器。安置水准仪于已知点 A 和放样点之间，如图 5.8 所示。

② 测量后视。瞄准已知点 A 上水准尺，读数得后视读数 $a=1.030\text{m}$。

③ 计算视线高。计算视线高

$$H_i=H_A+a=10.250+1.030=11.280(\text{m})$$

④ 计算前视。计算放样点 B 正确的水准尺读数

$$b=H_i-H_B=11.280-10.500=0.780(\text{m})$$

⑤ 测设点位。将水准尺贴靠在 B 点木桩的一侧，水准仪照准 B 点上的水准尺。当水准管气泡居中时，B 点上的水准尺上下移动，当十字丝中丝读数为 0.780m 时，此时水准尺底部就是所需要放样的高程点，紧靠尺底在木桩上画一道红线，此线就是室内地坪±0.000 标高的位置，如图 5.8 所示中的 C 点。

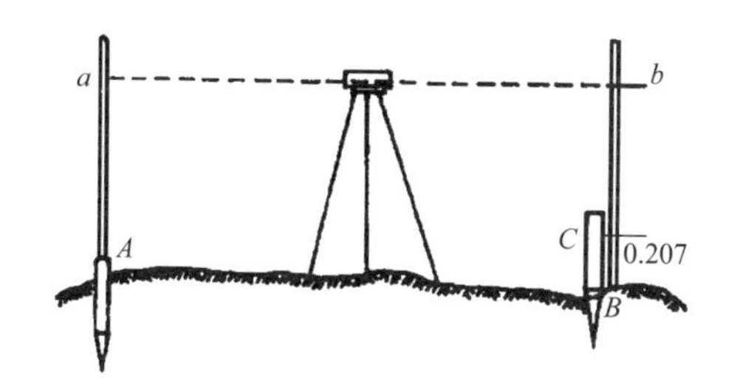

图 5.8 高程的测设

(2) 向下传递 如果测设的高程点与已知水准点的高差很大，如向基坑传递高程时，可以用悬挂钢卷尺的方法进行高程放样。

测设方法：如图 5.9 所示，设已知水准点 A 的高程 H_A，基坑内 B 的设计高程为 H_B。在坑内、坑外分别架设两台水准仪，并且在坑内悬挂一根钢卷尺，使钢卷尺零点朝下，在尺的下端挂一个重锤（为了减少小钢尺的摆动，把重锤放在装有液体的小桶内）。观测时两台水准仪同时进行读数，用坑口上的水准仪读取 A 点水准尺和钢卷尺上的读数分别为 a 和 c，基坑内水准仪读取钢卷尺上的读数为 d，则放样 B 点高程时的前视的读数 b 应该为：

$$b=H_A+a-(c-d)-H_B \tag{5.4}$$

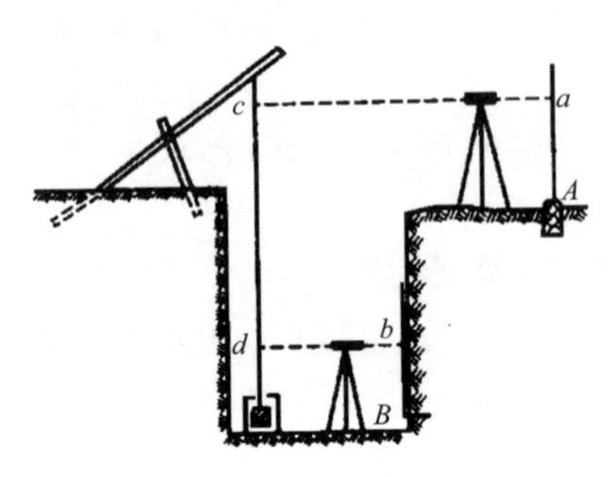

图 5.9 基坑高程放样

所以，当坑内 B 点上的水准尺的读数为 b 时，该水准尺的底部即为需要放样的高程点 B。为了校核，可以采用改变钢尺悬吊位置，再采用上述方法进行测设，两次较差不应超过标准±3mm。

【实例 5.4】 如图 5.9 所示，用两台水准仪向基坑传递高程，验测槽底 B 点相对高程。已知：水准点 A 高程 $H_A=46.315$m，室内地坪±0=46.550m。

【解算】

① 地面水准仪观测数据：后视读 $a=1.234$m，前视 $c=15.716$m。

地面水准仪的视线高：

$$H_{i1}=H_A+a=46.315+1.234=47.549\text{ (m)}$$

② 坑下水准仪观测数据：后视读 $d=0.937$m，前视 $b=1.435$m。

坑下水准仪的视线高：$H_{i2}=H_{A1}-(c-d)=47.549-(15.716-0.937)=32.770$(m)。

③ 计算 B 点高程：B 点绝对高程 $H_B=H_{i2}-b=32.770-1.435=31.335$(m)；

B 点相对高程 $H'_B=H_B-\pm0=31.335-46.550=-15.215$(m)。

(3) 向上传递 当进行多层或高程建筑施工测量时，需要将地面上水准点的高程向建筑上传递。

测设方法：如图 5.10 所示，向建筑上 B 点处测设高程 H_B，可于该处悬吊钢尺，钢尺的零端向下，上下移动钢尺，最好使地面上水准仪中丝对准钢尺的 0 分划线位置，则钢尺上端读数 $b=H_B-(H_A+a)$ 时，该分划线所对的点即为测设高程 B 点位置。

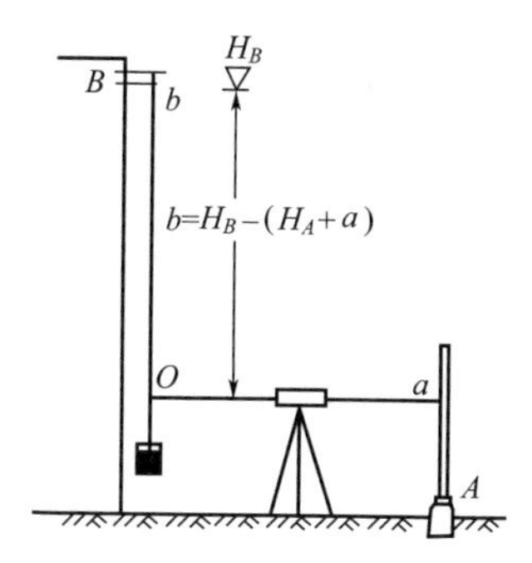

图 5.10 向上传递高程测设方法

为了检核，可采用改变悬吊钢尺位置的方法测设两次，如相差不超过 3mm，则取平均值。

【实例 5.5】 参考图 5.10，地面水准点 A 的高程 $H_A=45.226\text{m}$，室内地坪$\pm0=46.213\text{m}$，校正建筑上 B 点的相对标高 $H_B'=15.236\text{m}$。

测量结果如下：安置水准仪如图 5.10 所示，第一次安置仪器测量：后视 $a=1.457\text{m}$，钢尺 O 点读数 0.000m，B 点读数 $b'=14.412\text{m}$；第二次安置仪器测量：后视 $a=1.354\text{m}$，钢尺 O 点读数 1.627m，B 点读数 $b'=16.134\text{m}$。

【解算】

B 点的绝对高程 $H_B=\pm0+H_B'=46.213+15.236=61.449(\text{m})$

第一次测量：正确的 $b=H_B-(H_A+a)=61.449-(45.226+1.457)=14.776(\text{m})$

相差：$\Delta b_1=b-b'=14.776-14.412=0.364(\text{m})$

第二次测量：正确的 $b=61.449-(45.226+1.354)+1.627=16.496(\text{m})$

相差：$\Delta b_2=b-b'=16.496-16.134=0.362(\text{m})$。

结论

$|\Delta b_1-\Delta b_2|=0.002\text{m}<3\text{mm}$，合格。$\Delta b=(\Delta b_1-\Delta b_2)/2=0.363\text{m}$。说明建筑上 B 点的位置比正确位置低了，需要提高 0.363m。

5.4 已知坡度线的测设(附视频)

测设指定的坡度线，在渠道、道路、水管的铺设以及建筑物的放线中，经常遇到指定坡度线的测设工作。在工程施工之前往往需要按照设计坡度在实地测设一定密度的坡度标志点（即设计的高程点）连成坡度线，作为施工的依据。坡度线的测设是根据附近水准点的高程、设计坡度和坡度端点的设计高程，应用水准测量的方法将坡度线上各点的设计高程标定在地面上，实质是高程放样的应用。其测设的方法有水平视线法和倾斜视线法两种。

5.4.1 水平视线法

(1) 任务 如图5.11所示，A、B为设计的坡度线的两端点，其设计高程分别为H_A、H_B，AB设计坡度为i，为施工方便，要在AB方向上，每个一定距离d定一个木桩，要在木桩上标定出坡度线。此法利用水准仪进行测设。

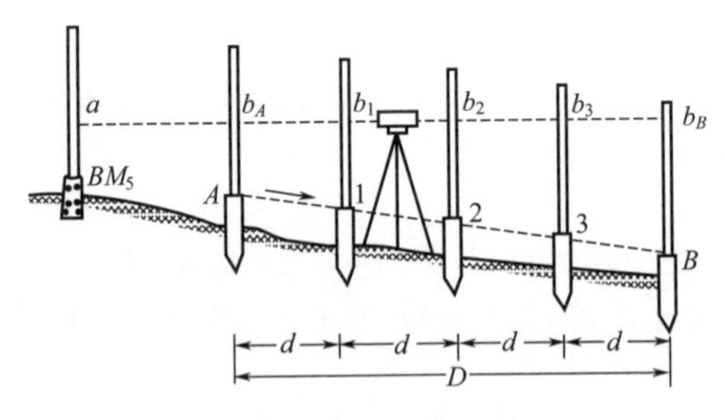

图5.11 水平视线法

(2) 测设方法 施测方法如下。

① 沿AB方向，用钢尺定出间距为d的中间点1、2、3位置，并打下木桩。

② 计算各桩点的设计高程H：

$$H_1 = H_A + id$$

$$H_2 = H_1 + id$$

$$H_3 = H_2 + id$$

$$H_B = H_3 + id$$

作为校核有：

$$H_B = H_A + iD \tag{5.5}$$

坡度 i 有正负之分（上坡为正，下坡为负），计算设计高程时，坡度应该连同符号一块计算。

③ 在水准点的附近安置水准仪，后视读数 a，利用视线高计算各点的正确读数。

④ 将水准尺分别靠在各木桩的侧面，上下移动水准尺，直至水准尺读数为计算的正确读数时，便可以沿水准尺底面画一条横线，各横线连线即为 AB 设计坡度线。

【实例 5.6】 如图 5.11 所示，已知水准点 BM_5 的高程 $H_5 = 10.283\text{m}$，设计坡度线两端点 A、B 的设计高程分别为 $H_A = 9.800\text{m}$，$H_B = 8.840\text{m}$，AB 两点间水平距离 $D = 80\text{m}$，AB 设计坡度为 $i_{AB} = -1.2\%$，为使施工方便，要在 AB 方向上每隔 20m 距离定木桩，试在各木桩上标定出坡度线。

【解算】

① 计算各桩点的高程：

第 1 点的设计高程 $H_1 = H_A + i_{AB}d = 9.560(\text{m})$

第 2 点的设计高程 $H_2 = H_1 + i_{AB}d = 9.320(\text{m})$

第 3 点的设计高程 $H_3 = H_2 + i_{AB}d = 9.080(\text{m})$

B 点的设计高程 $H_B = H_3 + i_{AB}d = 8.840(\text{m})$

校核： $H_B = H_A + i_{AB}D = 8.840(\text{m})$

② 沿 AB 方向，用钢尺定出间距为 $d = 20\text{m}$ 的中间点 1、2、3 的位置，打下木桩。

③ 安置水准仪于水准点 BM_5 附近，读后视 $a = 0.855\text{m}$，则视线高：

$$H_i = H_5 + a = 11.138(\text{m})$$

④ 根据各点设计高程计算测设各点的正确前视：

$$b_j = H_i - H_j$$

A 点的正确前视 $b_A = 11.138 - 9.800 = 1.338(\text{m})$

第 1 点的正确前视 $b_1 = 11.138 - 9.560 = 1.578(\text{m})$

第 2 点的设计高程　　$b_2=11.138-9.320=1.818$(m)

第 3 点的设计高程　　$b_3=11.138-9.080=2.058$(m)

B 点的设计高程　　$b_B=11.138-8.840=2.298$(m)

⑤ 水准尺分别紧贴各点木桩的侧面，上下移动直至读数为 b_j 时，在尺的底面用红蓝铅笔画一横线，各木桩上横线连接起来即为 AB 设计坡度线。

5.4.2 倾斜视线法

(1) 任务 如图 5.12 所示，A、B 为坡度线的两端点，其水平距离为 D，A 点的高程为 H_A，要沿 AB 方向测设一条坡度为 i 的坡度线，则先根据 A 点的高程、坡度 i 及 A、B 两点间的水平距离计算出 B 点的设计高程，再按测设已知高程的方法，将 A、B 两点的高程测设在地面的木桩上。

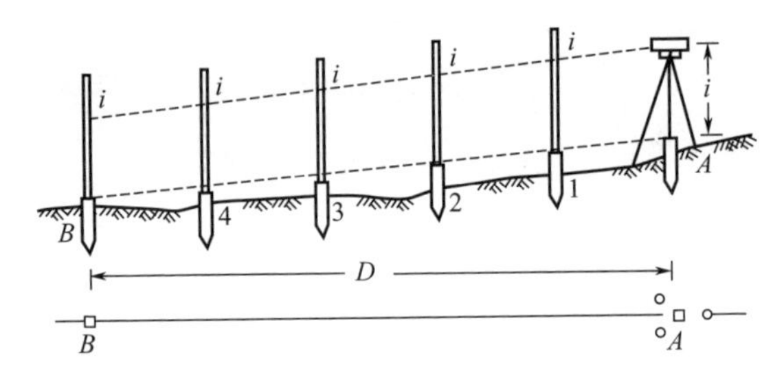

图 5.12　倾斜视线法

(2) 测设方法 将经纬仪安置在 A 点，量取仪器高 i，望远镜照准 B 点水准尺读数为 i（注意水准尺的底部应与 B 点木桩上的标定点对齐)，制定经纬仪的水平制动螺旋和望远镜的制动螺旋，此时，仪器的视线与设计坡度线平行。在 AB 方向的中间各点 1、2、3……的木桩侧面立尺，上、下移动水准尺，直至尺上读数等于仪器高 i 时，沿尺子底面在木桩上画一红线，则各桩红线的连线就是设计坡度线。

地物平面位置的放样，就是在实地测设出地物各特征点的平面位置，作为施工的依据。

5.5 平面点位的测设

测设点平面位置的方法通常有：直角坐标法、极坐标法、角度交会法、距离交会法等。

5.5.1　直角坐标法（附视频）

(1) 基本方法　当建筑场地的施工控制网为方格网或轴线网形式时，采用直角坐标法放线最为方便。如图5.13所示，A、B、C、D为方格网点，现在要在地面上测出一点M。为此，沿BC边量取BM'，使BM'等于M与B横坐标之差Δx，然后在M'安置经纬仪测设BC边的垂线，在垂线上量取$M'M$，使$M'M$等于M与B纵坐标之差Δy，则M点即为所求。

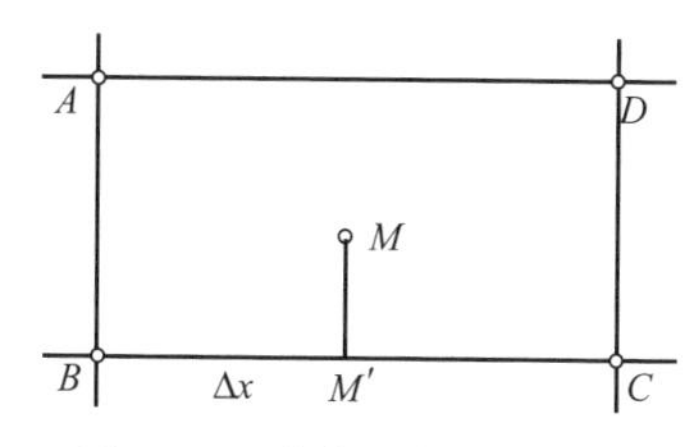

图5.13　直角坐标法思路图

用直角坐标法测定一已知点的位置时，只需要按其坐标差数量取距离和测设直角。

(2) 特点　此法优点是计算简便，施测方便，精度可靠；缺点是安置一次经纬仪只能测设90°方向的点位，搬站次数多，工作效率低。所以，该法适应于矩形布置的场地与建筑，且与定位依据平行或垂直。

直角坐标法就是根据已知点与待定点的纵横坐标之差，测设地面点的平面位置。它适用于施工控制网为建筑方格网（即相邻两控制点的连线平行于坐标轴线的矩形控制网）或建筑基线的形式，并且量距方便的地方。如图5.14所示，A、B、C、D为建筑方格网点，a、b、c、d为需要测设的某建筑的四个角点，根据设计图上各点的坐标，可求出建筑的长、宽度及其测设的数据。

【实例5.7】　如图5.14所示，A、B、C、D为网格点，测设$abcd$建筑。现以a点为例说明测设方法。

已知：A(600.00,500.00)，C(700.00,600.00)，a(620.00,530.00)。

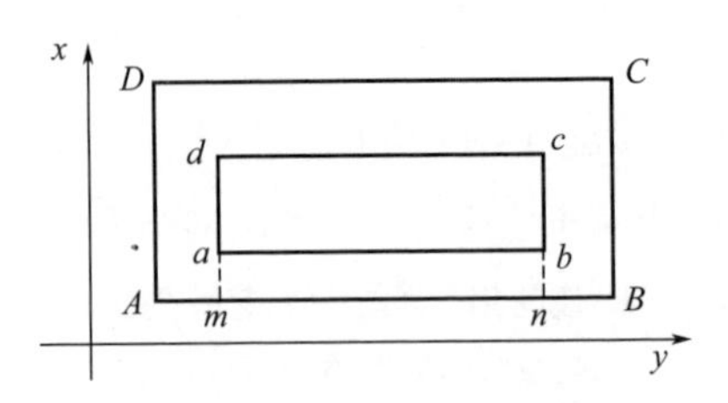

图 5.14 直角坐标法放线

【解算】

因为网格平行于坐标轴，所以，已知 A、C 两点坐标，便可算出 B、D 两点坐标。因为 B 点的纵坐标与 A 相同，B 点的横坐标与 C 相同，D 点的纵坐标与 C 相同，D 点的横坐标与 A 相同。所以，得到 D (600.00，600.00)，B (700.00，500.00)

① 计算放样数据。A 点与 a 点的坐标差计算如下：

$$\Delta x = x_a - x_A = 620.00 - 600.00 = 20.00(\mathrm{m})$$

$$\Delta y = y_a - y_A = 530.00 - 500.00 = 30.00(\mathrm{m})$$

② 在 A 点安置经纬仪。照准 B 点定线，沿此方向量取 Δy (30.00m)定出 m 点。

③ 安置仪器于 m 点。瞄准 B 点，向左测设 90°角，成为 ma 方向线，在该方向线上测设长度 Δx(20.00m)，即得 a 点的位置。

用同样的方法，可以测设建筑其他各点的位置。最后检查建筑四角是否等于 90°，各边长度是否等于设计长度，其误差均应在限差内。

5.5.2 极坐标法（附视频）

(1) 基本方法 极坐标法是根据已知水平角和水平距离测设地面点的平面位置，适合于量距方便并且测设点距控制点较近的地方。其原理是根据已知地面点坐标和待放样点坐标，用坐标反算公式分别计算直线的坐标方位角和两条直线方位角间的水平夹角，用距离公式计算两点间的距离，然后在地面测设放样。

如图 5.15 所示，1、2 是建筑轴线交点，A、B 为附近的控制点。1、2、A、B 点的坐标已知，欲测设 1 点，其方法步骤如下。

① 计算放样元素 β_1 和 r_1。根据已知点 A、B 和待放样点 1 的坐

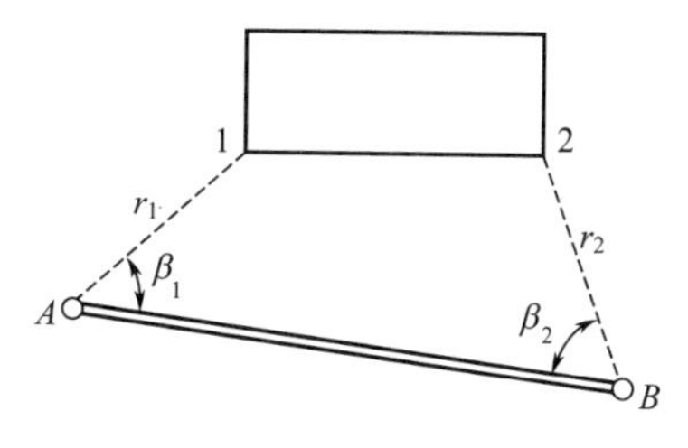

图 5.15 极坐标法

标，用坐标方位角公式分别计算支线 AB 和 $A1$ 的坐标方位角 α_{A1} 和 α_{AB}。

$$\begin{cases}\alpha_{A1}=\arctan\dfrac{y_1-y_A}{x_1-x_A}\\[2ex]\alpha_{AB}=\arctan\dfrac{y_B-y_A}{x_B-x_A}\end{cases}\tag{5.6}$$

$$\beta_1=\alpha_{AB}-\alpha_{A1}\tag{5.7}$$

$$r_1=\sqrt{(x_1-x_2)^2+(y_1-y_2)^2}\tag{5.8}$$

同理，也可以求出 2 点的测设数据 β_2 和 r_2。

② 在已知点 A 上安置经纬仪，后视 B 点放样水平角 β_1，得出 $A1$ 方向线。

③ 以 A 点为起点，沿 $A1$ 方向线，测设 r_1 的水平距离得到 1 点。

测设时，在 A 点安置经纬仪，瞄准 B 点，向左测设 β_1 角，由 A 点起沿视线方向测设距离 D_1。即可以定出 1 点。同样，在 B 点安置仪器，可以定出 2 点。最后丈量 1、2 点间水平距离与设计长度进行比较，其误差应该在限差内。

(2) 特点 优点是只要通视、容易量距，安置一次仪器可测多个点位，效率高、适应范围广、精度均匀、没有误差积累。缺点是计算工作量大且烦琐。该法适应于各种定位条件及各种形状建筑的放线。

【实例 5.8】 图 5.16 为风车形高层住宅楼的平面示意图。请用极坐标法说明放线步骤。

【解算】

① 由于风车楼是以中心点 O 对称的中心对称图形，南北和东西长

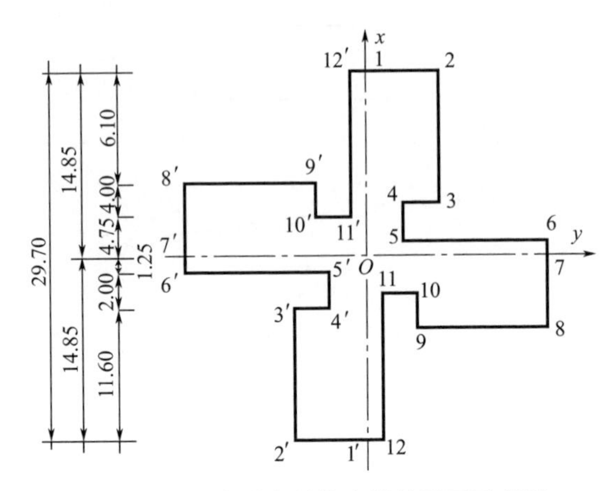

图 5.16 风车形高层住宅楼的平面示意图

均为 29.70m，故图中：$O1=O1'=O7=O7'=14.850$m，并由此可得出 12=8.750m 及 1、2、……、7 点的直角坐标（y，x），见表 5.1。

表 5.1 极坐标法测设点位坐标计算表

测站	后视	点名	直角坐标(y,x)		极坐标(r,α)		间距 D/m	备注
			横坐标 y	纵坐标 x	极距 d/m	极角 α		
O	x		0.000			0°00′00″		Ox 已知方向
			0.000	0.000	0.000			已知坐标原点
		1	0.000	14.850	14.850	0°00′00″	14.850	
		2	8.750	14.850	17.236	30°30′28″	8.750	
		3	8.750	3.250	9.334	69°37′25″	11.600	
		4	4.750	3.250	5.755	55°37′11″	4.000	
		5	4.750	1.250	4.912	75°15′23″	2.000	
		6	14.850	1.250	14.903	85°11′18″	10.100	
		7	14.850	0.000	14.850	90°00′00″	1.250	
		O	0.000	0.000	0.000		14.850	

② 将各点的直角坐标（y，x）按反算式(5.6)～式(5.8)换算成极坐标（r，α），填入表 5.1。

③ 在风车楼的对称中心 O 点安置经纬仪，以 0°00′00″后视 Ox 方向并在视线方向上量取 14.850m，定尺 1 点；仪器旋转使度盘读数为 30°30′28″，并在视线方向上量取 17.236m，定出 2 点，实量 12 两点之间的长度 8.750m，作为校核。按表 5.1 中数据，同理可放出其他各点。

④ 每测设一点后，立即校正与前一点的水平间距作为校核。在一

个测站上，完成所有所有点放样后，应校正起始方向读数是否仍为0°00′00″。

⑤ 利用风车楼中心对称的特点，可以完成其他各点的测设，提高工作效率。

⑥ 放样 7～12 点时，可使用 1～6 的极距，极角相应增加 90°00′00″；放样 1′～6′点时，可使用 1～6 的极距，极角相应增加 180°00′00″；放样 7′～12′点时，可使用 1～6 的极距，极角相应增加 270°00′00″。

【实例 5.9】 如图 5.17 所示，设 F、G 为施工现场的平面控制点，其坐标为：$x_F=346.812\text{m}$，$y_F=225.500\text{m}$；$x_G=358.430\text{m}$，$y_G=305.610\text{m}$。P、Q 为建筑主轴线端点，其设计坐标为：$x_P=370.000\text{m}$，$y_P=235.361\text{m}$；$x_Q=376.000\text{m}$，$y_Q=285.000$。求极坐标测设数据。

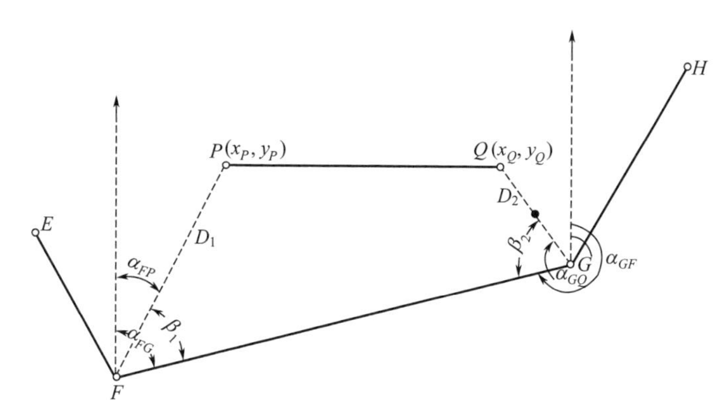

图 5.17 极坐标法测设点位

【解算】

用极坐标法测设 P、Q 点平面位置的步骤如下。

① 首先根据控制点 F、G 的坐标和 P、Q 的设计坐标，计算测设所需的数据 β_1、β_2 及 D_1、D_2。

a. 计算 FG、FP、GQ 的坐标方位角。

$$\alpha_{FG}=\arctan\frac{y_G-y_F}{x_G-x_F}=\arctan\frac{+80.110}{+11.618}=81°44'53''$$

$$\alpha_{FP}=\arctan\frac{y_P-y_F}{x_P-x_F}=\arctan\frac{+9.861}{+23.188}=23°02'18''$$

$$\alpha_{GQ}=\arctan\frac{y_Q-y_G}{x_Q-x_G}=\arctan\frac{-20.610}{+17.570}=310°26'51''$$

b. 计算 β_1、β_2 的角值。

$$\beta_1=\alpha_{FG}-\alpha_{FP}=81°44'53''-23°02'18''=58°42'35''$$

$$\beta_2=\alpha_{GQ}-\alpha_{GF}=310°26'51''-261°44'53''=48°41'58''$$

c. 计算距离 D_1、D_2。

$$D_1=\sqrt{(x_P-x_F)^2+(y_P-y_F)^2}$$
$$=\sqrt{(23.188)^2+(9.861)^2}=25.198(\mathrm{m})$$

$$D_2=\sqrt{(x_Q-x_G)^2+(y_Q-y_G)^2}$$
$$=\sqrt{(17.570)^2+(20.610)^2}=27.083(\mathrm{m})$$

② 经纬仪测设法。将经纬仪安置于 F 点，瞄准 G 点，按逆时针方向测设 β_1 角，得到 FP 方向；再沿此方向测设水平距离 D_1，即得到 P 点的平面位置。用同样方法测设出 Q 点。然后丈量 PQ 之间的距离，并与设计长度相比较，其差值应在容许范围内。

③ 全站仪测设法。如果使用全站仪按极坐标法测设点的平面位置，则更为方便。如图 5.18 所示，设欲测设 P 点的平面位置，其施测步骤如下。

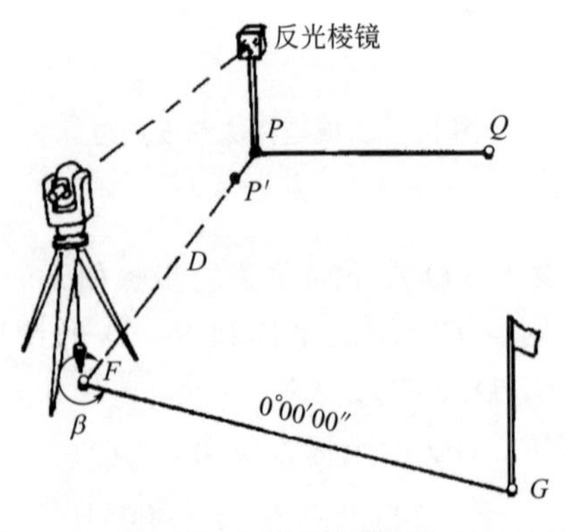

图 5.18 全站仪测设法

a. 把电子速测仪安置在 F 点，瞄准 G 点，水平度盘安置在0°00′00″。

b. 将控制点 F、G 的坐标和 P 点的设计坐标输入电子速测仪，即可自动计算出测设数据水平角 β 及水平距离 D。

c. 测设已知角度 β（仪器能自动显示角值），并在视线方向上指挥持反光棱镜者把棱镜安置在 P 点附近的 P' 点。如果持镜者的棱镜可以显示 FP' 的水平距离 D'，就可根据 D' 与 D 之间的差值 ΔD，由持镜者用小钢尺在视线方向上对 P 点点位进行改正。若棱镜无水平距离显示，则可由观测者按算得的 ΔD 值指挥持镜者移动至 P 点位置。

5.5.3 角度交会法(附视频)

扫码看视频

点的平面位置的测设(角度交会法)

(1) 基本方法 又称前方交会法，是根据前方交会的原理，分别在两个控制点上用经纬仪测设两条方向线，两条方向线相交得出待测设点的平面位置。它的放样元素是两个已知角，其值根据两个已知点和待测设点的坐标计算得到。

如图 5.19 所示，设 P 点为桥墩的中心位置，其设计坐标为 P（x_P，y_P）、A、B 为岸边上两个控制点，其坐标设为 A（x_A，y_A）、B（x_B，y_B）。现要根据控制点 A、B 测设位于河流中的 P 点位置。具体步骤如下。

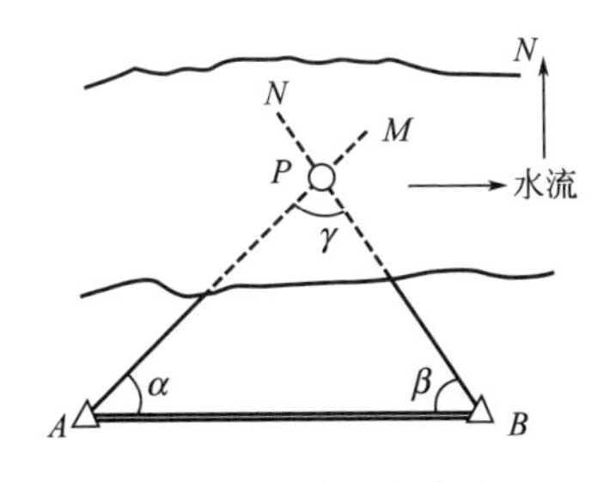

图 5.19 前方交会法

① 放样元素的计算。按照坐标反算公式［参照式(5.6)］分别计算各边的坐标方位角 α_{AB}、α_{AP}、α_{BP} 和 α_{BA}，则有：

$$\alpha_{AB}=\arctan\frac{y_B-y_A}{x_B-x_A},\ \alpha_{AP}=\arctan\frac{y_P-y_A}{x_P-x_A},\ \alpha=\alpha_{AB}-\alpha_{AP}$$

$$\alpha_{BP}=\arctan\frac{y_P-y_B}{x_P-x_B},\ \alpha_{BA}=\arctan\frac{y_A-y_B}{x_A-x_B},\ \beta=\alpha_{BP}-\alpha_{BA}$$

画出放样草图，即将前方交会图形画出，并标注出各点坐标、三角形边长以及放样角度 α 和 β。

② 测设方法。在 A 点安置经纬仪对中整平后，后视 B 点归零，反拨望远镜使其水平读盘读数为 $360°-\alpha$ 得方向线 AM。在 B 点安置经纬仪对中整平，后视 A 点归零，正拨望远镜使水平读盘为 β 得方向线 BN，则 AM 和 BN 的交点即为待测设点 P 的位置。

(2) 校正方法 为了提高测设点位的精度，进行前方交会定位时往往采用如图 5.20 所示的用三个点进行交会，由于测设误差，若三条方向线不交于一点时，会出现一个很小的三角形，称为误差三角形。当误差三角形边长在允许范围内时，可取误差三角形的重心作为点位。

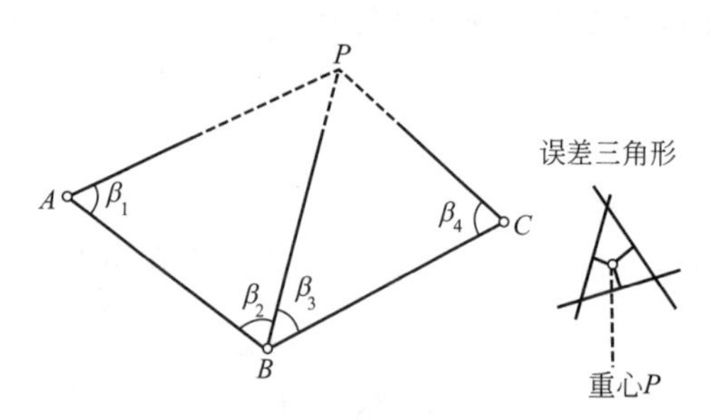

图 5.20 前方交会的取点

(3) 特点 优点是不用两边，长距离测设时精度高于两边；缺点是计算工作量大，交会角度容易受地形限制，一般交会角应控制在120°～150°。此法适合于测设点离控制点较远或量距较困难的地形条件。

实际操作时，用两台经纬仪同时测量进行交会，不但可以提高效率，还可以提高测设精度。

【实例 5.10】 在图 5.21 中，已知控制点 M(107566.600，96395.090)、N(107734.260，96396.900)，$\alpha_{MN}=0°37'07''$。待测点 P（107620.120，96242.570）。计算 α_{MP}、α_{MN} 及 β、S 之值。

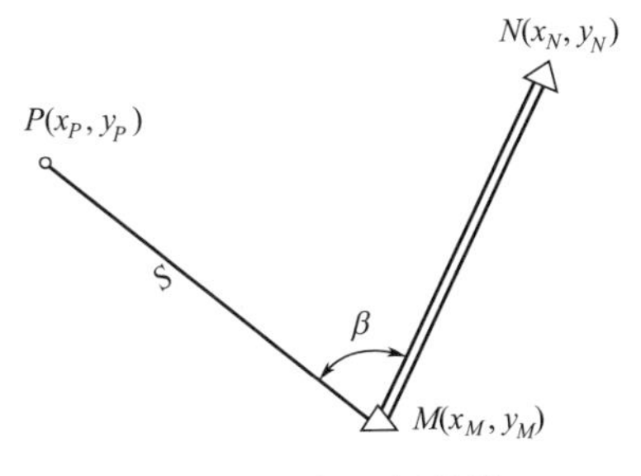

图 5.21　极坐标放线

【解算】

利用式(5.6)～式(5.8) 计算如下：

$$\alpha_{MP}=\arctan\frac{y_P-y_M}{x_P-x_M}=\arctan\frac{96242.570-96395.090}{107620.120-107566.600}$$
$$=289°20'10''$$

$$\alpha_{MN}=\arctan\frac{y_N-y_M}{x_N-x_M}=\arctan\frac{96396.900-96395.090}{107734.260-107566.600}$$
$$=0°37'07''$$

因此，$\beta=\alpha_{MN}-\alpha_{MP}=0°37'07''+360-289°20'10''=71°16'57''$

$$S=\sqrt{(x_P-x_M)^2+(y_P-y_M)^2}$$
$$=\sqrt{(107620.120-107566.600)^2+(96242.570-96395.090)^2}$$
$$=161.638(\mathrm{m})$$

说明：实际计算数据较多时，可以利用 Excel 进行计算，将非常方便。

5.5.4　距离交会法（附视频）

(1) 基本方法　如图 5.22 所示，根据测设点 P、Q 和控制点 A、B 的坐标，可以求出测设数据 D_1、D_2、D_3、D_4。

① 使用两把钢尺，其零刻划线分别对准控制点 A、B，将钢尺拉平，分别测设水平距离 D_1、D_2 其交点即为测设点 P。

② 同法，将钢尺零刻划线分别对准控制点 A、B，分别测设水平距离 D_3、D_4，其交点即为测设点 Q。

③ 实地量测 PQ 水平距离与其测设长度进行比较后校核，要求其

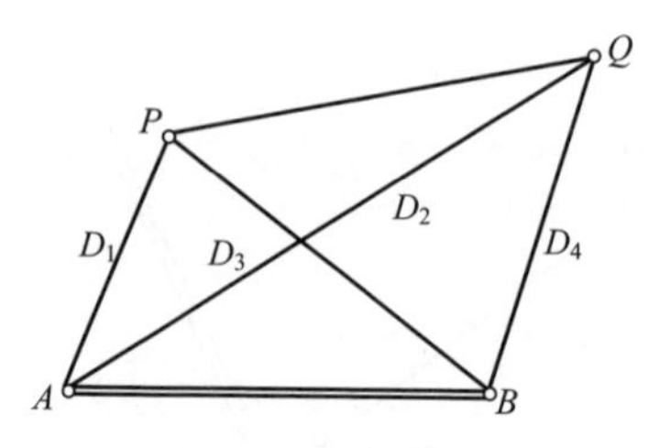

图 5.22 距离交会法

误差应该在限差范围内。

(2) **特点** 优点是不用经纬仪，操作简便，测设速度快，精度可靠但不高；缺点是受地形限制，局限性比较大；适用于建筑场地平坦，量距方便，且控制点离测设点又不超过一个整尺的长度时，用此法比较适宜。在施工中细部位置测设常用此法。

【实例 5.11】 如图 5.23 所示，用距离交会法测设出建筑的位置。已知数据：

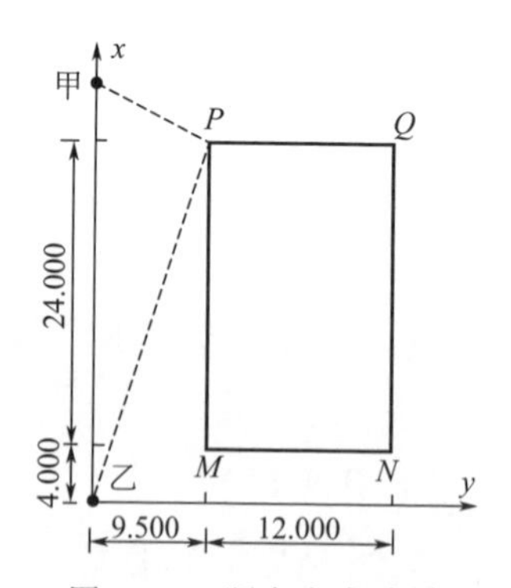

图 5.23 距离交会放样

甲 (39.000，0.000)，乙 (0.000，0.000)

M (4.000，9.5000)，N (4.000，21.500)

Q (28.000，21.500)，P (28.000，9.500)

【解算】

① 根据已知数据，按式(5.7) 计算甲、乙分别与 M、N、Q、P

的距离，见表5.2。

② 用两根钢尺分别以甲、乙为起点，以36.266m和10.308m交会M点位置，同理，可测设出其他各点。

③ 用钢尺实际量取建筑四边和对角线长度，校核M、N、Q、P各点的放线。

表5.2　距离交会点位距离计算表

交会起点＼点名	M	N	Q	P
甲	36.266	41.076	24.150	14.534
乙	10.308	21.869	35.302	29.568

第6章 施工测量前的准备工作

施工测量是引导工程自始至终顺利进行的指导性工作，为保证施工全过程的测量工作顺利开展，应认真做好准备工作。

施工测量准备工作应包括：图纸校核、测量定位依据点的交接与检测、测量仪器和工具的检验校正、施工测量方案的编制、数据准备、施工场地测量等内容。

6.1 图纸校核

设计图纸是施工测量的主要依据，测设前应充分熟悉各种有关的设计图纸，了解施工建筑与相邻地物的相互关系以及建筑本身的内部尺寸关系，准确无误地获取测设工作中所需要的各种定位数据。

在熟悉图纸的过程中，应仔细核对各种图纸上相同部位的尺寸是否一致，同一图纸上总尺寸与各有关部位尺寸之和是否一致，以免发生错误。

6.1.1 总平面图的校核

① 建设用地红线桩点（界址桩）的坐标、角度、距离；

② 建筑定位依据、条件是否合理、明确、齐全；

③ 建筑群的几何关系是否交圈、合理；

④ 各幢建筑首层室内地面设计高程、室外地坪设计高程、有关坡度是否对应、合理。

6.1.2 建筑施工图的校核

(1) 定位依据及定位条件的校核 这些条件在施工图中给出，需要认真校核。

① 定位依据。有以下3种情况。

a. 城市规划部门给出的平面控制点。多用于大型新建工程、小区建设工程等。精度较高，使用前一定要校测，防止发生用错点位或点位发生移动等错误。

b. 城市规划部门给出的建筑红线。多用于一般新建工程。《城市测量规范》(CJJ/T 8—2011) 中规定：红线桩点位中误差5cm，红线边长中误差5cm。

c. 原有永久性建筑或道路中心线。多用于建筑群内的改、扩建工程。这些用于定位条件的建筑必须是四廓规整的永久性建筑，在多个可选的情况下，应选择大型的、主要的建筑作为定位依据。

② 定位条件。《建筑施工测量技术规程》(DB11/T 446—2015) 规定：建筑定位的条件，应当是能唯一能确定建筑位置的几何条件。常用的定位条件是确定建筑的一个点的点位与一个边的方向。

这个规定是客观的，少了则不能定位，多了会产生矛盾。但需要正确理解这个规定的内涵，有以下情况：

a. 能够找到建筑的一个点的点位和一个边的方向；

b. 能够找到两个点的点位。

当找到的条件多于上述条件时，需要比较确定使用精度高的点或方向。

③ 定位依据或条件发生矛盾时的处理。

a. 一般以主要定位依据、条件为准，使其合理；

b. 审图时要注意各个建筑之间的关系，如东西、南北方向等；

c. 当定位依据或条件产生矛盾时，需向设计方提出，求得合理的解决办法，施工方无权自行解决。

(2) 建筑外廓校核 主要校核外廓尺寸、内角的几何条件。

① 矩形建筑。主要校核各轴线两侧的尺寸、对称关系，尤其需要重视不贯通轴线。

② 梯形建筑。梯形上、下底及两腰尺寸与底角是否相符。

③ 多边形建筑。分别校核内角和条件和边长条件。

a. 内角和条件。多边形内角和为 $\sum\beta=(n-2)\times180°$（$n$ 为边数）。

b. 边长条件。基本思路是将多边形分成若干个基本三角形，根据所给的边长和内角校核是否满足三角形条件或按照闭合导线的方法（投影方法）进行计算。

【实例 6.1】 如图 6.1 所示，五边形各内角及边长在图上已标明，试校核该图。

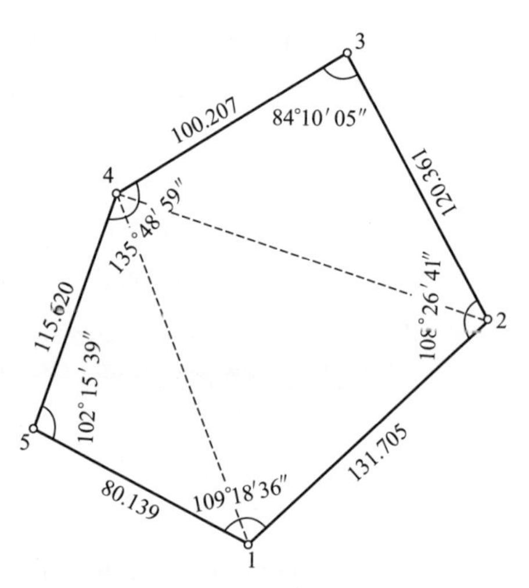

图 6.1　五边形建筑的校核

【解算】 方法 1：划分三角形，几何解算。

a. 内角和核算。核算目的：图形形状是否交圈。

计算方法：五边形内角和理论值 $\sum\beta=(n-2)\times180°=540°$

本例中：$109°18'36''+108°26'41''+84°10'05''+135°48'59''+102°15'39''=540°$

实际的内角和与理论值相符，说明内角和条件满足。

b. 边长核算。核算目的：边长是否交圈。

核算方法：如图 6.1 所示，选择 4 点为极点将原图分成 3 个三角形 △145、△142、△234，分别对这些三角形进行解算。

• 解算△145：

已知：$\overline{15}=80.139$m，$\overline{45}=115.620$m，$\angle451=102°15'39''$，

则根据余弦定理有：

$$\overline{41}=\sqrt{\overline{45}^2+\overline{51}^2-2\times\overline{45}\times\overline{51}\cos\angle 451}$$
$$=\sqrt{80.139^2+115.620^2-2\times 80.139\times 115.620\times\cos(102°15'39'')}$$
$$=154.031\ (\mathrm{m})$$

根据正弦定理有：

$$\angle 415=\arcsin(\sin\angle 451\times\overline{45}\div\overline{41})$$
$$=\arcsin(\sin 102°15'39''\times 115.620\div 154.031)$$
$$=47°10'52''$$

$$\angle 145=\arcsin(\sin\angle 451\times\overline{15}\div\overline{41})$$
$$=\arcsin(\sin 102°15'39''\times 80.139\div 154.031)$$
$$=30°33'29''$$

内角和校核：

$$\angle 451+\angle 415+\angle 145=102°15'39''+47°10'52''+30°33'29''=180°00'00''$$

• 解算△234：

已知：$\overline{23}=120.361\mathrm{m}$，$\overline{43}=100.207\mathrm{m}$，$\angle 3=84°10'05''$，则：

$$\overline{42}=\sqrt{\overline{34}^2+\overline{23}^2-2\times\overline{34}\times\overline{23}\cos\angle 234}$$
$$=\sqrt{100.207^2+120.361^2-2\times 100.207\times 120.361\times\cos(84°10'05'')}$$
$$=148.584\ (\mathrm{m})$$

$$\angle 423=\arcsin(\sin\angle 234\times\overline{34}\div\overline{24})$$
$$=\arcsin(\sin 84°10'05''\times 100.207\div 148.584)$$
$$=42°08'18''$$

$$\angle 243=\arcsin(\sin\angle 234\times\overline{23}\div\overline{24})$$
$$=\arcsin(\sin 84°10'05''\times 120.361\div 148.584)$$
$$=53°41'37''$$

内角和校核：

$$\angle 423+\angle 234+\angle 342=42°08'18''+84°10'05''+53°41'37''=180°00'00''$$

• 解算△124（因为所有数据已知，校核解算）：

已知：$\overline{42}=148.584\mathrm{m}$，$\overline{41}=154.031\mathrm{m}$，$\overline{12}=131.705\mathrm{m}$

$$\angle 214=\angle 215-\angle 415=109°18'36''-47°10'52''=62°07'44''$$
$$\angle 124=\angle 123-\angle 423=108°26'41''-42°08'18''=66°18'23''$$
$$\angle 142=\angle 345-\angle 342-\angle 145$$
$$=135°48'59''-53°41'37''-30°33'29''=51°33'53''$$

则：

$$\overline{12}=\sqrt{\overline{14}^2+\overline{24}^2-2\times\overline{14}\times\overline{24}\cos\angle 142}$$

$$=\sqrt{154.031^2+148.584^2-2\times 154.031\times 148.584\times\cos(51°33'53'')}$$

$=131.705$ （m）（与已知相同）

说明：几何条件的校核，三个三角形都满足，总体也满足。边长条件校核，由△145 计算出 14 边长，由△234 计算出 24 边长，则△142 中，利用计算出的 14 边长、24 边长计算出 12 边长，与已知 12 边长比较，校核。实际计算中，由于计算取位、计算本身等误差，可能会导致微小差别，要分清误差来源。

方法 2：投影方法，解算结果见表 6.1，详细计算过程见闭合导线解算。

表 6.1 投影法解算结果

点号	内角 /(° ′ ″)	坐标方位角 /(° ′ ″)	边长 /m	改后 Δx /m	改后 Δy /m	x /m	y /m
1		51 30 30	131.705	82.007	103.058	200.000	200.000
2	108 26 41	339 57 11	120.361	113.069	−41.258	282.007	303.058
3	84 10 05	244 07 16	100.207	−43.707	−90.173	395.076	261.800
4	135 48 59	199 56 15	115.620	−108.681	−39.450	351.369	171.627
5	102 15 39	122 11 54	80.139	−42.688	67.823	242.688	132.177
1	109 18 36	51 30 30				200.000	200.000
2							
Σ	5400000			0	0		
说明	a. 起始方位角(12 边)、1 点的坐标可以假定 b. 第二列下边的 540°表示几何条件满足 c. Δx、Δy 列下边的总和为 0，说明纵、横投影满足要求(边长条件) d. 坐标计算，从 1 点开始经过 2、3、4、5 点，能返回 1 点，两个条件都满足						

④ 弧形建筑。按圆曲线主点计算的方法校核。

(3) 建筑±0.000 设计高程的校核 建筑室内标高±0.000 决定了建筑的整体高程，需要校核其是否合适。

① 与现有其他建筑的关系。新建建筑的±0.000 与已经存在的建筑或道路是否对应。

② 与地面高程的关系。新建建筑的±0.000 与地面平整后的实际高程是否适宜。如果过高，则浪费材料，过低则有可能形成雨水倒灌。

③ 建筑本身的特殊要求。有些建筑对±0.000 有特殊的要求，应校核其是否满足。如仓库要求交通方便，又不至于形成雨水倒灌，则往

往使±0.000比室外高程高10cm，大型图书馆、纪念性建筑等为体现其雄伟气魄，则往往需要高台阶，有的甚至达到3m或更高。

6.1.3 建筑红线桩、水准点的校核（附视频）

(1) 红线桩的作用 红线桩和红线是建筑的边界，需要准确。

① 建筑红线。城市规划行政主管部门批准并实地测定的建设用地位置的边界线，也是建筑用地和市政用地的分界线，标定红线的桩（点）称为红线桩（点）或界址桩（点）。

② 作用。建设用地分界线，是建筑定位的依据。

③ 目的。因为红线桩是放线依据，所以，必须保证它的正确性。

④ 注意保护。红线桩的作用是不可替代的，必须加以保护，应防止掩埋、磕碰等事故的发生；沿红线建设的建筑需经规划部门验线合格后才能动工；新建建筑不能压、超红线。

(2) 反算红线桩的边长、内角 各红线桩组成了一个多边形，根据提供的红线桩的坐标，需要校核它的边长和内角，采用坐标反算的方法。与闭合导线计算过程相反。

【实例6.2】 如图6.2所示，红线桩组成五边形，各红线桩的坐标见表6.2，试计算内角及边长。

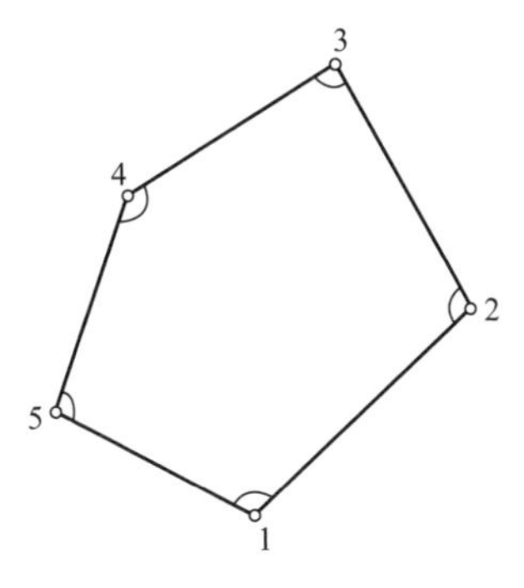

图6.2 红线桩的反算

表 6.2　红线桩的坐标

红线桩号	纵坐标 x	横坐标 y
1	200.000	200.000
2	282.007	303.058
3	395.076	261.800
4	351.369	171.627
5	242.688	132.177

【解算】 详细过程见表 6.3 中坐标反算内容。

表 6.3　红线桩坐标反算

点号	纵坐标 x	横坐标 y	Δx	Δy	边长 D	坐标方位角	内角
1	200.000	200.000	82.007	103.058	131.705	51°30′30″	
2	282.007	303.058	113.069	−41.258	120.361	339°57′11″	108°26′41″
3	395.076	261.800	−43.707	−90.173	100.207	244°07′16″	84°10′05″
4	351.369	171.627	−108.681	−39.450	115.620	199°56′15″	135°48′59″
5	242.688	132.177	−42.688	67.823	80.139	122°11′54″	102°15′39″
1	200.000	200.000					109°18′36″
Σ			0.000	0.000			540°00′00″

(3) 红线桩的校核方法　施工场地的地形条件比较复杂，根据不同情况，有以下方法。

① 实际测量法。当相邻红线桩通视且便于量距时，可以用经纬仪测量红线桩所围成的多边形的内角，用钢尺丈量相邻红线桩的距离；当相邻红线桩通视但不便量距时，可以用全站仪测量内角和边长，这些实际测量值与所给定的值比较，进行校核。

② 坐标测量法。当相邻红线桩不通视时，可以利用附近的城市控制点，采用附合导线或闭合导线的形式测定红线桩的坐标，与给定值比较，进行校核。

③ 间接计算法。当相邻红线桩不通视时，且附近没有城市控制点时，可以采用三角形测量计算的方法。具体做法：适当位置布点，只要与两个不通视的红线桩均通视即可，形成三角形，测量加点与两个红线桩的距离及这两条边的夹角，用余弦定理计算两个红线桩之间的距离，进行校核。

需要注意：这种方法的精度不会太高，为了提高精度，可以采用如图 6.3 所示的间接计算方法，两个红线桩分别与两个不同的加桩形成两个三角形，分别测量和计算，可以提高精度。

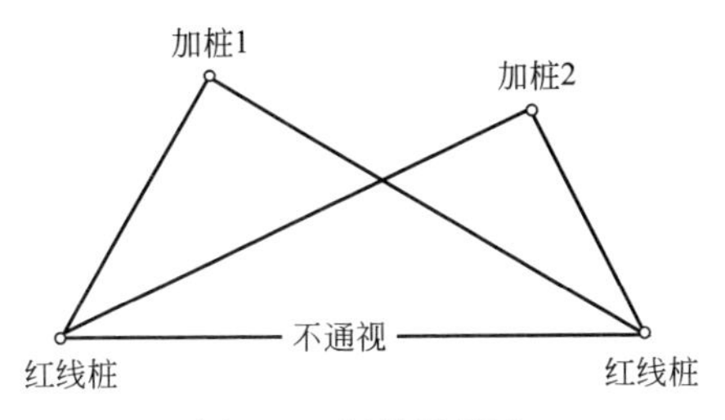

图 6.3 间接计算法

(4) 根据红线桩坐标计算红线桩所围的面积 采用多边形坐标解析法计算面积。

① 解析法适用条件。被量测图形是规则的几何多边形（即边界由直线组成）。在一般的面积量算方法中，解析法的精度最高，但计算工作较为繁重。

② 计算公式。如图 6.4 所示，四边形 1、2、3、4 各顶点坐标分别是 $1(x_1,\ y_1)$，$2\ (x_2,\ y_2)$，$3\ (x_3,\ y_3)$，$4(x_4,\ y_4)$。从图中可以看出，多边形相邻点 x 坐标之差是相应梯形的高；而相邻点 y 坐标之和的一半是相应梯形的中位线。它的总面积 S 是一些梯形面积的代数和。故四边形 1234 的面积为：

S＝四边形 $122'1'$的面积＋四边形 $233'2'$的面积－四边形$144'1'$的面积－四边形 $433'4'$的面积，即：

$$2S=(x_1-x_2)(y_1+y_2)+(x_2-x_3)(y_2+y_3)-(x_1-x_4)(y_1+y_4)-(x_4-x_3)(y_4+y_3)$$

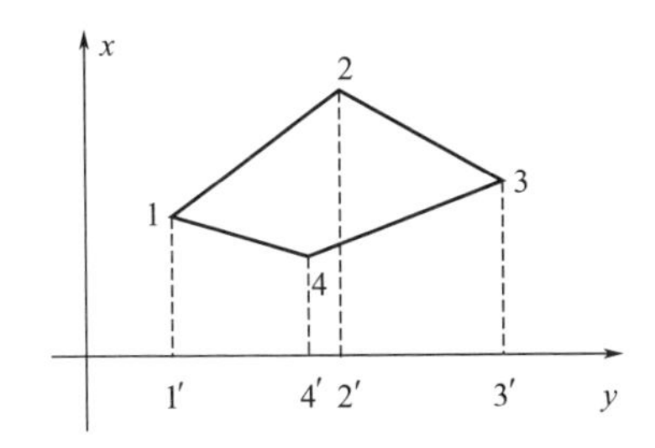

图 6.4 坐标解析法

将上式展开化简并整理后得：

$$2S=x_1(y_2-y_4)+x_2(y_3-y_1)+x_3(y_4-y_2)+x_4(y_1-y_3)$$

或 $$2S=y_1(x_4-x_2)+y_2(x_1-x_3)+y_3(x_2-x_4)+y_4(x_3-x_1)$$

因此，对于 n 点的多边形，其面积的一般公式可写为：

$$2S=\sum x_i(y_{i+1}-y_{i-1}) \tag{6.1}$$

或 $$2S=\sum y_i(x_{i-1}-x_{i+1}) \tag{6.2}$$

当闭合多边形顶点的编号是顺时针方向时，可应用上两式分别计算图形面积进行校核。

③ 编号规则。因为所求面积的图形是闭合的图形，编号是首尾相接的，所以有以下规定：

当 $i=1$ 时，$y_{i-1}=y_n$，$x_{i-1}=x_n$

当 $i=n$ 时，$y_{i+1}=y_1$，$x_{n+1}=x_1$

为了帮助记忆以上两个公式，还可以用图 6.5 所示的图示法表示，具体做法如下：

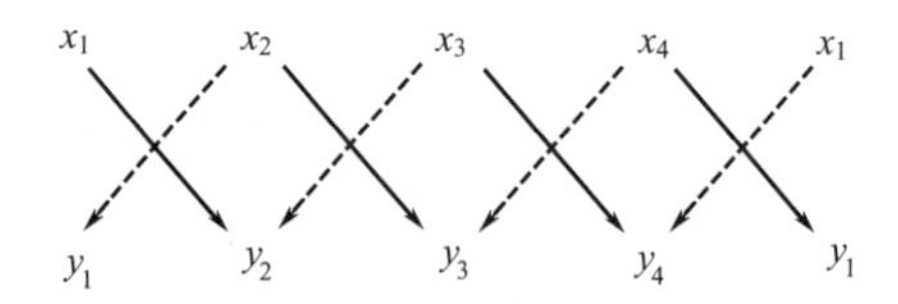

图 6.5 编号规则图示法

a. 按点号顺序将坐标依次排列，起点在最后面多写一次；

b. 用实线和虚线交叉相连，从 x 向右下方连实线，向左下方连虚线；

c. 相连的坐标两两相乘，实线所连者取正号，虚线所连者取负号，取各乘积的代数和即为所求的面积的 2 倍。另外，面积计算还可以采用表 6.4 所示的表格进行。

【实例 6.3】 如图 6.6 所示，红线桩组成七边形，各红线桩的坐标见表 6.4，试计算内角及边长。

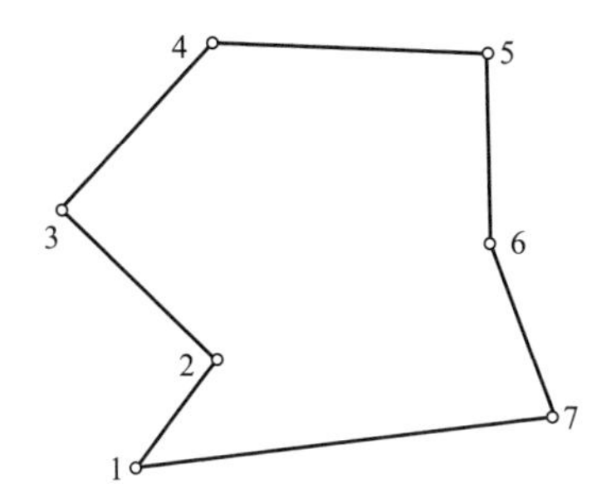

图 6.6 红线桩组成的七边形

表 6.4 红线桩的坐标

点号	坐标 x	坐标 y	点号	坐标 x	坐标 y
1	+120.0	+100.0	5	+929.9	+508.1
2	+283.7	+128.7	6	+699.6	+431.2
3	+484.8	−130.4	7	+273.8	+513.9
4	+936.0	+127.2			

【解算】

计算的步骤和方法说明如下。

① 将多边形各顶点的坐标填入表 6.5 的第 2 及第 3 列内。

② 第 4、5 两列是计算$(x_{i-1}-x_{i+1})$和$(y_{i+1}-y_{i-1})$的数值。

例如求第 4 列中第 2 及第 3 点的数值：

2 点 =(+120.0)−(+484.8)=−364.8；3 点 =(+283.7)−(+936.0)=−652.3

求第 5 列中第 2、3 两点的数值：

2 点 =(−130.4)−(+100.0)=−230.4；3 点 =(+127.2)−(+128.7)=−1.5

③ 以第 4 列内数值乘第 3 列内的相应数值，即得第 6 列内相应的数值，以第 5 列内的数值乘第 2 列内相应的数值，即得第 7 列内数值。

④ 第 6、7 两列内所有各正负值相加，其代数和应相等，以检查是否有错。然后除以 2 即得多边形的面积。

表 6.5 解析法面积计算表

点号	坐标/m		坐标差/m		乘积/m^2	
	x	y	$x_{i-1}-x_{i+1}$	$y_{i+1}-y_{i-1}$	$y_i(x_{i-1}-x_{i+1})$	$x_i(y_{i+1}-y_{i-1})$
1	2	3	4	5	6	7
1	+120.0	+100.0	−9.9	−385.2	−990.00	−46224.00
2	+283.7	+128.7	−364.8	−230.4	−46949.76	−65364.48
3	+484.8	−130.4	−652.3	−1.5	+85059.92	−727.20
4	+936.0	+127.2	−445.1	+638.5	−56616.72	+597636.00
5	+929.9	+508.1	+236.4	+304.0	+120114.84	+282689.60
6	+699.6	+431.2	+656.1	+5.8	+282910.32	+4057.68
7	+273.8	+513.9	+579.6	−331.2	+297856.44	−90682.56
	正数总和		1472.1	948.3	+785941.52	+884383.28
	负数总和		1472.1	948.3	+104556.48	+202998.24
	总　和		0.0	0.0	681385.04	681385.04
	$2S=681385.04(m^2)$				$S=340692.52(m^2)$	

多边形各顶点的坐标值，要依靠专业人员完成，否则将直接影响图形面积的精度。在实际工作中，也可以在地形图或平面图上用图解的方法计算各顶点的坐标。但精度要低于实际丈量的结果，因此，工作要特别仔细认真。

(5) 水准点的检测 水准点是整个建筑高程的起算依据，若点用错或数据用错，则会直接影响高程的正确性，检测水准点是为了保证高程起算依据的正确。

检测方法：将建设单位提供的两个水准点作为已知点，用附和水准路线进行检测；若建设单位只提供一个水准点，则必须出具确认证明，以保证高程的有效性。

6.1.4 结构施工图的校核

① 基础、非标准层、标准层之间的轴线关系与轴线图是否一致；

② 轴线尺寸、层高、结构尺寸（墙厚、柱断面、梁断面、楼板厚等）是否合理；

③ 对照建筑图，校核层高、轴线、尺寸是否对应。

6.1.5 设备施工图的校核

设备主要包括暖通空调设备、给排水设备、电气设备，其次包括通信设备、安保设备、特殊设备等。

① 对照建筑、结构施工图，核对有关尺寸、高程是否对应；

② 核对设备基础、预留孔洞、预埋件位置的尺寸、高程与土建图是否一致。

6.2 测量定位依据点的交接与检测

主要指红线桩与水准点的校核，红线桩就是建筑的定位桩。

(1) 红线桩　总平面图的红线桩的坐标、边长、夹角是否对应。

① 红线桩点的个数不少于3个；

② 根据红线桩的坐标，计算各红线边的坐标增量；

③ 计算红线边长 D 及方位角 α，根据方位角计算红线边的夹角；

④ 红线桩的允许误差：《城市测量规范》(CJJ/T 8—2011) 规定，角度 $\pm 60''$，边长 1/2500，定线测量和拨地测量测定的中线点、轴线点、拨地定桩点与相邻控制点的点位中误差不应大于50mm。

(2) 校核水准点　水准点的个数、高程精度、埋设位置等。

① 水准点个数不少于2个；

② 校测水准点时用附和法，允许闭合差为 $\pm 6\sqrt{n}$ mm（n 为测站数）。

6.3 测量仪器、钢尺的检定

6.3.1 检定的目的

保证测量仪器、用具的精度满足工程需要，确保测量结果的可靠。《中华人民共和国计量法实施细则》规定：

① 任何单位和个人不准在工作岗位上使用无检定合格印、证或者超过检定周期以及经检定不合格的计量器具；

② 测量工作中使用的水准仪、经纬仪、光电测距仪、全站仪、钢卷尺、水准尺等均应进行定期检定；

③ 各种计量器具的检定周期，均以国家技术监督局发布的有关检定规程为准，一般为一年；

④ 计量器具检定，必须在国家授权的检定单位进行，且应出具检定合格证。

6.3.2 检定的内容

(1) 经纬仪 光学经纬仪按《光学经纬仪检定规程》(JJG 414—2011),电子经纬仪按《全站型电子速测仪检定规程》(JJG 100—2003)的要求按期送检。此外,每季度还应进行下列项目的检查。

① 水准管轴(*LL*)垂直于竖轴(*VV*)的检定,误差应小于四分之一倍的水准管分划值。

② 视准轴(*CC*)垂直于横轴(*HH*)的检定,J2、J6 仪器误差限制在±16″、±20″之内。

③ 横轴(*HH*)垂直于竖轴(*VV*)的检定,J2、J6 仪器误差限制在±15″、±20″之内。

④ 光学对中器的检定。

(2) 水准仪 按《水准仪检定规程》(JJG 425—2003)的要求按期送检。此外,每季度还应进行下列项目的检查。

① 圆水准器轴(*L′L′*)平行于竖直(*VV*)的检定。

② 视准轴(*CC*)不水平的检定,S3 仪器的 i 角误差应在±12″之内。

(3) 全站仪 按《全站型电子速测仪检定规程》(JJG 100—2003)的要求按期送检。

(4) 钢尺 按《标准钢卷尺检定规程》(JJG 741—2005)的要求按期送检。

6.4 施工测量方案的编制

施工测量方案是工程质量预控、全面指导施工测量的指导性文件。一般在施工方案中,测量方案被列为第一项内容,是将图纸的资料转化为实物的第一项工作,因此,施工测量方案的制订至关重要,必须全面考虑,整体控制,制定符合实际的又切实可行的方案。

6.4.1 施工测量方案编制的准备

(1) 了解工程设计 包括工程性质、特点、规模,甲方、监理、设计对测量的要求。

(2) 了解施工安排 包括施工准备、施工安排、场地布置、施工方案、施工段划分、开工顺序与进度安排等。了解各道工序对测量的要求，了解测量放线、验线的管理体系。

(3) 了解现场情况 包括工程对原有建筑、地下建筑以及周边建筑的影响，是否需要检测等。

6.4.2 施工测量方案编制的基本原则

与控制测量相似，必须遵循一定的原则，否则，难以实现测量对施工应起到的作用。

(1) 整体控制局部 这是一切测量工作的通则，否则，将导致测量误差超限、建筑位置不准，会影响整体的规划效果。

(2) 高精度控制低精度 不同等级的测量必须配备不同等级的仪器和工具，逐级控制才能确保施测精度。

(3) 以长控短 长方向、长边控制短方向、短边。

(4) 坚持测量仪器校检 全站仪、经纬仪、水准仪、钢尺等均属强检类仪器，为了保证测量的精度，必须坚持定期校检。

6.4.3 施工测量方案编制的具体内容

(1) 编制依据 主要指方案的编制所涉及的法律、法规、测量规程以及工程方面的基本要求，客观条件等。

① 常用规程。要根据工程的性质、重要程度、行业特点、工程的特殊性、工程设计要求、甲方要求等条件选择适合的规程，选择过高标准难以达到，也没有必要，且浪费资源；太低，则达不到技术标准。目前，建筑工程施工测量方案制订的规程主要有：《工程测量规范》(GB 50026—2016)、《建筑施工测量技术规程》(DB 11/T446—2015)、《质量管理体系》(GB/T 19000—2008)、《质量管理和质量保证》(GB/T 10300) 等。需要注意的是，应该使用最新版本的规范。

② 施工测量基本要求。工程设计及施工对测量精度要求所涉及的技术依据、测量方法和技术要求，需要说明根据的规范及具体条款，详细列出工程各部分的测量精度要求。

③ 测量参数。主要有城市导线点的坐标及高程；红线桩的坐标及高程；起始水准点的高程（以上数据应该是经校核无误或修改后的正确数据）。此外，还应阐明设计条件和甲方的特殊要求。

(2) **工程概况** 包括以下几方面的内容，需要完整。

① 场地的面积、地形情况；

② 工程总体布局，建筑平面布置形状及特点、建筑的总高度等；

③ 与施工测量有密切关系的各种平面或高程控制点起始数据；

④ 建筑的结构类型、占地面积、地下地上结构层数；

⑤ 工程的毗邻建筑及周围环境情况；

⑥ 施工工期与施工方案要点。

(3) **场地准备测量** 为后续测量工作奠定基础。

① 根据设计总平面图与施工现场总平面图，确定拆迁范围与次序；

② 测定需要保留的地下管线、建筑、名贵树木等；

③ 场地平整测量。

(4) **现场控制网的建立** 对建筑施工起控制作用。

① 原则。根据施工场地的情况、设计与施工要求，按照便于施工、控制全面、长期保留的原则。

② 建立平面控制网。根据工程地的地形情况，采用适合的控制网形式。

③ 建立高程控制网。按照精度要求建立，注意水准点要保护好。

(5) **测量起始依据的校测** 起始数据如果有误，将导致整个测量结果的错误，必须校测。

① 场地、建筑与建筑红线的关系，定位条件；

② 测量起始依据检测结论：对起始控制点、红线桩点、水准点以及原有建筑、地下建筑、周边建筑的检测报告、结论。

(6) **建筑定位及基础测量** 基础的放线精度直接影响到地上建筑的精度。

① 建筑定位及主要轴线控制桩、护坡桩、基础桩的定位与监测；

② 基础开挖测量；

③ ±0.000 以下各层的施工测量；

④ ±0.000 以上各层的施工测量：包括首层、标准层、非标准层结构测量放线、竖向控制与高程传递测量。

(7) **变形观测** 《城市测量规范》(CJJ/T 8—2011) 的规定。

① 变形测量包括建筑变形测量、地面沉降观测和地裂缝观测；

② 地裂缝观测应采用水准测量的方法，地裂缝观测周期可根据地裂缝活动情况选择3个月、6个月或12个月。

建筑的变形观测现在越来越引起重视，所以除按规范要求选择观测点外，还要多征求设计者的意见或让结构设计人员定出位置。施工单位要把观测的结果及时通报设计者和监理工程师。如对超长建筑除有沉降观测点外还应与设计者协商布置好水平位移观测点，按要求做好水平位移观测。

要特别注意建筑的不均匀沉降的部位、速度、发展趋势，以便做出更好的判断和采取必要的措施。

(8) 竣工测量 建筑施工结束后，对工程实际状况进行测量，结果需存档保留。

① 竣工图的测绘；

② 竣工测量地形图应实地测绘，范围宜包括建设区外第一栋建筑或市政道路或不低于建设区外30m［《城市测量规范》(CJJ/T 8—2011) 的规定］；

③ 建筑变更的文件收集等。

(9) 施工测量工作的组织与管理 在施工测量方案的指导下，实施的人员必须合理分配才能起到应有的作用。

① 制定测量计划。根据施工安排和进度进行适合的安排，制订相应的计划。

② 仪器和工具。根据测量精度要求，选取适合的测量仪器和工具。

③ 测量记录表格的准备。

④ 测量人员的组织和安排。

施工测量方案由施工方制订，经审批核后，填写施工组织设计（方案）申报表，报建设监理单位审查、审批。

6.5 数据准备

施工测量前，应根据工程任务的要求，收集和分析有关施工测量数据。

(1) 资料的收集 包括规划、测绘成果；工程勘察报告；施工设计图纸与有关变更文件等。

(2) 施工测量数据 包括依据施工图计算施工放样数据；依据放样

数据绘制施工放样简图。施工测量放样数据和简图均应进行独立校核，施工测量计算资料应及时整理、装订成册、妥善保管。

6.6 施工场地测量

在各种工程建设中，除对建筑要做合理的平面布置外，往往还要对原地貌做必要的改造，以便适应布置各类建筑、排除地面雨水以及满足交通运输和敷设地下管线等的需要，这种地貌改造工作称为场地平整，简称“平场”。

在场地平整工作中，按设计要求修整成水平面或倾斜面，常需要预算土方工程量，即利用地形图进行填挖土方量的概算。

其基本原则是：填挖方应基本相等。场地平整的方法有多种，其中方格网法（或设计等高线法）是应用最广泛的一种，下面分两种情况介绍场地平整的方法。

6.6.1 平整成水平面

如图 6.7 所示，要求将原地貌按挖填土方量平衡的原则改造成平面，其步骤如下。

(1) 在地形图上绘方格网 在拟建场地 1∶500 的地形图上绘制边长 20m 的方格网。然后根据地形图上的等高线，用比例内插法求出每一方格顶点的地面高程，并注记在相应方格交点的右上方。

(2) 计算设计高程 设计高程就是各方格顶点高程的加权平均值。假定把每个方格再平均划分为 4 个小方格，那么每个小方格的权定为 1，这样把方格顶点分为四类（见图 6.8）：一是中间点，如 $B2$，它们的权是 4，其含义是中间点可控制 4 个小方格；二是拐点，如 $B4$，它们的权是 3，其含义是拐点可控制 3 个小方格；三是边点，如 $B1$，它们的权是 2，其含义是边点可控制 2 个小方格；四是角点，如 $A1$，它们的权是 1，其含义是角点仅控制 1 个小方格。

可按下式求出设计高程：

$$H_{设}=\frac{\sum(P_iH_i)}{4n} \tag{6.3}$$

式中　$H_{设}$——设计高程；

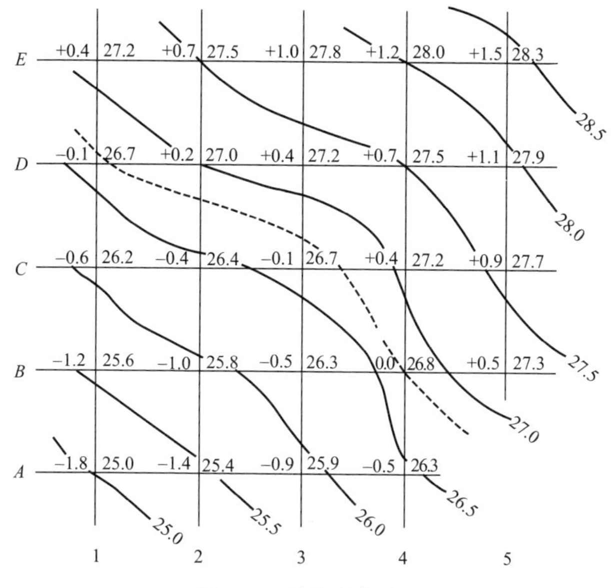

图 6.7 平整成水平面

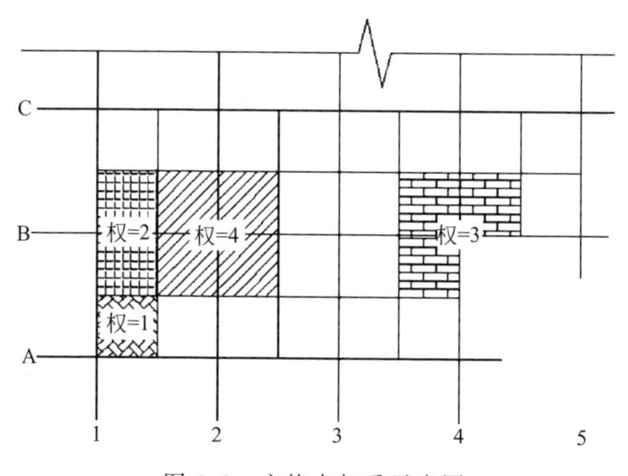

图 6.8 方格点权重示意图

P_i——方格点权重；

H_i——方格点高程；

n——方格数。

图 6.7 例中设计高程为：

$$H_{设}=[4\times(27.0+27.2+27.5+27.2+26.7+26.4+25.8+26.3)+3\times26.8+2\times(27.5+27.8+28.0+27.9+27.7+25.9+25.4+25.6+26.2+26.7)+1\times(27.2+28.3+27.3+26.3+25.0)]\div(4\times15)=26.8(\mathrm{m})$$

(3) 计算挖填高度并绘出挖填边界线 根据设计高程和方格顶点的高程，可以计算出每一方格顶点的挖、填高度，即：

$$h=H_{地面}-H_{设计} \tag{6.4}$$

式中 h——挖填高度；

$H_{地面}$——方格点实地高程。

将图中各方格点的挖、填高度写于相应方格点的左上方，正号为挖深，负号为填高。根据设计高程在地形图上插绘设计高程点，用光滑曲线（虚线）连接起来即为挖填边界线，也称零线。

本例中设计高程为 26.8m，零线以北为挖方区，以南为填方区。

(4) 计算挖填土方量 计算挖填土方量有两种方法。

①方格法。较为平坦的地区可用方格法。挖填土方量可按下式计算：

$$V_{挖}=\frac{S}{4}(\sum4h_{中}+\sum3h_{拐}+\sum2h_{边}+\sum h_{角}) \tag{6.5}$$

$$V_{填}=-\frac{S}{4}(\sum4h_{中}+\sum3h_{拐}+\sum2h_{边}+\sum h_{角}) \tag{6.6}$$

式中 S——一个方格的面积。

图 6.7 中每一方格面积为 $400\mathrm{m}^2$，则：

$$V_{挖}=\frac{400}{4}\times[4\times(0.2+0.4+0.7+0.4)+3\times0+2\times(0.7+1.0+1.2+1.1+0.9)+(0.4+1.5+0.5)]=1900(\mathrm{m}^3)$$

$$V_{填}=-\frac{400}{4}\times[4\times(0.4+0.1+1.0+0.5)+3\times0+2\times(0.1+0.6+1.2+1.4+0.9)+(1.8+0.5)]=-1870(\mathrm{m}^3)$$

计算结果 $V_{挖} \cong V_{填}$，相对误差为 1.6%<10%，可认为符合“挖、填平衡”的要求。

② 等高线法。若地面起伏较大可采用等高线法，如图 6.9 所示，计算该单元的挖方公式如下。

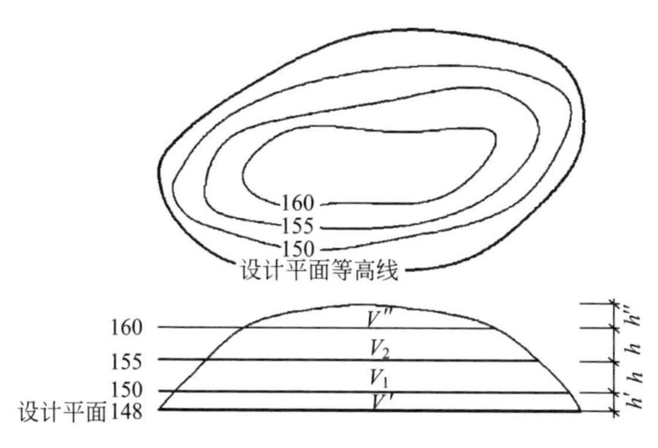

图 6.9 等高线法计算挖填土方量

设计平面至第一条等高线之间的土方：

$$V' = \frac{1}{2}(S_0 + S_1)h' \tag{6.7}$$

设计平面以上各相邻等高线之间的土方：

$$V_i = \frac{1}{2}(S_i + S_{i+1})h \quad (i=1,2,3,\cdots,n-1) \tag{6.8}$$

最高一条等高线以上的土方：

$$V'' = \frac{1}{3}S_n h'' \tag{6.9}$$

总挖方量为：

$$V = V' + \sum_{i=1}^{n-1} V_i + V'' \tag{6.10}$$

式中 S_0——水平面上等高线所围成的面积；

S_i——第 i 条等高线所围成的面积，其他符号见图 6.9。

6.6.2 按设计坡度平整成倾斜面

为了实现工程用地有目的的排水或在规划范围内按规定方向排水，

常常需要将原地形改造成带有一坡度的倾斜面。一般也可根据挖填平衡的原则进行设计。如图 6.10 所示地形，每一方格面积为 $400m^2$，要求按坡降 $i=0.5\%$由北向南修整成倾斜平面。

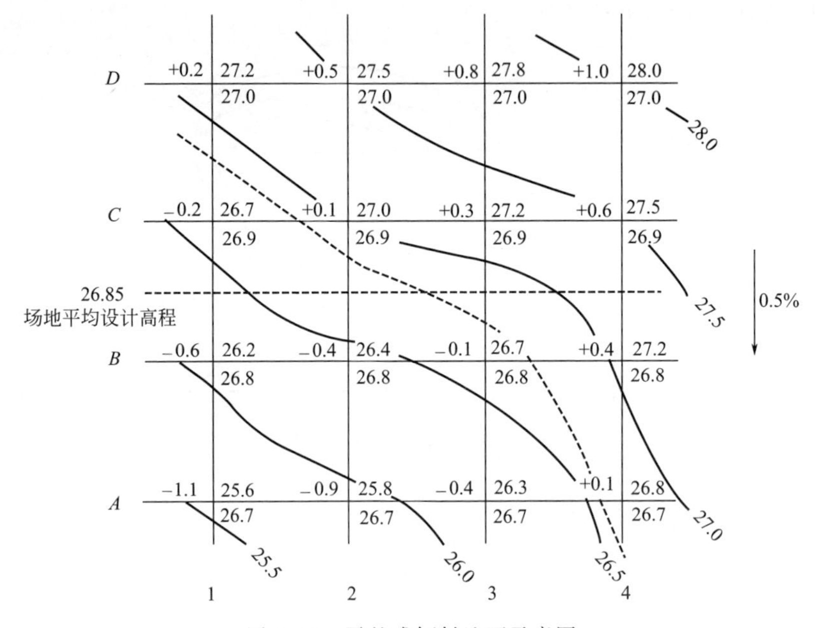

图 6.10 平整成倾斜地面示意图

① 同前面介绍的方法，绘制方格网、内插等高线法求出方格各交点高程（注写在方格交点的右上角）、求算设计高程（注意此处设计高程为场地内中心位置的高程，如本例为 26.85m）。

② 按坡降求出各交点的设计高程并注写在交点的右下角，如

C 方格上的高程为：

$$H_{设}+0.5\times d\times i=26.85+0.5\times 20\times 0.5\%=26.9(m)$$

D 方格上的高程为：

$$H_{设}+1.5d\times i=26.85+1.5\times 20\times 0.5\%=27.0(m)$$

依此类推。

式中，d 为方格边长；0.5 或 1.5 为计算方格离开设计中心的方格边长的倍数。

③ 计算方格交点的挖填高度并注写在交点的左上角。

④ 按比例内插原理用虚线绘出零线。

⑤ 求出挖填土方量。

$$V_{挖}=\frac{400}{4}\times[4\times(0.1+0.3)+2\times(0.5+0.8+0.6+0.4)+(0.2+1.0+0.1)]=750(m^3)$$

$$V_{填}=-\frac{400}{4}\times[4\times(0.4+0.1)+2\times(0.2+0.6+0.9+0.4)+1.1]=-730(m^3)$$

计算结果 $V_{挖}\cong V_{填}$，相对误差为 2.7%<10%，可认为符合“挖、填平衡”的要求。有些情况下，由于计算过程中数据的取舍会造成零线选取不当，影响了挖填方的平衡，这时可按下式进行调整设计高程：

$$修正高程=第一次设计高程+\frac{挖方总量-填方总量}{平整土地的面积}$$

用修正高程再进行挖填高度、开挖边界线土方量计算等，直到符合要求为止。

第7章 施工控制测量

7.1 施工控制网的分类和特点

由于在勘探设计阶段所建立的控制网，是为测图而建立的，有时并未考虑施工的需要，所以控制点的分布、密度和精度，都难以满足施工测量的要求；另外，在平整场地时，大多控制点被破坏。因此施工之前，在建筑场地应重新建立专门的施工控制网。

7.1.1 施工控制网的分类

施工控制网分为施工平面控制网和施工高程控制网两种。

(1) 施工平面控制网 施工平面控制网可以布设成三角网、导线网、建筑方格网和建筑基线四种形式。

① 三角网。对于地势起伏较大，通视条件较好的施工场地，可采用三角网。

② 导线网。对于地势平坦，通视又比较困难的施工场地，可采用导线网。

③ 建筑方格网。对于建筑多为矩形且布置比较规则和密集的施工场地，可采用建筑方格网。

④ 建筑基线。对于地势平坦且又简单的小型施工场地，可采用建筑基线。

(2) 施工高程控制网 施工高程控制网采用水准网。

7.1.2　施工控制网的特点

(1) 控制的范围小，控制点的密度大　相对测图而言，工程施工的地区比较小。因此，控制网所控制的范围也小。例如，对于一般的建设场地，许多都在 $1km^2$ 以下。在这样一个较小的范围内，各种建筑的分布错综复杂，没有较为稠密的控制点，是无法满足施工期间的放样工作的。

(2) 点位布设和精度有特定的要求　施工控制网的主要任务是放样建筑的轴线。点位布设要考虑施工放样的方便。例如工业厂房主轴线定位的精度要求为 2cm；4km 以下的山岭隧道，当相向开挖面贯通时，两中线之间的横向偏差不应超过 10cm。相对于地形测绘的精度要求来说，这样的精度要求是相当高的，因此，施工控制网的精度就应该比较高。

需要注意，并不一定施工控制网的精度均匀，而是要求保证某一方向或几个点的相对位置的高精度。例如桥梁施工控制网要求沿桥轴线方向的高精度，以保证桥轴线长度及墩台定位的精度。

(3) 使用频繁　在施工过程中，控制点常直接用于放样。在建设场地上，标定柱基行列线的矩形控制网的标志，系采用顶面带有金属标板的混凝土桩，用以标定设计的点位，使其坐标为整数，这样可以使经常性的放样工作简化。

(4) 受施工干扰　现代工程的施工，常采用同时交叉作业的方法，这就使得工地上各建筑的施工高度有时相差悬殊，因而妨碍了控制点间的互相通视。施工机械（例如吊车、建筑材料运输机、混凝土搅拌器等）到处都有；施工人员来来往往，也成为阻挡视线的严重障碍。因此，施工控制点的位置应分布恰当，密度也应该较大，以便在工作时可有所选择。

根据以上这些特点，施工控制网的布设应作为整个工程施工设计的一部分。布网时，必须考虑到施工的程序、方法，以及施工场地的布置情况。为了防止控制点的标桩被破坏，所布设的点位应画在施工设计的总平面图上，所有人员应注意保护。

(5) 投影面的选择不同　由于施工放样需要应用控制点之间的实际距离，因此施工控制网的起始边长度不需要投影到平均海水面上。例如工业建设场地上是将施工控制网投影到厂区平均高程面上；有的工程要求起始边长度投影到定线放样精度要求最高的平面上，以保证设备、构件的安装精度。

7.2 坐标系统与坐标转换

7.2.1 坐标系统

(1) 高斯平面直角坐标系 假想一个椭圆柱横套在地球椭球体外并与椭球面上的某一条子午线相切，这条相切的子午线称为中央子午线。在椭球体中心放置一个光源，通过光线将椭球面上一定范围内的物像映射到椭圆柱的内表面上，然后将椭圆柱面沿一条母线剪开并展成平面，即获得投影后的平面图形，如图 7.1 所示。

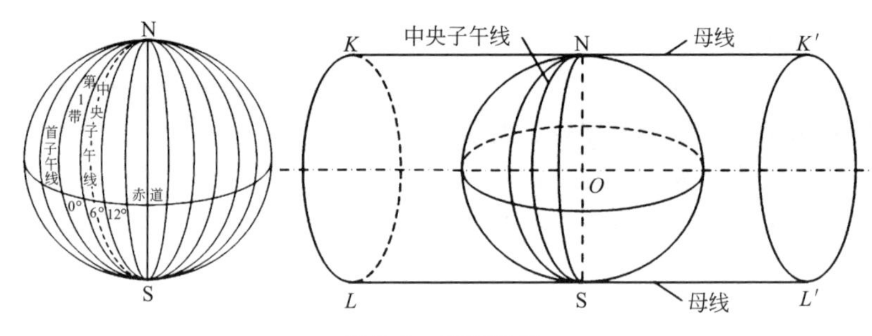

图 7.1 高斯投影

高斯投影是将地球表面按经度自西向东分成不同的带，各带统一编号，如图 7.2 所示。

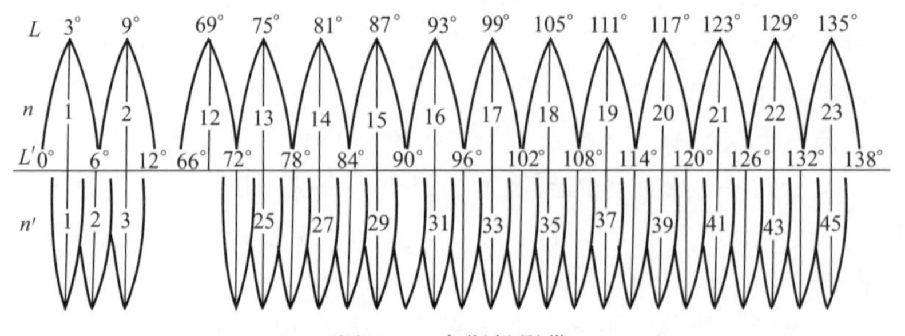

图 7.2 高斯投影带

① 常用分带。基础分带为高斯6°带，在此基础上划分高斯3°带。

每6°分为一个投影带，全球共分为60个投影带，东半球从东经0°～6°为第一带，中央经线为3°，依此类推，投影带号为1～30。

每带的中央子午线经度可用下式计算：

$$L_6=(6n-3)^\circ \tag{7.1}$$

式中 n——6°带的带号。

已知某点大地经度 L，可按下式计算该点所属的带号：

$$n=\frac{L}{6}\text{(的整数)}+1\text{(有余数时)或}0\text{(无余数)} \tag{7.2}$$

3°带是在6°带的基础上划分的，从东经1°30′起，每3°为一带，将全球划分为120个投影带，东经1°30′～4°30′，……，178°30′～西经178°30′，……，1°30′～东经1°30′。东半球有60个投影带，编号1～60，各带中央经线计算公式 $L_0=3^\circ n$，中央经线为3°、6°、……、180°。

其中央子午线在奇数带时与6°带中央子午线重合，每带的中央子午线经度可用下式计算：

$$L_3=3^\circ\times n' \tag{7.3}$$

式中 n'——3°带的带号。

我国领土位于东经72°～136°之间，共包括了13～23共11个6°投影带，24～45共22个3°投影带，见表7.1和表7.2。

表7.1 6°投影分带左、中、右侧经线经度

分带带号	投影分带左侧、中央、右侧经线经度			分带带号	投影分带左侧、中央、右侧经线经度		
	左侧经度/(°)	中央经度/(°)	右侧经度/(°)		左侧经度/(°)	中央经度/(°)	右侧经度/(°)
13	72	75	78	19	108	111	114
14	78	81	84	20	114	117	120
15	84	87	90	21	120	123	126
16	90	93	96	22	126	129	132
17	96	99	102	23	132	135	138
18	102	105	108				

表 7.2 3°投影分带左、中、右侧经线经度

分带带号	投影分带左侧、中央、右侧经线经度			分带带号	投影分带左侧、中央、右侧经线经度		
	左侧经度/(°)	中央经度/(°)	右侧经度/(°)		左侧经度/(°)	中央经度/(°)	右侧经度/(°)
24	70.5	72	73.5	35	103.5	105	106.5
25	73.5	75	76.5	36	106.5	108	109.5
26	76.5	78	79.5	37	109.5	111	112.5
27	79.5	81	82.5	38	112.5	114	115.5
28	82.5	84	85.5	39	115.5	117	118.5
29	85.5	87	88.5	40	118.5	120	121.5
30	88.5	90	91.5	41	121.5	123	124.5
31	91.5	93	94.5	42	124.5	126	127.5
32	94.5	96	97.5	43	127.5	129	130.5
33	97.5	99	100.5	44	130.5	132	133.5
34	100.5	102	103.5	45	133.5	135	136.5

【实例 7.1】 北京市某点东经 116°，试求 6°带和 3°带的带号和中央子午线。

【解算】

按式(7.2) 和式(7.1) 有：

6°带：n＝116/6(的整数商)＋1(有余数时)＝19＋1＝20

$L_6=(6n-3)°=(6\times20-3)°=117°$

3°带：$n'=(117-1.5)/3+1=39$

$L_3=3°\times n'=(3\times39)°=117°$

说明该点位于 6°带的第 20 带中央子午线的西侧，3°带的第 39 带中央子午线的西侧。

② 高斯平面直角坐标系的建立。通过高斯投影，将中央子午线的投影作为纵坐标轴，用 x 表示，向北为正。将赤道的投影作为横坐标轴，用 y 表示，向东为正。两轴的交点作为坐标原点，由此构成的平面直角坐标系称为高斯平面直角坐标系，如图 7.3 所示。

对应于每一个投影带，就有一个独立的高斯平面直角坐标系，区分各带坐标系则利用相应投影带的带号。地面点的平面位置，可用高斯平面直角坐标 x、y 来表示。由于我国位于北半球，x 坐标均为正值，y 坐标则有正有负，如图 7.3 (a) 所示。

为了避免 y 坐标出现负值，规定：

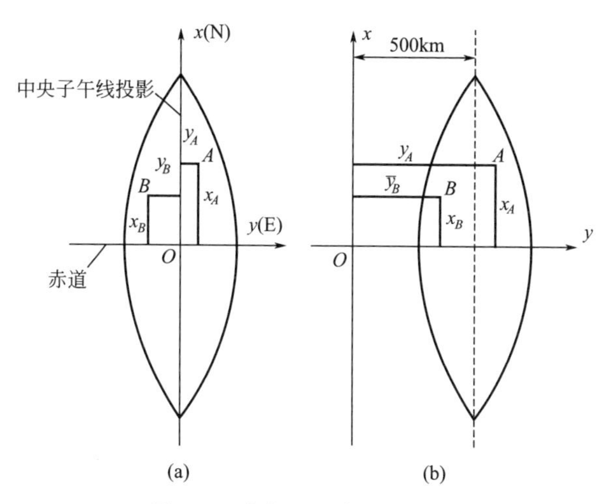

图 7.3　高斯平面直角坐标系

将每带的坐标原点向西移 500km，如图 7.3（b）所示，规定在横坐标值前冠以投影带带号。假定 A、B 两点位于第 20 带，自然坐标为：

$$y_A=+136780\text{m}，y_B=-272440\text{m}$$

纵轴西移后的坐标为：

$$y_A=500000+136780=636780(\text{m})，y_B=500000-272440=227560(\text{m})$$

冠以投影带带号后通用坐标为：

$$y_A=20636780\text{m}，y_B=20227560\text{m}$$

(2) 独立平面直角坐标系　在小区域内进行测量时，将地表一小块当作平面看待。将坐标原点选在测区的西南角，使测区内各点的左边均为正值，以该地区中心子午线为 x 轴，北方向为其正方向，过原点与 x 轴垂直的为 y 轴，向东为正方向。

在这样的水平面上建立起平面直角坐标系，则点的平面位置就可用该点在平面直角坐标系中的直角坐标（x，y）来表示。

在测量学中，平面直角坐标系的纵横坐标安排与数学中坐标系不同，它以南北方向为 x 轴，向北为正；而以东西方向为 y 轴，向东为正。象限顺序按顺时针方向排列，如图 7.4 所示。这种安排与笛卡儿坐标系的坐标轴和象限顺序正好相反。这是因为在测量中南北方向是最重要的基本方向，直线的方向也都是从正北方向开始按顺时针方向计量的，但这种改变并不影响三角函数的应用。

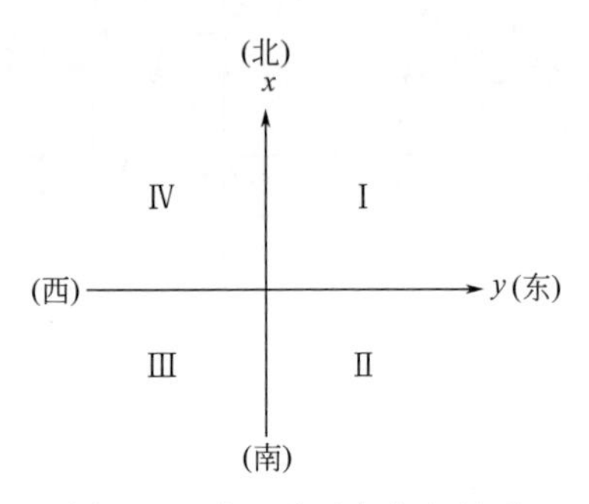

图 7.4 独立平面直角坐标系

注意

测量与数学坐标系的区别在于坐标轴互换，象限顺序相反，目的是为了测量工作中的方便，使数学中的三角公式直接应用到测量上的方向和坐标计算，而不需作任何变更。

(3) **建筑坐标系** 亦称工程坐标系，是独立的坐标系，纵轴通常用 A 表示，横轴用 B 表示。

施工坐标系的 A 轴和 B 轴应与主要建筑或主要道路、管线方向平行，坐标原点设在总平面图的西南角，以使所有建筑的设计坐标均为正值，便于施工测设。施工坐标系与国家测量坐标系之间的关系，可用施工坐标系原点的测量系坐标来确定。

注意

建筑坐标系和高斯坐标系的互换：这两种坐标系同为直角坐标系，存在以下不同点：一是原点不同，二是坐标轴间存在一个夹角，可利用坐标平移和旋转进行两种坐标之间的互换。

7.2.2　坐标正、反算（附视频）

扫码看视频

坐标正反算

(1) 坐标正算　如图 7.5 所示，A 为已知点，B 为未知点，已知 A、B 两点的水平距离 D_{AB} 和方位角 α_{AB}，可以计算 B 点坐标。

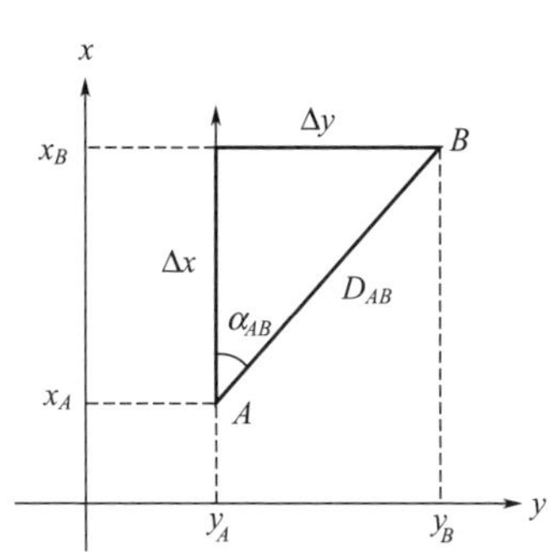

图 7.5　坐标正算与反算

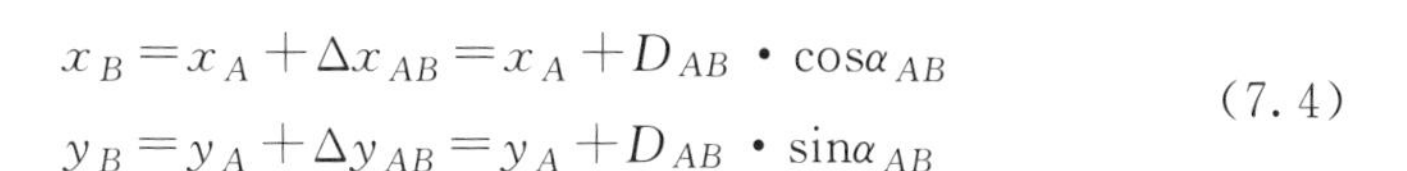

$$
\begin{aligned}
x_B &= x_A + \Delta x_{AB} = x_A + D_{AB} \cdot \cos\alpha_{AB} \\
y_B &= y_A + \Delta y_{AB} = y_A + D_{AB} \cdot \sin\alpha_{AB}
\end{aligned}
\tag{7.4}
$$

(2) 坐标反算　如图 7.5 所示，A、B 均为已知点，求 A、B 两点的水平距离 D_{AB} 和方位角 α_{AB}。

$$
\alpha_{AB} = \arctan \frac{y_B - y_A}{x_B - x_A} = \arctan \frac{\Delta x_{AB}}{\Delta y_{AB}} \tag{7.5}
$$

$$
D_{AB} = \sqrt{(x_B - x_A)^2 + (y_B - y_A)^2} \tag{7.6}
$$

注意

式(7.5) 的左边是坐标方位角，变化范围：0°～360°，公式右边是反正切函数，变化范围：－90°～＋90°。

因此，式(7.6) 计算的角度需要经过转化才是方位角，其转换关系见表 7.3。

表 7.3 方位角转换关系

象限	方位角 α	Δx	Δy	换算公式
Ⅰ	0°～90°	+	+	$\alpha=\arctan(\Delta y/\Delta x)$
Ⅱ	90°～180°	−	+	$\alpha=\arctan(\Delta y/\Delta x)+180°$
Ⅲ	180°～270°	−	−	$\alpha=\arctan(\Delta y/\Delta x)+180°$
Ⅳ	270°～360°	+	−	$\alpha=\arctan(\Delta y/\Delta x)+360°$

7.2.3 坐标转换

建筑总平面图上建筑的布置一般采用测量坐标系，而建筑的轴线、各部分放样等采用施工坐标系，两者不一致，需要换算。

(1) 确定主点的施工坐标 建筑方格网的主轴线是建筑方格网扩展的基础。当主轴线很长，一般只测设其中的一段，主轴线的定位点，称主点。主点的施工坐标一般由设计单位给出，也可在总平面图上用图解法求得一点的施工坐标后，再按主轴线的长度推算其他主点的施工坐标。

(2) 求算主点的测量坐标 当施工坐标系与国家测量坐标系不一致时，在施工方格网测设之前，应把主点的施工坐标换算为测量坐标，以便求算测设数据。

(3) 转换公式 如图 7.6 所示，两者之间存在如下基本关系。

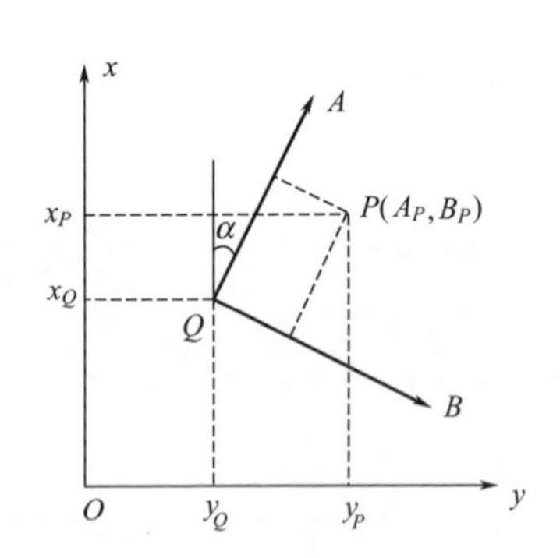

图 7.6 施工与测量坐标的关系

施工坐标换算成测量坐标：

$$x_P=x_Q+A_P\cos\alpha-B_P\sin\alpha \tag{7.7}$$

$$y_P=y_Q+A_P\sin\alpha+B_P\cos\alpha \tag{7.8}$$

测量坐标换算成施工坐标：

$$A_P=(x_P-x_Q)\cos\alpha+(y_P-y_Q)\sin\alpha \tag{7.9}$$

$$B_P=(x_P-x_Q)\sin\alpha+(y_P-y_Q)\cos\alpha \tag{7.10}$$

(4) 两坐标轴夹角　从图 7.6 可以看出，两坐标轴夹角为测量坐标系纵轴顺时针旋转到建筑坐标系纵轴的角度。

如图 7.7 所示，线段 EF 在测量坐标系中的方位角为 θ，在建筑坐标系中方位角为 φ，明显有关系式：

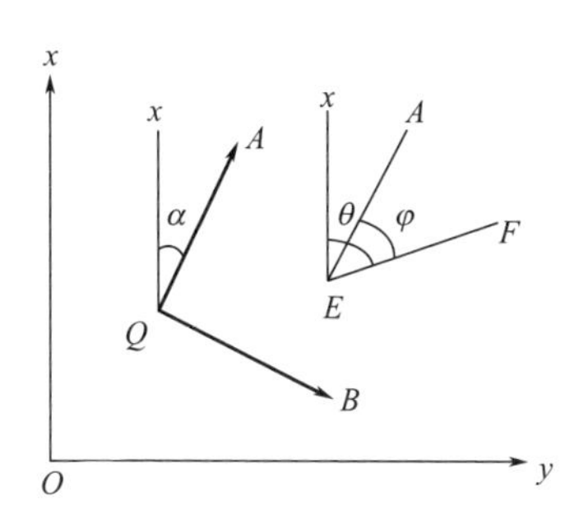

图 7.7　两坐标轴夹角关系

$$\alpha=\theta-\varphi \tag{7.11}$$

(5) 计算方法　分别有利用式(7.7)～式(7.10)直接计算的公式法；利用可编程计算器进行计算的计算器法以及 Excel 计算法等。

【实例 7.2】　图 7.8 为建筑轴线示意图，已知 E、D 两点测量坐标。

E 点：$x_E=18122.126$，$y_E=101805.573$；

D 点：$x_D=18122.972$，$y_D=101831.379$。

D 至 E 的距离是 25.82m，D 至 C 的距离是 41.41m。以 F 为建筑坐标系的原点，FE 为纵轴方向，FC 为横轴方向。求：F、C、E、D 各点的建筑坐标及测量坐标。

【解算】

① 求两坐标轴的夹角。使用式(7.5)及式(7.11)进行坐标转换的

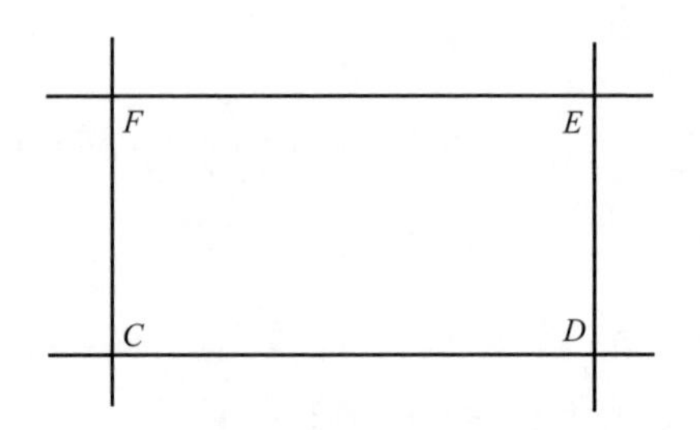

图 7.8 建筑轴线示意图

关键是找到两个坐标系之间的夹角。

显然，ED 建筑坐标方位角：$\varphi=90°00'00''$

ED 测量坐标方位角：

$$\theta=\arctan\frac{y_D-y_E}{x_D-x_E}=\arctan\frac{101831.379-101805.573}{18122.972-18122.126}=30.504$$

所以，$\theta=88°07'21''$

因此，两坐标轴夹角为：$\alpha=\theta-\varphi=88°07'21''-90°00'00''=-1°52'39''$

② 求各点的建筑坐标。因为图 7.8 中各边为建筑轴线，相互垂直，所以建筑坐标极易求得，见表 7.4。

③ 求建筑坐标原点 F 的测量坐标。将 D（或 E）点看作式(7.7)、式（7.8）中的 P 点，代入公式可以求得 F 点（公式中的 Q 点）坐标。

$$18122.972=x_F+41.410\times\cos(-1°52'39'')-25.820\times\sin(-1°52'39'')$$

$$101831.379=y_F+41.410\times\sin(-1°52'39'')+25.820\times\cos(-1°52'39'')$$

解该方程组得：$x_F=18080.738$，$y_F=101806.930$

④ 计算其他点的测量坐标

$$x_C=18080.738+0.000\times\cos(-1°52'39'')-25.820\times\sin(-1°52'39'')$$
$$=18081.584$$

$$y_C=101806.930+0.000\times\sin(-1°52'39'')+25.820\times\cos(-1°52'39'')$$
$$=101832.736$$

各点计算结果见表 7.4。

表 7.4　建筑坐标与测量坐标的转换

点号	建筑坐标		测量坐标		备注
	纵坐标 A	横坐标 B	纵坐标 x	横坐标 y	
C	0.000	25.820	18081.584	101832.736	
D	41.410	25.820	18122.972	101831.379	
E	41.410	0.000	18122.126	101805.573	
F	0.000	0.000	18080.738	101806.930	建筑坐标原点

7.3　导线网

7.3.1　导线网的技术要求与布设形式（附视频）

（1）导线网的布设形式　在通视条件较差的地区，平面控制大多采用导线测量。导线测量是在地面上按照一定的要求选定一系列的点（导线点），将相邻点连成直线而形成的几何图形，导线测量是依次测定各折线边（导线边）的长度和各转折角（导线角），根据起算数据，推算各边的坐标方位角，从而求出各导线点的坐标。

导线概述

导线的布设形式

① 闭合导线。如图 7.9 所示，从已知控制点 A 和已知方向 BA 出发，经过 1、2、3、4 最后仍回到起点 A，形成一个闭合多边形。闭合导线本身存在着严密的几何条件，具有检核作用。

② 支导线。由一已知点和已知方向出发，既不附合到另一已知点，又不回到原起始点的导线。支导线缺乏必要的检核条件，因此，导线点一般不允许超过两个。如图 7.10 所示，B 为已知控制点。

③ 附合导线。如图 7.11 所示，导线从已知控制点 B 和已知方向

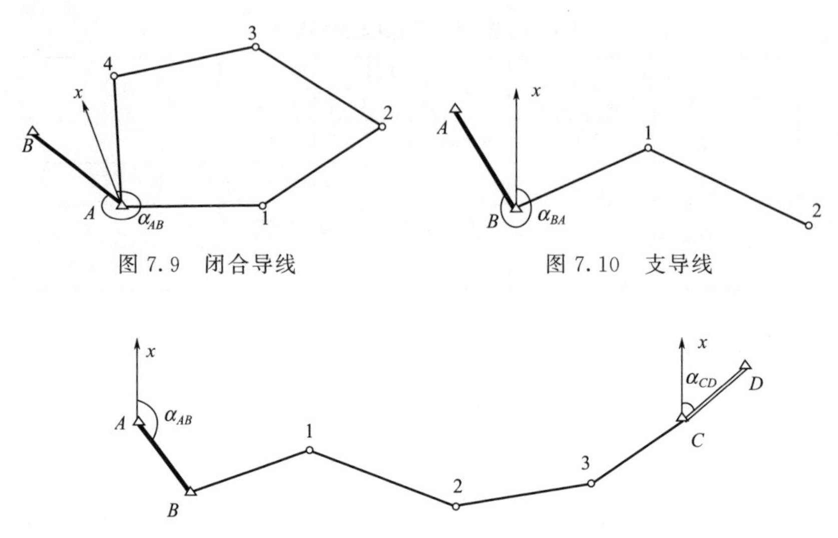

图 7.9 闭合导线

图 7.10 支导线

图 7.11 附合导线

BA 出发，经过 1、2、3 点，最后附合到另一已知点 C 和已知方向 CD 上，这样的导线称为附合导线。这种布设形式，具有检核观测成果的作用。

(2) 导线网的技术要求 《工程测量规范》(GB 50026—2016) 对导线测量的主要技术要求规定见表 7.5。

表 7.5 导线测量的主要技术要求规定

等级	导线长度/km	平均边长/km	测角中误差/(″)	测距中误差/mm	测距相对中误差	测回数			角度闭合差/(″)	相对闭合差
						DJ_1	DJ_2	DJ_6		
三等	14	3	±1.8	±20	≤1/150000	6	10	—	$3.6\sqrt{n}$	≤1/55000
四等	9	1.5	±2.5	±18	≤1/80000	4	6	—	$5\sqrt{n}$	≤1/35000
一级	4	0.5	±5	±15	≤1/30000	—	2	4	$10\sqrt{n}$	≤1/15000
二级	2.4	0.25	±8	±15	≤1/14000	—	1	3	$16\sqrt{n}$	≤1/10000
三级	1.2	0.1	±12	±15	≤1/7000	—	1	2	$24\sqrt{n}$	≤1/5000

注：表中 n 为测站数。

7.3.2 导线网的外业工作(附视频)

(1) 导线网的布设 应符合下列规定。

① 导线网用作测区的首级控制时，应布设成环形网，且宜联测 2 个已知方向。

② 加密网可采用单一附合导线或结点导线网形式。

③ 结点间或结点与已知点间的导线段宜布设成直伸形状，相邻边长不宜相差过大，网内不同环节上的点也不宜相距过近。

(2) 勘选点及建立标志 以下几点是选点的基本准则。

① 点位应选在土质坚实、稳固可靠、便于保存的地方，视野应相对开阔，便于加密、扩展和寻找。

② 相邻点之间应通视良好，其视线距障碍物的距离，三、四等不宜小于 1.5m；四等以下宜保证便于观测，以不受折光影响为原则。

③ 当采用电磁波测距时，相邻点之间视线应避开烟囱、散热塔、散热池等发热体及强电磁场。

④ 相邻两点之间的视线倾角不宜过大。

⑤ 应充分利用旧有控制点。

首先要根据测量的目的、测区的大小以及测图比例尺来确定导线的等级，然后再到测区内踏勘，根据测区的地形条件确定导线的布设形式，还要尽量利用已知的成果来确定布点方案。选定点位时，还应注意以下几点技术要求：

① 相邻导线点间应通视良好，以便测角、量边；

② 点位应选在土质坚硬，便于保存标志和安置仪器的地方；

③ 视野开阔，便于碎部测量和加密图根点；

④ 导线边长应均匀，避免较悬殊的长边与短边相邻；

⑤ 点位分布要均匀，符合密度要求。

(3) 水平角测量 应满足以下规定。

① 水平角观测宜采用方向观测法，并符合下列规定。

a. 方向观测法的技术要求，不应超过表 7.6 的规定。

表 7.6 水平角测量方向观测法的技术要求

等级	仪器精度等级	光学测微器两次重合读数之差/(″)	半测回归零差/(″)	一测回内 $2c$ 互差/(″)	同一方向值各测回较差/(″)
四等及以上	1″级仪器	1	6	9	6
	2″级仪器	3	8	13	9
一级及以下	2″级仪器	—	12	18	12
	6″级仪器	—	18	—	24

b. 当观测方向不多于 3 个时，可不归零。

c. 当观测方向多于 6 个时，可进行分组观测。分组观测应包括两个共同方向（其中一个为共同零方向）。其两组观测角之差，不应大于同等级测角中误差的 2 倍。分组观测的最后结果，应按等权分组观测进行测站平差。

d. 水平角的观测值应取各测回的平均数作为测站成果。

e. 各测回间应配置度盘。

光学经纬仪、编码式测角法和增量式测角法全站仪（或电子经纬仪）在进行方向多测回观测时，应配置度盘。采用动态式测角系统的全站仪或电子经纬仪不需进行度盘配置。

1″级光学经纬仪方向观测法观测测回数为 12、9、6、4。度盘配置要求为：

观测测回数为 12 时，第 1 测回度盘配置为 00°00′05″，第 n 测回度盘配置为 00°00′05″+(n−1)×(15°04′10″)；

观测测回数为 9 时，第 1 测回度盘配置为 00°00′07″，第 n 测回度盘配置为 00°00′07″+(n−1)×(20°04′13″)；

观测测回数为 6 时，第 1 测回度盘配置为 00°00′10″，第 n 测回度盘配置为 00°00′10″+(n−1)×(30°04′20″)；

观测测回数为 4 时，第 1 测回度盘配置为 00°00′15″，第 n 测回度盘配置为 00°00′15″+(n−1)×(45°04′30″)。

2″级光学经纬仪方向观测法观测测回数为 9、6、3、2。度盘配置要求为：

观测测回数为 9 时，第 1 测回度盘配置为 00°00′33″，第 n 测回度盘配置为 00°00′33″+(n−1)×(20°11′07″)；

观测测回数为 6 时，第 1 测回度盘配置为 00°00′50″，第 n 测回度盘配置为 00°00′50″+(n−1)×(30°11′40″)；

观测测回数为 3 时，第 1 测回度盘配置为 00°01′40″，第 2 测回度盘配置为 60°15′00″，第 3 测回度盘配置为 120°28′20″；

观测测回数为 2 时，第 1 测回度盘配置为 00°02′30″，第 2 测回度盘配置为 90°17′30″。

② 水平角观测所使用的全站仪、电子经纬仪和光学经纬仪，应符合下列相关规定。

a. 照准部旋转轴正确性指标：管水准器气泡或电子水准器长气泡

在各位置的读数较差，1″级仪器不应超过 2 格，2″级仪器不应超过 1 格，6″级仪器不应超过 1.5 格。

b. 光学经纬仪的测微器行差及隙动差指标：1″级仪器不应大于 1″，2″级仪器不应大于 2″。

c. 水平轴不垂直于垂直轴之差指标：1″级仪器不应超过 10″，2″级仪器不应超过 15″，6″级仪器不应超过 20″。

d. 补偿器的补偿要求，在仪器补偿器的补偿区间，对观测成果应能进行有效补偿。

e. 垂直微动旋转使用时，视准轴在水平方向上不产生偏移。

f. 仪器的基座在照准部旋转时的位移指标：1″级仪器不应超过 0.3″，2″级仪器不应超过 1″，6″级仪器不应超过 1.5″。

g. 光学（或激光）对中器的视轴（或射线）与竖轴的重合度不应大于 1mm。

③ 水平角观测误差超限时，应在原来度盘位置上重测，并应符合下列规定。

a. 一测回内 $2c$ 互差或同一方向值各测回较差超限时，应重测超限方向，并联测零方向。

b. 下半测回归零差或零方向的 $2c$ 互差超限时，应重测该测回。

c. 若一测回中重测方向数超过总方向数的 1/3 时，应重测该测回。当重测的测回数超过总测回数的 1/3 时，应重测该站。

④ 水平角观测的测站作业，应符合下列规定。

a. 仪器或反光镜的对中误差不应大于 2mm。

b. 水平角观测过程中，气泡中心位置偏离正确中心宜超过 1 格。四等及以上等级的水平角观测，当观测方向的垂直角超过 ±3°的范围时，宜在测回间重新整平。

c. 如受外界因素（如振动）的影响，仪器的补偿器无法正常工作或超出补偿器的补偿范围时，应停止观测。

d. 当测站或照准目标偏心时，应在水平角观测前或观测后测定归心元素。测定时，投影示误三角形的最长边，对于标石、仪器中心的投影不应大于 5mm，对于照准标志中心的投影不应大于 10mm。投影完毕后，除标石中心外，其他各投影中心均应描绘两个观测方向。角度元素应量至15′，长度元素应量至1mm。

(4) 边长的测量 导线边长可用测距仪（或全站仪）直接测定，也可用钢尺丈量。测距仪或全站仪的测量精度较高。钢尺丈量时，应用检定过的钢尺按精密丈量方法进行往返丈量。

① 各等级控制网边长测距的主要技术要求应符合表7.7的规定。

表7.7 各等级控制网边长测距的主要技术要求

平面控制网等级	仪器精度等级	每边测回数		一测回读数较差/mm	单程各测回较差/mm	往返测距较差/mm
		往	返			
三等	5mm级仪器	3	3	≤5	≤7	≤2(a+bD)
	10mm级仪器	4	4	≤10	≤17	
四等	5mm级仪器	2	2	≤5	≤7	
	10mm级仪器	3	3	≤10	≤15	
一级	10mm级仪器	2	—	≤10	≤15	—
二、三级	10mm级仪器	1	—	≤10	≤15	

② 普通钢尺量距的主要技术要求应符合表7.8的规定。

表7.8 普通钢尺量距的主要技术要求

等级	边长量距较差相对误差	作业尺数	量距总次数	定线最大偏差/mm	尺段高差较差/mm	读定次数	估读值至/mm	温度读数值至/℃	同尺各次或同段各尺的较差/mm
二级	1/20000	1～2	2	50	≤10	3	0.5	0.5	≤2
三级	1/10000	1～2	2	70	≤10	2	0.5	0.5	≤3

③ 测距作业，应符合下列规定。

a. 测站对中误差和反光镜对中误差不应大于2mm。

b. 当观测数据超限时，应重测整个测回，如观测数据出现分群时，应分析原因，采取相应措施重新观测。

c. 四等及以上等级控制网的边长测量，应分别量取两端点观测始末的气象数据，计算时应取平均值。

d. 测量气象元素的温度计宜采用通风干湿温度计，气压表宜选用高原型空盒气压表；读数前应将温度计悬挂在离开地面和人体1.5m以外阳光不能直射的地方，且读数精确至0.2℃；气压表应置平，指针不应滞阻，且读数精确至50Pa。

e. 每日观测结束，应对外业记录进行检查。当使用电子记录时，应保存原始观测数据，打印输出相关数据和预先设置的各项限差。

(5) 测定连接角或方位角 如图7.12所示，当导线需要与高级控制点或同级已知坐标点间接连接时，还必须测出连接角 α、β 和连接边 $DB1$，以便传递坐标方位角和 B 点的平面坐标。若单独进行测量时可建立独立的假定坐标系，需要测量起始边的方位角。方位角可采用罗盘仪进行测量。

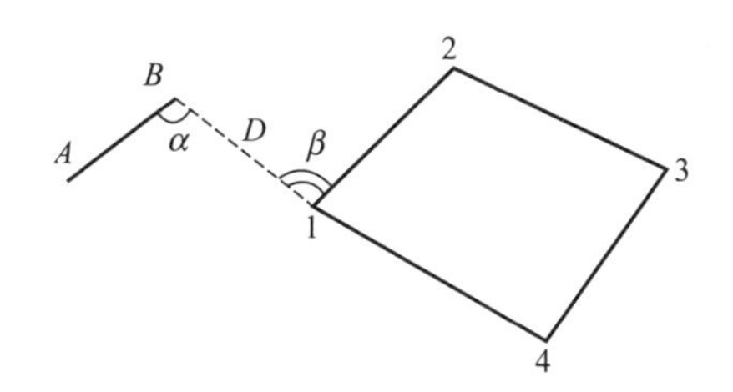

图 7.12　导线连测

7.3.3　闭合导线测量的内业计算（附视频）

导线测量的内业计算是根据外业边长的测量值、内角或转折角观测值及已知起算数据或起始点的假定数据推算导线点坐标值。为了保证计算的正确性，首先应绘出导线草图，把检核后的外业测量数据及起算数据注记在草图上，并填写在计算表格中。

闭合导线的内业计算

坐标正算

导线计算的目的是计算各导线点的坐标，计算的手段是相邻导线点的坐标增量，计算的重点是误差的分配，计算工作需要仔细。

分角度闭合差计算与调整、导线边坐标方位角的推算、相邻导线点之间的坐标增量计算、坐标增量闭合差的计算与调整、导线闭合坐标的计算等几个步骤进行。

【实例 7.3】 如图 7.13 所示，为一闭合导线外业观测成果草图，外业观测数据和已知点起算数据已在图上标明，试进行内业成果核算。

【解算】

(1) 校核外业数据 保证外业观测数据的正确性。

① 认真核对外业数据，绘制草图与成果核算表格，填写外业观测数据；

② 根据外业观测数据，绘制外业成果草图如图 7.13 所示；

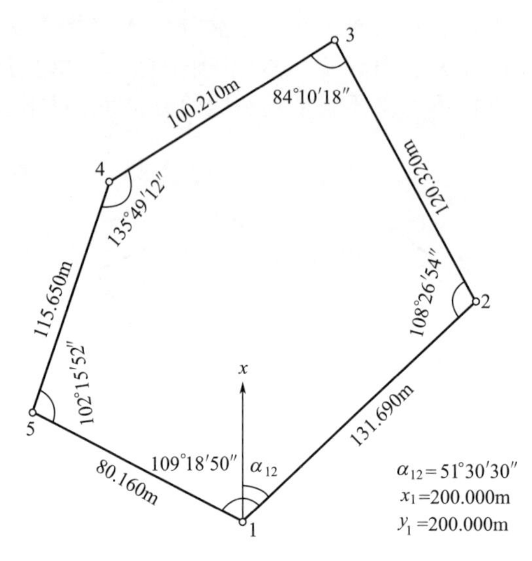

图 7.13 闭合导线外业观测成果草图

③ 绘制内业成果核算表格，见表 7.9；

④ 将校核过的外业观测数据填入相应栏内，如第 2 和第 6 列数据；

⑤ 把起算数据填入相应位置，加下划线表示。

(2) 角度闭合差的计算与调整 闭合导线是一个闭合的多边形，n 边形内角和应满足的条件如下。

$$\sum\beta_{理}=(n-2)\times180°=(5-2)\times180°=540°00'0\ 0''$$

由于观测角存在误差，使实测内角总和$\sum\beta_{测}$不等于理论内角总和$\sum\beta_{理}$。其差值称为闭合导线的角度闭合差，以 f_β表示，即：

$$f_\beta=\sum\beta_{测}-\sum\beta_{理}=\sum\beta_{测}-(n-2)\times180° \tag{7.12}$$

$$\sum\beta_{测}=109°18'50''+108°26'54''+84°10'18''+135°49'12''+102°15'52''$$
$$=540°00'106''$$
$$f_\beta=\sum\beta_{测}-\sum\beta_{理}=540°01'06''-540°00'00''=+66''$$

导线的角度闭合差容许值为：

$$f_{\beta允}=\pm k\sqrt{n} \tag{7.13}$$

表 7.9 闭合导线坐标计算表

点号	观测角/(″)	改正数/(″)	改后角/(° ′ ″)	坐标方位角/(° ′ ″)	边长/m	坐标增量计算						x/m	y/m	点号
						计算 Δx/m	改正数/mm	改后 Δx/m	计算 Δy/m	改正数/mm	改后 Δy/m			
1	2	3	4	5	6	7	8	9	10	11	12	13	14	15
1												200.000	200.000	1
				51 30 30	131.690	81.964	+43	82.007	103.074	−16	103.058			
2	108 26 54	−13	108 26 41									282.007	303.058	2
				339 57 11	120.320	113.030	+39	113.069	−41.244	−14	−41.258			
3	84 10 18	−13	84 10 05									395.076	261.800	3
				244 07 16	100.210	−43.739	+32	−43.707	−90.161	−12	−90.173			
4	135 49 12	−13	135 48 59									351.369	171.627	4
				199 56 15	115.650	−108.719	+38	−108.681	−39.436	−14	−39.450			
5	102 15 52	−13	102 15 39									242.688	132.177	5
				122 11 54	80.160	−42.713	+25	−42.688	67.832	−9	67.823			
1	109 18 50	−14	109 18 36									200.000	200.000	1
				51 30 30										
														2
Σ	540 01 06	−66	540 00 00		548.030	−0.177	+177	0	+0.065	−65	0			
辅助计算	$f_\beta=\sum\beta_{测}-\sum\beta_{理}=+66''$ $f_D=0.189$					$f_{\beta容}=\pm60''\sqrt{n}=\pm60''\sqrt{5}=134''>66''=f_\beta$ 满足（等外） $K=f_D/\sum D_i=1/2900<1/2000$ 合格（等外）								

注：有双下划线数据为已知数据，有单下划线数据为观测数据。

式中 k——根据工程性质和重要程度的不同进行选取，等级不同，其值亦变。

当$|f_\beta|\leqslant|f_{\beta允}|$时，说明角度的测量结果满足精度要求，可以对角度闭合差进行调整，调整的方法是按相反的符号平均分配到各内角观测值中。

即每个观测角的改正数应为：

$$v_\beta=-\frac{f_\beta}{n} \tag{7.14}$$

改正后的内角等于观测的内角与改正数之和，且满足所有改正后的内角总和等于理论值，即$\sum\beta_{改}=\sum\beta_{理}$。

$$v_\beta=-\frac{f_\beta}{n}=-\frac{66''}{5}=-13.2''$$

v_β 取整数，多余的秒数分配给与短边相邻的观测角，如观测角 1 与最短边相邻，则其改正数多分配了 1″。

检核一：水平角改正数之和应与角度闭合差大小相等、符号相反，即：

$$\sum v_\beta=-f_\beta$$

(3) 计算改正后角值 改正后的水平角 $\beta_{i改}$ 等于所测水平角加上水平角改正数，例如：

$$\beta_{1改}=\beta_1+v_{\beta1}=108°26'54''+(-13'')=108°26'41''$$

依此类推。

检核二：改正后角值之和等于导线内角理论值之和，此例为 540°00′00″,即

$$\sum\beta_{i改}=\sum\beta_{理}$$

将以上计算数据填入表 7.9 第 4 列内。

(4) 导线边坐标方位角的推算 根据已知边坐标方位角和调整后的角值，可按方位角的计算公式计算导线各边坐标方位角。

$$\alpha_{后}=\alpha_{前}\pm180°\pm\beta_{改} \tag{7.15}$$

式中 $\alpha_{前}$，$\alpha_{后}$——分别为相邻导线前、后边的坐标方位角；

$\beta_{改}$——改正后的内角，其前的符号按照“顺减逆加”，顺时针方向计算时，取“－”号，逆时针方向计算时，取“＋”号。

计算按下列各式，这样方便检查：

α_{12}	=		51	30	30	
		+	108	26	41	2点内角,不能用1点内角
		+	180			前两项之和小于180°,选择“+”号
α_{23}	=		339	57	11	
		+	84	10	05	图形为顺时针编号,要加内角
		−	180			前两项之和大于180°,选择“−”号
α_{34}	=		244	07	16	
		+	135	48	59	
		−	180			
α_{45}	=		199	56	15	
		+	102	15	39	
		−	180			
α_{51}	=		122	11	54	
		+	109	18	36	
		−	180			
α_{12}	=		51	30	30	与已知相同,说明中间计算无误

将以上计算值填入表7.9第5列内。

检核三：最后推算出起始边坐标方位角α'_{12}，它应与原有的起始边已知坐标方位角α_{12}相等，否则应重新检查计算。

(5) 相邻导线点之间的坐标增量计算 坐标增量为相邻两导线点的同名坐标值之差，有纵坐标增量Δx与横坐标增量Δy。如图7.14所示，容易看出，B点对于A点坐标增量为：

$$\Delta x = D_{AB}\cos\alpha_{AB} \tag{7.16}$$

$$\Delta y = D_{AB}\sin\alpha_{AB} \tag{7.17}$$

例如：

$$\Delta x_{12} = D_{12}\cos\alpha_{12} = 131.690 \times \cos 51°30'30'' = 81.964$$

$$\Delta y_{12} = D_{12}\sin\alpha_{12} = 131.690 \times \sin 51°30'30'' = 103.074$$

依此类推。将以上计算值填入表7.9第7、10列内。

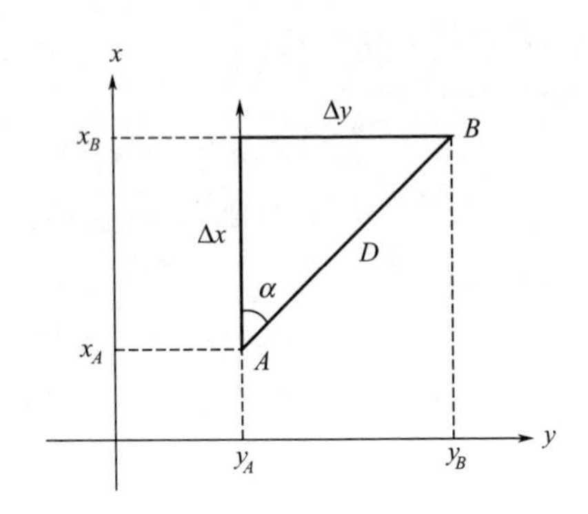

图 7.14 坐标增量计算简图

(6) 坐标增量闭合差的计算与调整 闭合导线的纵、横坐标增量代数和在理论上应该等于零，即：$\sum\Delta x=0$，$\sum\Delta y=0$。

① 坐标增量。由于测角、量边的误差存在，计算出来的纵、横坐标增量代数和不等于零，其值即为纵、横坐标增量的闭合差，分别计为 f_x、f_y，则：

$$f_x=\sum\Delta x \tag{7.18}$$

$$f_y=\sum\Delta y \tag{7.19}$$

② 计算全导线绝对闭合差。纵、横坐标增量的闭合差只说明了在两个垂直方向上的精确度，无法表达导线全长的精确度，因此在导线测量中，导线全长绝对闭合差 f_D 常用导线全长相对闭合差 K 来衡量其精度。

$$f_D=\sqrt{f_x^2+f_y^2} \tag{7.20}$$

$$K=\frac{f_D}{\sum D_i} \tag{7.21}$$

式中 $\sum D_i$——导线总和。

导线的全长相对闭合差的限差按表 7.5 进行选取。若没有达到要求，则应进行检查计算，若计算无误，因为角度测量结果已经符合精度要求，所以相对误差仍不满足精度要求，则边长需要重测。

③ 计算闭合差改正数。坐标增量闭合差 f_x、f_y 的调整方法是：按与导线的边长成正比反号的原则分配到各坐标增量中，即：

$$\delta x_{AB}=-f_x\times\frac{D_{AB}}{\sum D_i} \tag{7.22}$$

$$\delta y_{AB}=-f_y\times\frac{D_{AB}}{\sum D_i} \tag{7.23}$$

$$\delta x_{12}=-f_x\times\frac{D_{12}}{\sum D_i}=-(-0.177)\times\frac{131.690}{540.030}=+43(\text{mm})$$

$$\delta y_{12}=-f_y\times\frac{D_{12}}{\sum D_i}=-0.065\times\frac{131.690}{540.030}=-16(\text{mm})$$

依此类推。将计算数据填入表 7.9 第 8、11 列中。

检核四：纵坐标改正数之和与纵坐标误差大小相等、符号相反，横坐标改正数之和与横坐标误差大小相等、符号相反。即：

$$\sum v_x=-f_x$$

$$\sum v_y=-f_y$$

$$\sum v_x=-f_x=+0.177\text{m}=177\text{mm}$$
$$\sum v_y=-f_y=-0.065\text{m}=-65\text{mm}$$

检核五：改正后的纵坐标增量之代数和为 0，改正后的横坐标增量之代数和为 0。

(7) 计算改正后坐标增量 坐标增量与改正数之代数和得到正确的纵横坐标增量。

$$\Delta x_i+v_{xi}=\Delta x_{改}$$
$$\Delta y_i+v_{yi}=\Delta y_{改}$$
$$\Delta x_{1改}=\Delta x_1+v_{x1}=81.964+(+0.043)=82.007\ (\text{m})$$
$$\Delta y_{1改}=\Delta y_1+v_{y1}=103.074+(-0.016)=103.058\ (\text{m})$$

依此类推。将计算数据填入表 7.9 第 9、12 列中。

(8) 导线闭合坐标的计算 各导线点的坐标是根据已知点的坐标值及调整后的坐标增量 $\Delta x'$、$\Delta y'$逐点推算的，如图 7.14 所示，有：

$$x_B=x_A+\Delta x_{AB改} \tag{7.24}$$
$$y_B=y_A+\Delta y_{AB改} \tag{7.25}$$

例如：

$$x_2=x_1+\Delta x_{12改}=200.000+82.007=282.007(\text{m})$$

$$y_2=y_1+\Delta y_{12改}=200.000+103.058=303.058(\text{m})$$

依此类推。将计算数据填入表 7.9 第 13、14 列中。

检核六：推算出 1 点坐标 x_1'、y_1'与已知的 1 点坐标 x_1、y_1 相等。

7.3.4 附合导线测量的内业计算（附视频）

与闭合导线计算的过程完全一致，只是个别处的计算方法略有区别。通过实例重点介绍不同点。

【实例 7.4】 如图 7.15 所示，为一附合导线外业观测成果草图，已知数据和观测数据已在图上标明，试进行内业成果核算。

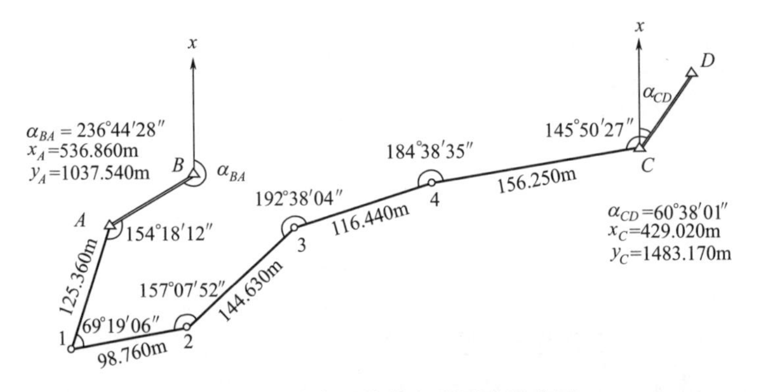

图 7.15 附合导线外业观测成果草图

【解算】

(1) 角度闭合差的计算与调整 如图 7.15 所示附合导线，AB 和 CD 为高级控制边，其坐标方位角 α_{BA} 和 α_{CD} 已知。根据起始边 AB 的坐标方位角和观测的左角 $\beta_{左}$ 推算出终边 CD 的坐标方位角 α_{CD}'：

$$\alpha_{A1}=\alpha_{BA}+\beta_B\pm180°$$

$$\alpha_{12}=\alpha_{A1}+\beta_1\pm180°$$

$$\alpha_{23}=\alpha_{12}+\beta_2\pm180°$$

$$\alpha_{34}=\alpha_{23}+\beta_3\pm180°$$

$$\alpha_{4C}=\alpha_{34}+\beta_4\pm180°$$

$$+)\alpha'_{CD}=\alpha_{4C}+\beta_C\pm180^\circ$$

合并以上六个算式，得：

$$\alpha'_{CD}=\alpha_{BA}+\sum\beta\pm6\times180^\circ$$

同理，根据观测角可进一步推导出附合导线方位角推算通用公式为：

$$\alpha'_{终}=\alpha_{始}+\sum_{i=1}^{n}\beta_{左}\pm n\times180^\circ \tag{7.26}$$

$$\alpha'_{终}=\alpha_{始}-\sum_{i=1}^{n}\beta_{右}\pm n\times180^\circ \tag{7.27}$$

式中 n——观测角个数。

观测角值往往存在误差，因此由起始边方位角 $\alpha_{始}$，推算出终边的方位角 $\alpha'_{终}$，一般与已知的方位角 $\alpha_{终}$ 不一致，其差值即为附合导线的角度闭合差：

$$f_\beta=\alpha'_{终}-\alpha_{终} \tag{7.28}$$

如表 7.10 中 $f_\beta=-77''$。

(2) 坐标增量闭合差计算 根据附合导线的校核条件，由坐标方位角与测量的边长计算出纵横坐标增量的代数和应等于已知 $C(x_C, y_C)$ 与 $A(x_A, y_A)$ 两点的纵横坐标值之差，即：

$$\sum\Delta x_{理}=x_C-x_A$$
$$\sum\Delta y_{理}=y_C-y_A$$

由于实际测量的边长含有误差，因此由转折角与边长推算出纵横坐标增量的代数和不等于理论值，其差值即为坐标增量闭合差 f_x 和 f_y：

$$f_x=\sum\Delta x-\sum\Delta x_{理}=\sum\Delta x-(x_C-x_A)$$
$$f_y=\sum\Delta y-\sum\Delta y_{理}=\sum\Delta y-(y_C-y_A)$$

如表 7.10 中 $f_x=-0.079\text{m}$，$f_y=+0.210\text{m}$。

根据附合导线的条件，可写出如下附合导线坐标增量闭合差计算公式：

$$f_x=\sum\Delta x-(x_{终}-x_{始}) \tag{7.29}$$

$$f_y=\sum\Delta y-(y_{终}-y_{始}) \tag{7.30}$$

其他计算与闭合导线内业相同，不再赘述。其详细结果见表 7.10。这里仅强调计算过程中的检核，计算过程必须满足，且要做到步步检核。

① 观测角改正数之和与观测角误差大小相等、符号相反，即：

$$\sum v_{\beta改}=-f_\beta$$

表 7.10 中$\sum v_\beta=-f_\beta=+77''$。

② 改正后角值代数和$\sum\beta_{改}$ 代入下式计算结果为 0，即：

$$f_{\beta改}=\alpha_{始}+\sum\beta_{左改}\pm n\times180-\alpha_{终}=0$$

表 7.10 中检核为 0，说明计算无误。

③ 由起始边方位角 $\alpha_{始}$ 推算出终边的方位角 $\alpha'_{终}$ 与已知的终边方位角 $\alpha_{终}$ 相等。

表 7.10 中 $\alpha'_{终}=\alpha_{终}=60°38'01''$。

④ 纵横坐标改正数代数和与增量之误差大小相等、符号相反，即：

$$\sum v_x=-f_x$$

$$\sum v_y=-f_y$$

表 7.10 中，$\sum v_x=-f_x=+0.079\text{m}$，$\sum v_y=-f_y=-0.210\text{m}$。

⑤ 改正后的坐标增量代入下式结果为 0。

$$f_{x改}=\sum\Delta x_{改}-(x_{终}-x_{始})=0$$

$$f_{y改}=\sum\Delta y_{改}-(y_{终}-y_{始})=0$$

表 7.10 中检核为 0，说明计算无误。

7.3.5 支导线的内业计算

与附合导线计算的过程完全相同，只是没有任何校核条件，因此，不需要平差计算。

【实例 7.5】 如图 7.16 所示，为一附合导线外业观测成果草图，已知数据和观测数据已在图上标明，试进行内业成果核算。

【解算】

(1) 填表 观测数据，经检查无误直接填入表 7.11，如 B、1 点观测左角，B—1、1—2 边长，B 点坐标。

(2) 计算 不需要平差计算，按照附合导线方法，分别计算坐标方位角、坐标增量及坐标。详见表 7.11。

表 7.10 附合导线坐标计算结果表

点号	观测角/(″)	改正数/(″)	改后角/(° ′ ″)	坐标方位角/(° ′ ″)	边长/m	坐标增量计算 计算 Δx/m	改正数/mm	改后 Δx/m	计算 Δy/m	改正数/mm	改后 Δy/m	x/m	y/m	点号
1	2	3	4	5	6	7	8	9	10	11	12	13	14	15
B				236 44 28										B
A	154 18 12	+13	154 18 25	211 02 53	125.360	−107.400	+15	−107.385	−64.655	−41	−64.696	536.860	1037.540	A
1	69 19 06	+12	69 19 18	100 22 11	98.760	−17.777	+12	−17.765	+97.147	−32	+97.115	429.475	972.844	1
2	157 07 52	+13	157 08 05	77 30 16	144.630	+31.293	+18	+31.311	+141.204	−47	+141.157	411.710	1069.959	2
3	192 38 04	+13	192 38 17	90 08 33	116.440	−0.290	+14	−0.276	+116.440	−38	+116.402	443.021	1211.116	3
4	184 38 35	+13	184 38 48	94 47 21	156.250	−13.045	+20	−13.025	+155.704	−52	+155.652	442.745	1327.518	4
C	145 50 27	+13	145 50 40	60 38 01								429.720	1483.170	C
D														D
Σ	903 52 16	+77	903 53 33		641.440	−107.219	+79	−107.140	+445.840	−210	+445.630			

辅助计算：

$f_\beta=\alpha_{BA}+\sum\beta_{左}-6\times180-\alpha_{CD}=-77''$　　$f_{\beta允}=\pm60\sqrt{6}=\pm147''$　　$|f_\beta|<|f_{\beta允}|$ 满足（等外）

$f_x=\sum\Delta x-(x_C-x_B)=-0.079\text{m}$　　$f_y=\sum\Delta y-(y_C-y_B)=+0.210\text{m}$　　$f_D=0.224\text{m}$　　$K=1/2859\leqslant1/2000$ 合格（等外）

注：有双下划线数据为已知数据，有单下划线数据为观测数据。

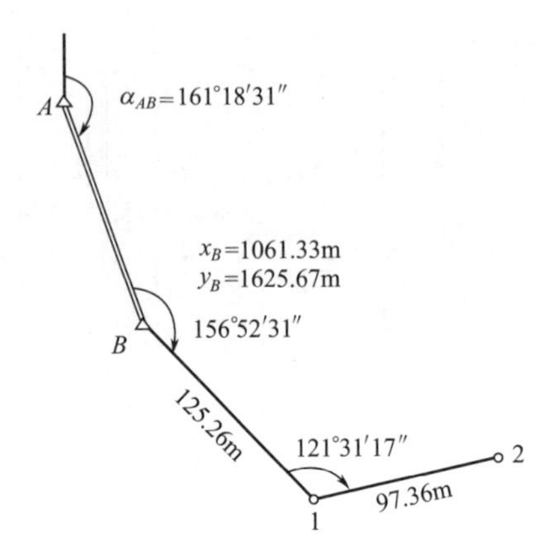

图 7.16 附合导线外业观测成果草图

表 7.11 支导线计算表

点号	观测角 /(° ′ ″)	坐标方位角 /(° ′ ″)	边长 /m	坐标增量/m		坐标/m		点号
				Δx	Δy	x	y	
1	2	3	4	5	6	7	8	9
A								A
		161 18 31						
B	156 52 31	138 11 02	125.26	−93.35	+83.52	1061.33	1625.67	B
1	121 31 17	79 42 19	97.36	+17.40	+95.79	967.98	1709.19	1
2						985.38	1804.98	2

7.4 三角网

7.4.1 三角网技术要求与布设形式

(1) 三角网的技术要求 三角网等级有：二、三、四等三角测量和一、二级小三角测量，主要技术要求见表 7.12。

表 7.12 三角测量的主要技术要求

等 级	平均边长 /km	测角中误差/(″)	起始边边长相对中误差	最弱边长相对中误差	测回数			三角形最大闭合差/(″)
					DJ1	DJ2	DJ6	
二等	9	±1	≤1/250000	≤1/120000	12	—	—	±3.5

续表

等级		平均边长/km	测角中误差/(″)	起始边边长相对中误差	最弱边长相对中误差	测回数			三角形最大闭合差/(″)
						DJ1	DJ2	DJ6	
三等	首级	4.5	±1.8	≤1/150000	≤1/70000	6	9	—	±7
	加密			≤1/120000					
四等	首级	2	±2.5	≤1/100000	≤1/40000	4	6	—	±9
	加密			≤1/70000					
一级小三角		1	±5	≤1/40000	≤1/20000	—	2	4	±15
二级小三角		0.5	±10	≤1/20000	≤1/10000	—	1	2	±30

(2) 三角网的布设形式　小三角测量的布设形式分为单三角形锁、中心多边形、大地四边形与线形三角形锁，如图 7.17 所示。

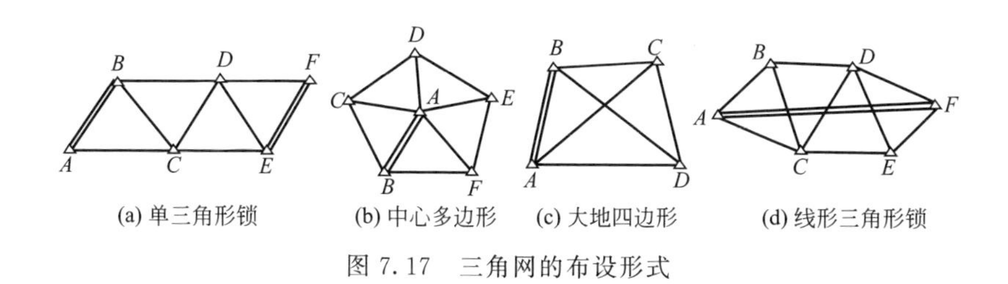

图 7.17　三角网的布设形式

小三角形锁（网）因地理条件不同，外业可分为测边网和测角网两种形式，测边网外业工作量大，内业计算相对简单，但要求地理条件很高，每个边长都能够比较容易进行测量。测角网对地理条件要求较低，外业工作量较小，内业工作量较大。

7.4.2　三角网的外业测量

(1) 踏勘选点及建立标志　三角形网的布设应符合下列要求。

① 首级控制网中的三角形，宜布设为近似等边三角形。其三角形的内角不应小于 30°；受地形条件限制时，个别角可放宽，但不应小于 25°。

② 加密的控制网，可采用插网、线形网或插点等形式。

③ 三角形网点位的选定，除应符合导线选点的规定外，二等网视线距障碍物的距离不宜小于 2m。

三角点选定前，要根据测区的大小、范围及测图比例尺以及测区的总体地貌特征，确定小三角测量的布设形式。一般来讲，单三角形锁适合于狭长地区，中心多边形适合于方形地区，大地四边形适合于范围较小的首级控制或加密控制测量，线形三角形锁适合加密控制测量。选点时应注意以下几点：

① 基线应选在地势平坦的地方，以便于钢尺量距；

② 各三角形的边长应大致相等；

③ 各三角形的内角大致相等，不应小于30°或大于120°；

④ 点位应选在地势高旷、视野开阔、土质坚实的地方，以便于保存点位、安置仪器、测角、加密图根点、测图等工作。

(2) 测量基线长度 测角三角网（锁）只需要测量1条或2条基线长度作为内业计算的基本依据，其他三角形边长是根据基线边来推算，基线边的精度将直接影响小三角点坐标的点位精度，故量距时应提高精度，应采取钢尺精密丈量法或采用测距仪进行测距，测量精度不得低于1/10000。

(3) 角度测量 精度要求与导线相同。此外，DJ6型经纬仪图根控制点水平角观测要求：半测回归零差不得小于25″，上下半测回同一方向（归零后）的较差不得大于35″，仪器的$2c$指标差不得大于25″，三角形闭合差不得大于60″。当一个测站上只有两个方向时，采用测回法观测，当一个测站上多于两个方向时，采用全圆方向观测法观测。

7.4.3 两端有基线的小三角锁近似平差计算

图7.18为两端有基线的小三角锁，外业测量了两条基线AB、GF的长度分别为D_0、D_n，方位角α_{AB}和所有三角形的内角a_i、b_i、c_i。

(1) 小三角应满足的几何条件 有图形条形条件和基线条件。

① 图形条件。三角形的所有内角应满足内角和的条件，每个三角形的内角和都应该等于180°，实际测量存在着角度闭合差。

② 基线条件。即边长条件，即由起始边边长D_0及三角形的内角可算得终止边长D'_n，它应等于直接测量的长度D_n。实际测量时将产生一定的不符值，称为基线闭合差。由于基线丈量的精度较高，所以基线闭合差一般是由推算边长时所用角度的误差引起的。

(2) 编号方法规定 为了计算方便，习惯上对三角形的内角按一定规律进行编号，规定如下：已知边所对的角用 b_i 表示；传距边所对的角用 a_i 表示；间隔角用 c_i 表示，见图 7.18。

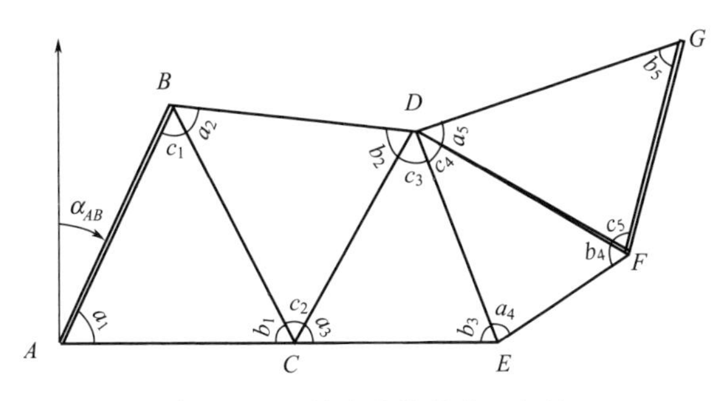

图 7.18 两端有基线的小三角锁

(3) 三角形角度闭合差的计算和调整（第一次角度改正数计算）

三角形的角度闭合差为：

$$f_i = a_i + b_i + c_i - 180° \ (i=1,2,3,\cdots,n) \tag{7.31}$$

若三角形闭合差符合规定要求，则进行三角形闭合差的调整，原则是以三角形闭合差相反的符号平均分配到各内角上，用 v'_{ai}、v'_{bi}、v'_{ci} 表示三角形内角第一次改正值，则有：

$$v'_{ai} = v'_{bi} = v'_{ci} = \frac{-f_i}{3} \ (i=1,\ 2,\ 3,\ \cdots,\ n) \tag{7.32}$$

用 a'_i、b'_i、c'_i 表示第一次改正后的内角，分别为：

$$a'_i = a_i + v'_{ai},\ b'_i = b_i + v'_{bi},\ c'_i = c_i + v'_{ci} \tag{7.33}$$

计算校核 $a'_i + b'_i + c'_i = 180°$。

三角形闭合差调整见表 7.13 中 3、4、5 列。

(4) 基线闭合差的计算及调整（第二次角度改正数计算） 用第一次改正后的角值，按正弦定律由起始边边长 D_0 推算终止边长，得

$$D'_n = D_0 \times \frac{\sin a'_1 \sin a'_2 \cdots \sin a'_n}{\sin b'_1 \sin b'_2 \cdots \sin b'_n} \tag{7.34}$$

如果与终止边 D_n 实测长度相等，即 $D'_n=D_n$，则得基线条件公式

$$\frac{D_0}{D_n}\times\frac{\sin a'_1\sin a'_2\cdots\sin a'_n}{\sin b'_1\sin b'_2\cdots\sin b'_n}=1 \tag{7.35}$$

三角形各内角虽然通过第一次调整，表面满足三角形的闭合条件180°，但角度还存在有误差，基线也存在有误差，不满足基线条件，则产生基线闭合差 w_d：

$$w_d=\frac{D_0}{D_n}\times\frac{\sin a'_1\sin a'_2\cdots\sin a'_n}{\sin b'_1\sin b'_2\cdots\sin b'_n}-1 \tag{7.36}$$

基线测量精度较高，其误差忽略不计，为满足基线条件，必须再对 a'_i 及 b'_i 进行第二次改正，设 v''_{ai}、v''_{bi} 为角度的第二改正数，应满足

$$\frac{D_0\sin(a'_1+v''_{a1})\sin(a'_2+v''_{a2})\cdots\sin(a'_n+v''_{an})}{D_n\sin(b'_1+v''_{b1})\sin(b'_2+v''_{b2})\cdots\sin(b'_n+v''_{bn})}-1=0 \tag{7.37}$$

由于基线闭合差是由所以传距角的误差引起的，在等精度观测的情况下，所以传距角的第二次改正值大小应相等，同时为了不破坏已满足的三角形内角和条件，令其符号相反，即 $v_{ai}''=-v_{bi}''$，略去推证过程，得第二次改正公式为：

$$v''_{ai}=-v''_{bi}=-\frac{w_d\rho''}{\sum_{i=1}^{n}\cot a'_i+\sum_{i=1}^{n}\cot b'_i} \tag{7.38}$$

通过三角形角度第二次改正后，三角形的平差角值为：

$$a''_i=a'_i+v''_{ai} \tag{7.39}$$

$$b''_i=b'_i+v''_{bi} \tag{7.40}$$

$$c''_i=c'_i \tag{7.41}$$

基线闭合差的计算调整见表7.13中的6、7、8列和辅助计算。

辅助计算：

测角中误差： $m_\beta=\pm\sqrt{\frac{[f_if_i]}{3n}}=\pm\sqrt{\frac{351}{3\times5}}=\pm4.8''$

图根小三角测角中误差为：$m_{\beta允}=\pm20''$，$m_{\beta}<m_{\beta允}$，合格。

$$w_d=\frac{D_0\sin a'_1\sin a'_2\cdots\sin a'_n}{D_n\sin b'_1\sin b'_2\cdots\sin b'_n}-1=-0.0000618$$

$$v''_{ai}=-v''_{bi}=-\frac{w_d\rho''}{\sum_{i=1}^{n}\cot a'_i+\sum_{i=1}^{n}\cot b'_i}=\frac{12.8''}{5.69}=+2''$$

表 7.13　小三角测量内业计算及成果整理

三角形编号	角号	观测角 /(° ′ ″)	v'_i /(″)	第一次调整后角度 /(° ′ ″)	cot	v''_i /(″)	平差角 /(° ′ ″)	边长 /m
1	2	3	4	5	6	7	8	9
1	a_1	73 29 42	+1	73 29 43	0.30	+2	73 29 45	178.890
	b_1	57 10 18	+1	57 10 19	0.65	−2	57 10 17	156.780
	c_1	49 19 57	+1	49 19 58			49 19 58	141.520
	Σ	179 59 57	+3	180 00 00	0.95		180 00 00	
2	a_2	65 24 30	−2	65 24 28	0.46	+2	65 24 30	211.013
	b_2	50 26 00	−2	50 25 58	0.83	−2	50 25 56	178.890
	c_2	64 09 36	−2	64 09 34			64 09 34	208.858
	Σ	180 00 06	−6	180 00 00	1.29		180 00 00	
3	a_3	48 58 12	−4	48 58 08	0.87	+2	48 58 10	159.743
	b_3	85 11 24	−4	85 11 20	0.08	−2	85 11 18	211.013
	c_3	45 50 36	−4	45 50 32			45 50 32	151.921
	Σ	180 00 12	−12	180 00 00	0.95		180 00 00	
4	a_4	54 00 03	+3	54 00 06	0.73	+2	54 00 08	136.759
	b_4	70 54 36	+3	70 54 39	0.35	−2	70 54 37	159.743
	c_4	55 05 12	+3	55 05 15			55 05 15	138.616
	Σ	179 59 51	+9	180 00 00	1.08		180 00 00	143.900
5	a_5	56 32 12	−3	56 32 09	0.66	+2	56 32 11	143.899
	b_5	52 27 12	−3	52 27 09	0.76	−2	52 27 07	136.759
	c_5	71 00 45	−3	71 00 42			71 00 42	163.106
	Σ	180 00 09	−9	180 00 00	1.42		180 00 00	

(5) 三角形边长计算　根据起始边长和平差角，按正弦定律推算三角锁中各边的长度，当推算到 D_n 时，应与原基线长度相等，作为计算校核。见表 7.13 中的第 9 列，已知 $D_n=143.900\text{m}$，推算值为 143.899m，相差 0.001m，符合要求。

(6) 计算三角点的坐标　各三角点的坐标计算，采用闭合导线的计算方法计算。如图 7.18 中由 $A—B—D—G—F—E—C—A$ 组成闭合导线，根据 A 点坐标和 AB 方位角及各边长、平差角按闭合导线坐标计算方法求出各三角点坐标。

7.4.4 中心多边形近似平差计算

如图 7.19 所示中心多边形，相当于三角网的两条基线重合起来，因此多了一个中心角的计算。

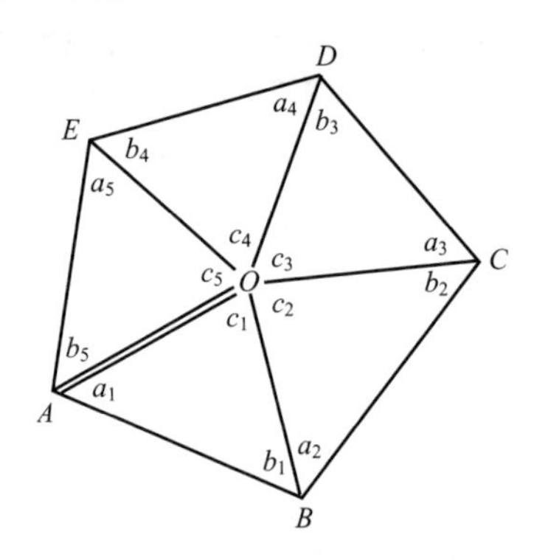

图 7.19 中心多边形

其近似平差计算的步骤与小三角锁基本相似，包括三角形闭合差、圆周角闭合差、边长闭合差的计算和调整。

(1) 三角形闭合差与圆周角闭合差的调整（第一次角度改正数计算） 用式(7.31) 计算每个三角形的内角闭合差 f_i，第一次角度改正数用 v'_{ai}、v'_{bi}、v'_{ci} 表示，考虑到中心点周围所有角的总和应该等于 360°，有：

$$v'_{ai}=-\frac{f_i}{3}+k \tag{7.42}$$

$$v'_{bi}=-\frac{f_i}{3}+k \tag{7.43}$$

$$v'_{ci}=-\frac{f_i}{3}-2k \tag{7.44}$$

$$k=\frac{3w-\sum f}{6n} \tag{7.45}$$

式中 f_i——第 i 个三角形的闭合差；

w——圆周角闭合差，$\omega=\sum C-360°$；

$\sum f$——三角形闭合差代数和。

第一次改正数计算见表 7.14 中 3～6 栏和辅助计算。

表 7.14 中心多边形的平差计算与成果整理

三角形编号	角号	观测角 /(° ′ ″)	$-\frac{f_i}{3}$	$+k$ $+k$ $-2k$	第一次调整后角度 /(° ′ ″)	cot	v_i''	平差角 /(° ′ ″)	边长 /m
1	2	3	4	5	6	7	8	9	10
1	a_1	61 49 42	−10	0	61 49 32	0.54	+6	61 49 38	204.131
	b_1	50 49 12	−10	0	50 49 02	0.81	−6	50 48 56	179.490
	c_1	67 21 36	−10	0	67 21 26			67 21 26	213.717
	Σ	180 00 30	+30	0	180 00 00	1.35		180 00 00	
2	a_2	53 31 01	+7	−1	53 31 07	0.74	+6	53 31 13	210.782
	b_2	51 08 28	+7	0	51 08 35	0.81	−6	51 08 29	204.131
	c_2	75 20 10	+7	+1	75 20 18			75 20 18	253.609
	Σ	179 59 39	−21	0	180 00 00	1.55		180 00 00	
3	a_3	53 57 06	−1	0	53 57 05	0.73	+6	53 57 11	208.759
	b_3	54 43 30	−1	0	54 43 29	0.71	−6	54 43 23	210.782
	c_3	71 19 26	0	0	71 19 26			71 19 26	244.598
	Σ	180 00 02	+2	0	180 00 00	1.44		180 00 00	
4	a_4	43 48 48	+6	0	43 48 54	1.04	+6	43 49 00	168.864
	b_4	58 51 44	+6	−1	58 51 49	0.60	−6	58 51 43	208.759
	c_4	77 19 10	+6	+1	77 19 17			77 19 17	237.952
	Σ	179 59 42	−18	0	180 00 00	1.64		180 00 00	
5	a_5	58 13 38	−5	−1	58 13 32	0.62	+6	58 13 36	179.488
	b_5	53 07 00	−5	0	53 06 55	0.75	−6	53 06 49	168.864
	c_5	68 39 38	−6	+1	68 39 33			68 39 33	196.650
	Σ	180 00 16	+16	0	180 00 00	1.37		180 00 00	

(2) 边长闭合差的调整（第二次角度改正数计算） 从中心多边形的一条起算边推算至自身有与式(7.36) 类似的边长闭合差为

$$w_d=\frac{\sin a'_1\sin a'_2\cdots\sin a'_n}{\sin b'_1\sin b'_2\cdots\sin b'_n}-1 \tag{7.46}$$

同样可得到与公式(7.30) 完全相同的角度第二次改正的公式。

第二次改正数计算及改正后的角度见表 7.14 中的第 8 列和辅助计算。三角形边长计算和坐标计算与小三角锁相同。

计算时注意中心多边形和小三角的区别与联系。中心多边形有中心点周角等于 360°的几何条件。

辅助计算包括以下内容。

测角中误差：

$$m_\beta=\pm\sqrt{\frac{[f_i f_i]}{3n}}=\pm\sqrt{\frac{1925}{3\times 5}}=\pm 11.3''$$

图根小三角测角中误差为：$m_{\beta允}=\pm 20''$，$m_\beta<m_{\beta允}$，合格。

$$w_d=\frac{\sin a'_1\sin a'_2\cdots\sin a'_n}{\sin b'_1\sin b'_2\cdots\sin b'_n}-1=-0.000228$$

$$v''_{ai}=-v''_{bi}=-\frac{w_d\rho''}{\sum_{i=1}^{n}\cot a'_i+\sum_{i=1}^{n}\cot b'_i}=\frac{47.028''}{7.35}=+6''$$

7.4.5 前方交会法

当测区内已有控制点的密度不能满足放样要求时，需要进行控制点加密，而加密控制点经常采用的方法是交会定点。

前方交会法如图 7.20 所示，AB 为两个相邻的已知控制点，P 点为欲求位置的待求点，通过观测$\triangle ABP$ 的 α 和 β 角计算 P 点坐标的方法称为前方交会法。

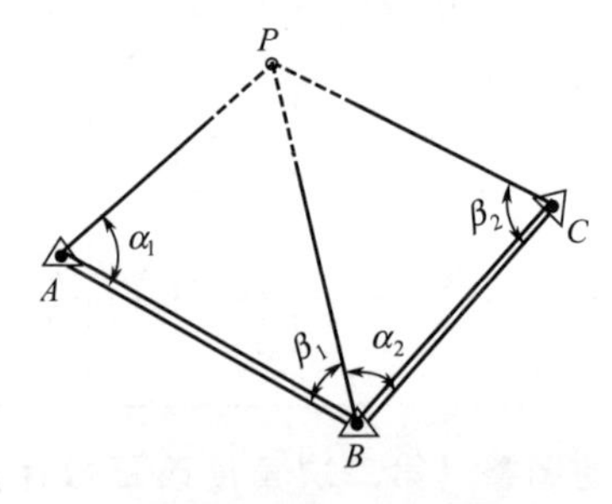

图 7.20　前方交会法

实际测量时为了检核和提高测量 P 点的精度，常采用三个已知点进行交会，由两个三角形分别计算待求点 P 的坐标，符合要求，取两组坐标的平均值作为 P 点的坐标。

(1) 已知点坐标的反算　根据 A、B 两个已知点计算这两点间的距离 d_{AB} 和坐标方位角 α_{AB}。

$$d_{AB}=\sqrt{(x_B-x_A)^2+(y_B-y_A)^2} \tag{7.47}$$

$$\alpha_{AB}=\arctan\frac{y_B-y_A}{x_B-x_A} \tag{7.48}$$

(2) 待定边边长和坐标方位角计算 按正弦定律计算已知点至待定点的边长 a、b：

$$a=\frac{d_{AB}\sin\alpha}{\sin\gamma}=\frac{d_{AB}\sin\alpha}{\sin(\alpha+\beta)} \tag{7.49}$$

$$b=\frac{d_{AB}\sin\beta}{\sin\gamma}=\frac{d_{AB}\sin\beta}{\sin(\alpha+\beta)} \tag{7.50}$$

待定边的坐标方位角可用下式计算：

$$\alpha_{AP}=\alpha_{AB}-\alpha \tag{7.51}$$

$$\alpha_{BP}=\alpha_{BA}+\beta=\alpha_{AB}+\beta\pm180^{\circ} \tag{7.52}$$

(3) 待定点坐标计算 根据已算得的待定边的边长和坐标方位角，按坐标正算法，分别从已知点 A、B 计算至待定 P 的坐标增量：

$$\Delta x_{AP}=b\cos\alpha_{AP} \tag{7.53}$$

$$\Delta y_{AP}=b\sin\alpha_{AP} \tag{7.54}$$

$$\Delta x_{BP}=b\cos\alpha_{BP} \tag{7.55}$$

$$\Delta y_{BP}=b\sin\alpha_{BP} \tag{7.56}$$

然后分别从 A、B 点计算待定点 P 的坐标，两次算得的坐标可以作为检核：

$$x_P=x_A+\Delta x_{AP} \tag{7.57}$$

$$y_P=y_A+\Delta y_{AP} \tag{7.58}$$

$$x_P=x_B+\Delta x_{BP} \tag{7.59}$$

$$y_P=y_B+\Delta y_{BP} \tag{7.60}$$

(4) 直接计算待定点坐标的公式 将以上公式经过换算，可以得到直接计算待定点 P 的坐标的公式。略去推导过程，得到直接计算 P 点坐标的公式：

$$x_P=\frac{x_A\cot\beta+x_B\cot\alpha+(y_B-y_A)}{\cot\alpha+\cot\beta} \tag{7.61}$$

$$y_P=\frac{y_A\cot\beta+y_B\cot\alpha+(x_A-x_B)}{\cot\alpha+\cot\beta} \tag{7.62}$$

考虑到正切和余切互为倒数关系，式(7.61) 和式 (7.62) 很容易转化为前方交会直接计算待定点坐标的正切公式：

$$x_P=\frac{x_A\tan\alpha+x_B\tan\beta+(y_B-y_A)\tan\alpha\tan\beta}{\tan\alpha+\tan\beta} \tag{7.63}$$

$$y_P=\frac{y_A\tan\alpha+y_B\tan\beta+(x_A-x_B)\tan\alpha\tan\beta}{\tan\alpha+\tan\beta} \tag{7.64}$$

实例计算见表 7.15。

表 7.15 前方交会实例计算表

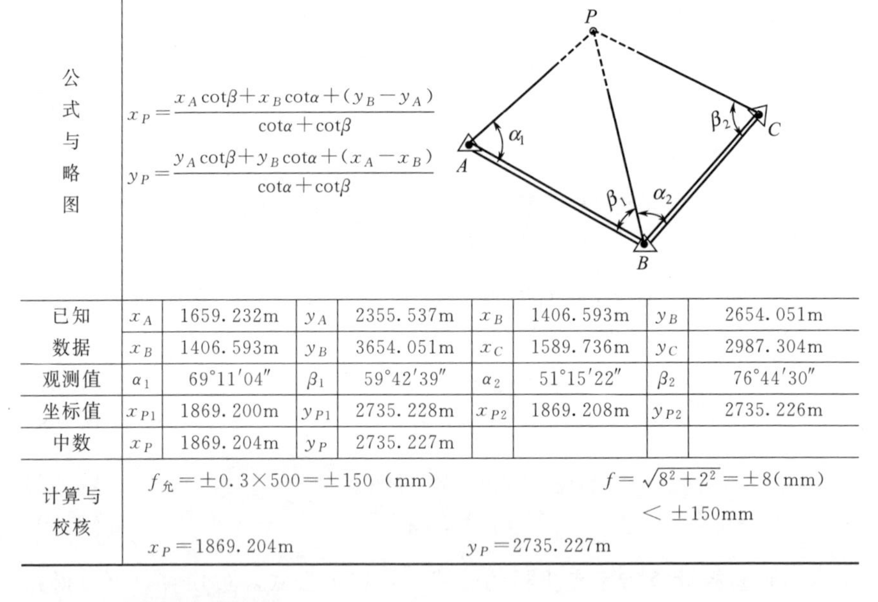

公式与略图	$x_P=\frac{x_A\cot\beta+x_B\cot\alpha+(y_B-y_A)}{\cot\alpha+\cot\beta}$ $y_P=\frac{y_A\cot\beta+y_B\cot\alpha+(x_A-x_B)}{\cot\alpha+\cot\beta}$							
已知数据	x_A	1659.232m	y_A	2355.537m	x_B	1406.593m	y_B	2654.051m
	x_B	1406.593m	y_B	3654.051m	x_C	1589.736m	y_C	2987.304m
观测值	α_1	69°11′04″	β_1	59°42′39″	α_2	51°15′22″	β_2	76°44′30″
坐标值	x_{P1}	1869.200m	y_{P1}	2735.228m	x_{P2}	1869.208m	y_{P2}	2735.226m
中数	x_P	1869.204m	y_P	2735.227m				
计算与校核	$f_{允}=\pm0.3\times500=\pm150$ (mm) $x_P=1869.204$m				$f=\sqrt{8^2+2^2}=\pm8$(mm) $<\pm150$mm $y_P=2735.227$m			

7.5 建筑方格网

由正方形或矩形组成的施工平面控制网，称为建筑方格网，或称矩形网，如图 7.21 所示。建筑方格网适用于按矩形布置的建筑群或大型建筑场地。

7.5.1 建筑方格网的基本要求

① 建筑方格网测量的主要技术要求应符合表 7.16 所示的规定。

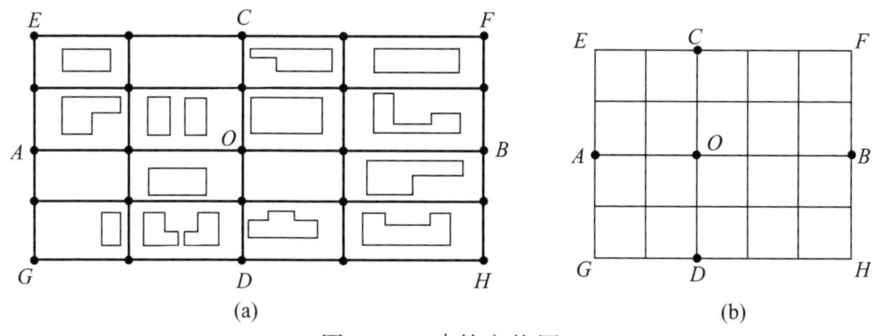

图 7.21 建筑方格网

表 7.16 建筑方格网测量的主要技术要求

等级	边长/m	测角中误差	边长相对中误差	测角检测限差	边长检测限差
Ⅰ级	100～300	5″	1/30000	10″	1/15000
Ⅱ级	100～300	8″	1/20000	16″	1/10000

② 方格网点的布设，应与建（构）筑物的设计轴线平行，并构成正方形或矩形格网。

③ 方格网的测设方法，可采用布网法或轴线法。当采用布网法时，宜增测方格网的对角线；当采用轴线法时，长轴线的定位点不得少于3个，点位偏离直线应在180°±5″以内，短轴线应根据长轴线定向，其直角偏差应在90°±5″以内。水平角观测的测角中误差不应大于2.5″。

④ 方格网点应埋设顶面为标志板的标石。

⑤ 方格网的水平角观测可采用方向观测法，其主要技术要求应符合表7.17的规定。

表 7.17 水平角观测的主要技术要求

等级	仪器精度等级	测角中误差/(″)	测回数	半测回归零差/(″)	一测回内2c互差/(″)	各测回方向较差/(″)
Ⅰ级	1″级仪器	5	2	≤6	≤9	≤6
	2″级仪器	5	3	≤8	≤13	≤9
Ⅱ级	2″级仪器	8	2	≤12	≤18	≤12
	6″级仪器	8	4	≤18	—	≤24

⑥ 方格网的边长宜采用电磁波测距仪器往返观测各1测回，并应进行气象和仪器加、乘常数改正。

⑦ 观测数据经平差处理后，应将测量坐标与设计坐标进行比较，

确定归化数据，并在标石标志板上将点位归化至设计位置。

⑧ 点位归化后，必须进行角度和边长的复测检查。角度偏差值：一级方格网不应大于 90°±8″，二级方格网不应大于 90°±12″；距离偏差值：一级方格网不应大于 $D/25000$，二级方格网不应大于 $D/15000$（D 为方格网的边长）。

沿建筑的平行或垂直方向建立控制点，形成了方格网，如图 7.21（a）所示；这些相互垂直的格线抽象出来，形成了一个矩形的网格，如图 7.21（b）所示。

7.5.2 建筑方格网的设计

(1) 选定主轴线 与建筑或道路平行或垂直选定两条互相垂直的主轴线。

① 横向主轴线的确定。横向主轴线是建筑方格网的布设基础，应布设在整个建筑场地的中央，并靠近主要建筑。横向主轴线的方向应与主要建筑的轴线平行或垂直，并且定位点不得少于 3 个，其位置常选在建筑场地主要道路一侧，并避开一切建筑和构筑物。

② 纵向主轴线的确定。纵向主轴线与横向主轴线相垂直。

(2) 确定主轴点 主轴点也称主点，是主轴线上的主要标志点，主轴线在实地定位时，是通过测设主轴点达到轴线定位的目的。主轴点必须建立永久性标志。

(3) 确定周边封闭直线的位置 主轴线的各端点应延伸到场地的边缘，建筑方格网的网点间的相互连接应根据建筑的分布情况确定。

(4) 方格网的加密 当方格网的主轴线选定后，就可根据建筑的大小和分布情况而加密方格网。加密格网点时，应注意以下几点：

① 以简单、实用为原则，在满足测角、量距的前提下，各网点的点数应尽量减少；

② 方格网的转折角应严格为 90°；

③ 方格网的边长一般为 100～300m，相邻格网点要保证通视；

④ 点位要能长期保存。

7.5.3 建筑方格网的测设

建筑方格网的测设包括主轴线的测设和方格网点的测设。

(1) 主轴线的测设　主轴线的测设是根据设计的主轴线及主轴点的设计坐标（施工坐标），用坐标换算公式将其换算为测量坐标，根据测图控制点采用极坐标法测设。

① 检查、校核原始数据。对主轴点的设计数据、控制点数据进行核对与检查。

② 坐标换算。将主轴点的施工坐标换算为测量坐标。

③ 计算测设数据。根据主点和控制点的测量坐标计算用极坐标法测设的数据。

④ 主轴点的初步测设。用极坐标法测设出两条互相垂直的主轴线 AOB 和 COD，如图 7.21（a）所示，初步测设的主轴点用直径不小于 10cm 的木桩临时标定。主轴线实质上是由 5 个主点 A、B、O、C 和 D 组成。最后，精确检测主轴线点的相对位置关系，并与设计值相比较，如果超限，则应进行调整。

⑤ 主轴线的检测与改正。当三个主点的初步位置在地面上标定出来后，要检查三个主点是否在一条直线上。

由于测量误差的存在，一般情况下，测设的三个主点不在一条直线上。安置经纬仪于 O' 点上，精确检测 $\angle A'O'B'$ 的角值。如果检测角值与 180°之差，超过规定的容许值，则需要对点位进行调整，使其在一条直线上，如图 7.22 所示。

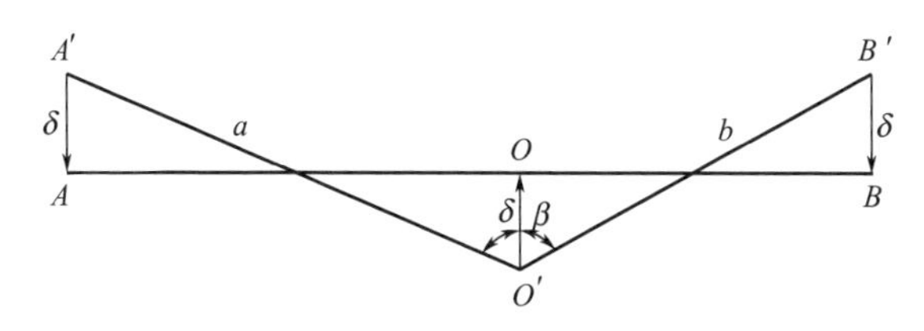

图 7.22　三主点校正

三主点校正方法如下。

a. 计算调整值。按下式进行计算：

$$\delta=\frac{ab}{2(a+b)}\times\frac{1}{\rho}(180°-\beta) \tag{7.65}$$

b. 将 A'、O'、B' 三点沿与轴线垂直方向移动一个改正值，但 O'

点与 A'、B'两点移动的方向相反，移动后得 A、O、B 三点。

c. 检测$\angle AOB$，直到误差在容许值以内为止。

d. 调整三个主点间的距离。先丈量检查 AO 及 BO 间的距离，若检查结果与设计长度之差的相对误差大于规定的容许值，则以 O 点为准，按设计长度调整 A、B 两点，直到误差在容许值以内为止。

⑥ 纵向主轴线的测设与改正。当主轴线的三个主点 A、O、B 定好位后，就可测设与 AOB 主轴线相垂直的另一条主轴线 COD。

检查方法如下。

如图 7.23 所示，将经纬仪安置在 O 点上，照准 A 点，分别向左、向右测设 90°，并根据 CO 和 OD 间的距离，在地面上标定出 C、D 两点的概略位置为 C'、D'；分别精确测出$\angle AOC'$及$\angle AOD'$的角值，其角值与 90°之差 ε 若大于规定的容许值，则按下式求改正数：

$$d=l\times\frac{\varepsilon''}{\rho''} \tag{7.66}$$

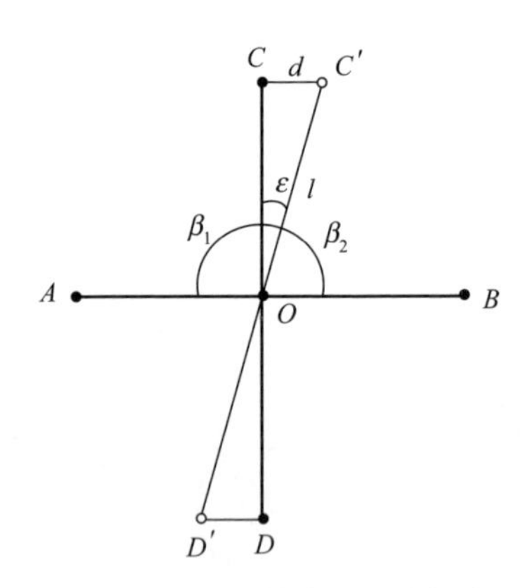

图 7.23 纵向主轴线的测设与改正

改正方法如下。

根据改正数，将 C'、D'两点分别沿 OC'、OD'的垂直方向移动 d，得 C、D 两点。

当计算的 d 值为正时，应将 C'向左改正，否则向右改正。同法校正 D 点。点位改正以后仍需检测，直至误差小于规定的容许值。

(2) 方格网点的测设 主轴线测设后，分别在主点 A、B 和 C、D 安置经纬仪，后视主点 O，向左右测设 90°水平角，即可交会出田字形方格网点。随后再作检核，测量相邻两点间的距离，看是否与设计值相等，测量其角度是否为 90°，误差均应在允许范围内，并埋设永久性标志。

建筑方格网轴线与建筑轴线平行或垂直，因此，可用直角坐标法进行建筑的定位，计算简单，测设比较方便，而且精度较高。其缺点是必须按照总平面图布置，其点位易被破坏，而且测设工作量也较大。

由于建筑方格网的测设工作量大，测设精度要求高，因此可委托专业测量单位进行。

7.6 建筑基线

7.6.1 建筑基线的布置

建筑基线是建筑场地的施工控制基准线，即在建筑场地布置一条或几条轴线，适用于建筑设计总平面图布置比较简单的小型建筑场地。

(1) 建筑基线的布设形式 建筑基线的布设形式，应根据建筑的分布、施工场地地形等因素来确定。常用的布设形式有“一”字形、“L”形、“十”字形和“T”形，图 7.24（a）是实际建筑基线布设形式，图 7.24（b）是抽象的布设基本形式。

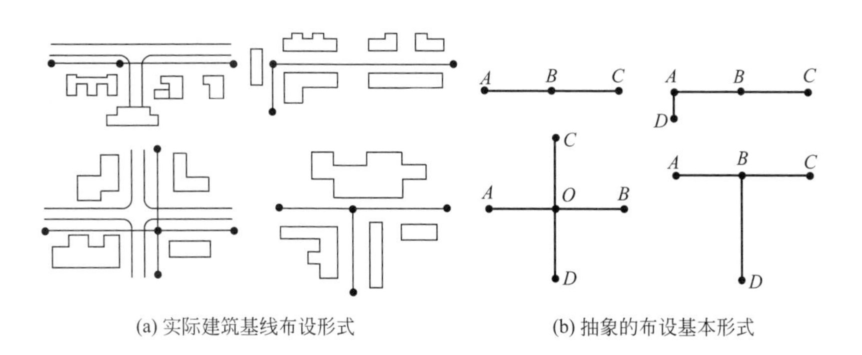

图 7.24 建筑基线的布设形式

(2) 建筑基线的布设要求 需要注意以下几点。

① 建筑基线应尽可能靠近拟建的主要建筑，并与其主要轴线平行，以便使用比较简单的直角坐标法进行建筑的定位。

② 建筑基线上的基线点应不少于三个，以便相互检核。

③ 建筑基线应尽可能与施工场地的建筑红线相连系。

④ 基线点位应选在通视良好和不易被破坏的地方，为了能长期保存，要埋设永久性的混凝土桩。

7.6.2 建筑基线的测设（附视频）

根据施工场地的条件不同，建筑基线的测设方法有以下两种不同形式。

(1) 根据建筑红线测设建筑基线 由城市测绘部门测定的建筑用地界定基准线，称为建筑红线。在城市建设区，建筑红线可用作建筑基线测设的依据。

如图 7.25 所示，AB、AC 为建筑红线，1、2、3 为建筑基线点，利用建筑红线测设建筑基线的方法如下。

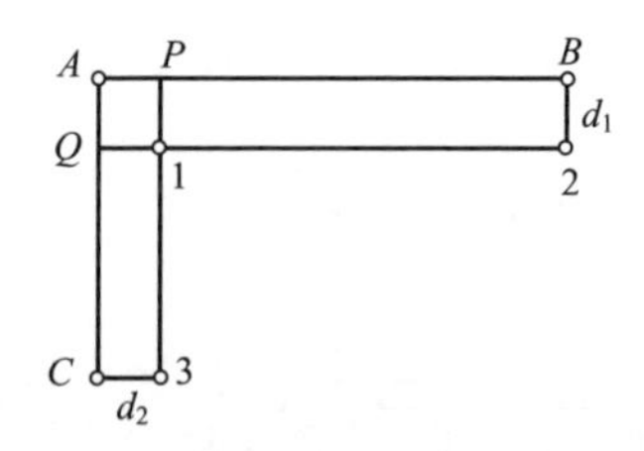

图 7.25 根据建筑红线测设建筑基线

① 从 A 点沿 AB 方向量取 d_2 定出 P 点，沿 AC 方向量取 d_1 定出 Q 点。

② 过 B 点作 AB 的垂线，沿垂线量取 d_1 定出 2 点，作出标志；过 C 点作 AC 的垂线，沿垂线量取 d_2 定出 3 点，作出标志；用细线拉出直线 $P3$ 和 $Q2$，两条直线的交点即为 1 点，作出标志。

③ 在 1 点安置经纬仪，精确观测 $\angle 213$，其与 90° 的差值应小于 $\pm 20''$。

(2) 根据附近已有控制点测设建筑基线　在新建筑区，可以利用建筑基线的设计坐标和附近已有控制点的坐标，用极坐标法测设建筑基线。如图 7.26 所示，A、B 为附近已有控制点，1、2、3 为选定的建筑基线点。

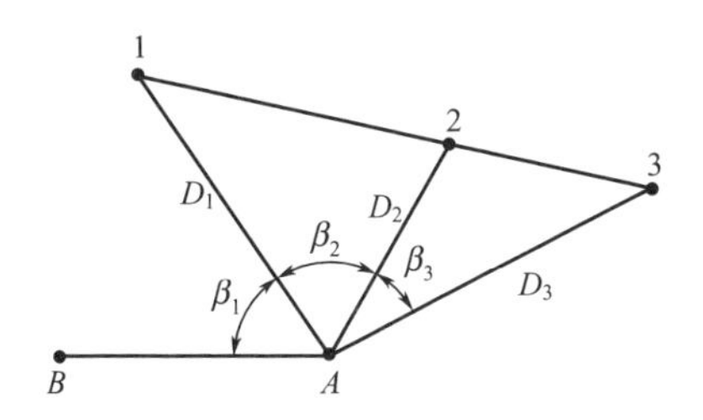

图 7.26　根据附近已有控制点测设建筑基线

测设方法如下：

① 根据已知控制点和建筑基线点的坐标，计算出测设数据 β_1、D_1、β_2、D_2、β_3、D_3；

② 用极坐标法测设 1、2、3 点。

与方格网类似，测设的基线点往往不在同一直线上，且点与点之间的距离与设计值也不完全相符，因此，需要校正。方法与方格网的校正方法相同。

7.7　高程控制测量

7.7.1　高程控制网的布设

高程控制网的精度应能满足工程施工进行高程测设，以及施工期间建筑基础下沉的监测要求。高程控制点的密度则应以保证施工方便为准。

(1) 高程控制网布设的要点　需要考虑以下几点。

① 场区高程控制网，应布设成闭合环线、附合路线或结点网。

② 大中型施工项目的场区高程测量精度，不应低于三等水准，应满足相关技术要求。

③ 场区水准点，可单独布设在场地相对稳定的区域，也可设置在平面控制点的标石上。水准点间距宜小于 1km，距离建（构）筑物不宜小于 25m，距离回填土边线不宜小于 15m。

④ 施工中，当少数高程控制点标石不能保存时，应将其高程引测至稳固的建（构）筑物上，引测的精度不应低于原高程点的精度等级。

(2) 高程测量的要求 分为技术要求、仪器要求、水准点要求及观测要求等。一般采用水准测量的方法。

① 水准测量的主要技术要求，应符合表 7.18 的规定。

表 7.18 水准测量的主要技术要求

等级	每千米高差全中误差/mm	路线长度/km	水准仪型号	水准尺	观测次数		往返较差、附合或环线闭合差	
					与已知点联测	附合或环线	平地/mm	山地/mm
二等	2	—	DS1	铟瓦	往返各一次	往返各一次	$4\sqrt{L}$	—
三等	6	≤50	DS1	铟瓦	往返各一次	往一次	$12\sqrt{L}$	$4\sqrt{n}$
			DS3	双面		往返各一次		
四等	10	≤15	DS3	双面	往返各一次	往一次	$20\sqrt{L}$	$6\sqrt{n}$
五等	15	—	DS3	单面	往返各一次	往一次	$30\sqrt{L}$	—

② 仪器、水准尺要求。水准测量所使用的仪器及水准尺，应符合下列规定。

a. 水准仪视准轴与水准管轴的夹角 i，DS1 型不应超过 15″；DS3 型不应超过 20″。

b. 补偿式自动安平水准仪的补偿误差 Δa 对于二等水准不应超过 0.2″，三等不应超过 0.5″。

c. 水准尺上的米间隔平均长与名义长之差，对于铟瓦水准尺，不应超过 0.15mm；对于条形码尺，不应超过 0.10mm；对于木质双面水准尺，不应超过 0.5mm。

③ 水准点要求。水准点的布设与埋石，应符合下列规定。

a. 应将点位选在土质坚实、稳固可靠的地方或稳定的建筑上，且便于寻找、保存和引测；当采用数字水准仪作业时，水准路线还应避开电磁场的干扰。

b. 宜采用水准标石，也可采用墙水准点。

c. 埋设完成后，二、三等点应绘制点之记，其他控制点可视需要而定，必要时还应设置指示桩。

④ 水准观测的要求。应满足表 7.19 的要求。

表 7.19 水准观测的主要技术要求

<table>
<tr><th>等级</th><th>水准仪型号</th><th>视线长度/m</th><th>前后视的距离较差/m</th><th>前后视的距离较差累积/m</th><th>视线离地面最低高度/m</th><th>基、辅分划或黑、红面读数较差/mm</th><th>基、辅分划或黑、红面所测高差较差/mm</th></tr>
<tr><td>二等</td><td>DS1</td><td>50</td><td>1</td><td>3</td><td>0.5</td><td>0.5</td><td>0.7</td></tr>
<tr><td rowspan="2">三等</td><td>DS1</td><td>100</td><td rowspan="2">3</td><td rowspan="2">6</td><td rowspan="2">0.3</td><td>1.0</td><td>1.5</td></tr>
<tr><td>DS3</td><td>75</td><td>2.0</td><td>3.0</td></tr>
<tr><td>四等</td><td>DS3</td><td>100</td><td>5</td><td>10</td><td>0.2</td><td>3.0</td><td>5.0</td></tr>
<tr><td>五等</td><td>DS3</td><td>100</td><td>近似相等</td><td>—</td><td>—</td><td>—</td><td>—</td></tr>
</table>

(3) 基本水准点 基本水准点应布设在土质坚实、不受施工影响、无振动和便于实测，并埋设永久性标志。一般情况下，按四等水准测量的方法测定其高程，而对于为连续性生产车间或地下管道测设所建立的基本水准点，则需按三等水准测量的方法测定其高程。

(4) 施工水准点 施工水准点是用来直接测设建筑高程的。为了测设方便和减少误差，施工水准点应靠近建筑。

此外，由于设计建筑常以底层室内地坪高±0 标高为高程起算面，为了施工引测设方便，常在建筑内部或附近测设±0 水准点。±0 水准点的位置一般选在稳定的建筑墙、柱的侧面，用红漆绘成顶为水平线的“▼”形，其顶端表示±0 位置。

7.7.2 三（四）等水准测量

往往在施工场地没有水准点，需要引测水准点，即将附近的水准点高程引测到施工场地，进而进行建筑放样的高程控制。引测水准点常用等级水准测量的方法，一般工地用国家三等或四等水准测量，即可保证精度，特殊工程需要二等水准测量。

(1) 三 (四) 等水准测量的要求 三（四）等水准测量的主要技术要求见表 7.18，三、四等水准测量观测的技术要求见表 7.19，具体施测方法与普通水准测量基本相同，只是要求的仪器精度更高一些。

(2) 一个测站上的观测程序和记录 以表 7.20 中数据为实际观测的记录表，以此为例进行说明。

表 7.20 三、四等水准测量手簿（双面尺法）

测站编号	点号	后尺 上丝 下丝 后视距 视距差	前尺 上丝 下丝 前视距 Σd	方向及尺号	水准尺读数 黑面	水准尺读数 红面	K＋黑－红	平均高差	备注
		(1) (2) (9) (11)	(4) (5) (10) (12)	后 前 后－前	(3) (6) (15)	(8) (7) (16)	(14) (13) (17)	(18)	K 为水准尺常数，表中 K_1＝4.787 K_2＝4.687
1	BM_A | TP_1	1.571 1.197 37.4 －0.2	0.739 0.363 37.6 －0.2	后 1 前 2 后－前	1.384 0.551 ＋0.833	6.171 5.239 ＋0.932	0 －1 ＋1	＋0.8325	
2	TP_1 | TP_2	2.121 1.747 37.4 －0.1	2.196 1.821 37.5 －0.3	后 2 前 1 后－前	1.934 2.008 －0.074	6.621 6.796 －0.175	0 －1 ＋1	－0.0745	
3	TP_2 | TP_3	1.914 1.539 37.5 －0.2	2.055 1.678 37.7 －0.5	后 1 前 2 后－前	1.726 1.866 －0.140	6.513 6.554 －0.041	0 －1 ＋1	－0.1405	
4	TP_3 | 1	1.965 1.700 26.5 －0.2	2.141 1.874 26.7 －0.7	后 2 前 1 后－前	1.832 2.007 －0.175	6.519 6.793 －0.274	0 ＋1 －1	－0.1745	
每页检核	$\Sigma(9)$＝138.8 －) $\Sigma(10)$＝139.5 ＝－0.7 ＝4 站(12)	$\Sigma[(3)+(8)]$＝32.700　$\Sigma[(15)+(16)]$＝＋0.886 －) $\Sigma[(6)+(7)]$＝31.814 ＝＋0.886 $\Sigma(18)$＝＋0.443　$2\Sigma(18)$＝＋0.886							

① 三等水准测量每测站照准标尺分划顺序。观测顺序为“后—前—前—后”。其优点是可以大大减弱仪器下沉误差的影响。

a. 后视尺黑面读数：下丝（1）、上丝（2）、中丝（3）。如第一测站分别为1.571、1.197、1.384。

b. 前视尺黑面读数：下丝（4）、上丝（5）、中丝（6）。如第一测站分别为0.739、0.363、0.551。

c. 前视尺红面读数：中丝（7）。如第一测站为5.239。

d. 后视尺红面读数：中丝（8）。如第一测站为6.171。

② 四等水准测量每测站照准标尺分划顺序。每站观测顺序为“后—后—前—前”。

a. 后视水准尺黑面，使圆水准器气泡居中，精平后读取上、下、中丝读数，记为（1）、（2）、（3）。

b. 后视水准尺红面，转动微倾螺旋，使符合水准气泡居中，读取中丝读数，记为（4）。

c. 前视水准尺黑面，精平后读取上、下、中丝读数，记为（5）、（6）、（7）。

d. 前视水准尺红面，转动微倾螺旋，使符合水准气泡居中，读取中丝读数，记为（8）。

(3) 测站计算与检核 每个测站所有数据都合格后才能搬站。

① 视距部分。视距等于下丝读数与上丝读数之差乘以100。

a. 后视距离：$(9)=[(1)-(2)]\times 100$

如第一测站后视距离为：$(9)=[(1.571)-(1.197)]\times 100$
$=37.4(\mathrm{m})$

b. 前视距离：$(10)=[(4)-(5)]\times 100$

如第一测站前视距离为：$(10)=[(0.739)-(0.363)]\times 100$
$=37.6(\mathrm{m})$

c. 前、后视距差：$(11)=(9)-(10)$，其值要符合表7.19的要求。

如第一测站前、后视距差为：$(11)=37.4-37.6=-0.2(\mathrm{m})$

d. 前、后视距累积差：$(12)=$前站$(12)+$本站(11)，其值要符合表7.19的要求。

如第三测站前、后视距累积差为：(12)=(−0.2)+(−0.3)

=−0.5(m)

② 水准尺读数检核。同一水准尺的红、黑面中丝读数之差，应等于该尺红、黑面的尺常数 K(4.687m 或 4.787m)。红、黑面中丝读数差（13)、(14）按下式计算：

$$(13)=(6)+K_{前}-(7)$$

$$(14)=(3)+K_{后}-(8)$$

红、黑面中丝读数差（13)、(14）的值，三等不得超过 2mm，四等不得超过 3mm。

如第一测站前视尺红、黑面中丝读数差为：

$(13)=(6)+K_2-(7)=0.551+4.687-5.239=-0.001(m)$

第一测站后视尺红、黑面中丝读数差为：

$(14)=(3)+K_1-(8)=1.384+4.787-6.171=-0.000(m)$

③ 高差计算与校核。根据黑面、红面读数计算黑面、红面高差(15)、(16)，计算平均高差（18)。

a. 黑面高差：(15)=(3)−(6)

如第一测站黑面高差为：(15)=1.384−0.551=0.833(m)

b. 红面高差：(16)=(8)−(7)

如第一测站红面高差为：(16)=6.171−5.239=0.932(m)

c. 黑、红面高差之差：(17)=(15)−[(16)±0.100]=(14)−(13)(校核用)

式中 0.100——两根水准尺的尺常数之差，m。

黑、红面高差之差（17）的值，三等不得超过 3mm，四等不得超过 5mm。

如第一测站黑、红面高差之差为：

(17)=(15)−[(16)−0.100]=0.833−(0.932−0.100)=0.001(m)

d. 平均高差：(18)=0.5×{(15)+[(16)±0.100]}

当 $K_{后}=4.687$m 时，式中取+0.100m；当 $K_{后}=4.787$m 时，式中取−0.100m。

如第一测站平均高差为：(18)=0.5×(0.833+0.932−0.100)

=0.8325(m)

(4) 每页计算校核　记录的每一页都要检核。

① 视距部分。后视距离总和减前视距离总和应等于末站视距累积差。即

$$\sum(9)-\sum(10)=\text{末站}(12)$$

如本例中：

$$\sum(9)-\sum(10)=\text{末站}(12)=-0.7$$

② 高差部分。红、黑面后视读数总和减红、黑面前视读数总和应等于黑、红面高差总和，还应等于平均高差总和的两倍。即

测站数为偶数时：

$$\sum[(3)+(8)]-\sum[(6)+(7)]=\sum[(15)+(16)]=2\sum(18)$$

测站数为奇数时：

$$\sum[(3)+(8)]-\sum[(6)+(7)]=\sum[(15)+(16)]=2\sum(18)\pm0.100$$

如本例中：

$$\sum[(3)+(8)]-\sum[(6)+(7)]=\sum[(15)+(16)]=2\sum(18)=+0.886(\text{m})$$

第8章 民用建筑施工测量

按照设计要求，配合施工进度，将民用建筑的平面位置和高程测设出来的测量称为民用建筑施工测量。民用建筑施工测量的基本内容包括：平整场地、建筑定位、细部轴线放样、基础施工测量、墙体施工测量。

施工前的准备工作及平整场地等工作，详见本书第 6 章。

8.1 建筑施工放样的基本要求

(1) 应有资料 建筑施工放样应具备下列资料。

① 建筑图：总平面图、建筑的轴线平面图、建筑的基础平面图；

② 结构图：建筑结构图；

③ 设备图：设备的基础图；

④ 其他图：土方的开挖图、管网图、场区控制点坐标、高程及点位分布图；

⑤ 说明：建筑的设计与说明。

(2) 主要精度要求 表 8.1 所示是《工程测量规范》(GB 50026—2016) 给出的建筑施工测量时应该遵守的主要精度要求。

(3) 主要技术要求 建筑施工放样应符合下列要求。

① 建筑施工放样、轴线投测和标高传递的误差不应超过表 8.2 的规定。

表 8.1 建筑施工测量的主要精度要求

建筑结构特征	测距相对中误差	测角中误差/(″)	测站高差中误差/mm	施工水平面高程中误差/mm	竖向传递轴线点中误差/mm
金属结构、装配式钢筋混凝土结构、建筑高度100～120m或跨度30～36m	1/20000	5	1	6	4
15层房屋、建筑高度60～100m或跨度18～30m	1/10000	10	2	5	3
5～15层房屋、建筑高度15～60m或跨度6～18m	1/5000	20	2.5	4	2.5
6层房屋、建筑高度15m或跨度6m以下	1/3000	30	3	3	2
木结构、工业管线或公路铁路专用线	1/2000	30	5		
土工竖向整平	1/1000	45	10		

表 8.2 建筑施工放样、轴线投测和标高传递的允许误差

项目	内容		允许误差/mm
基础桩位放样	单排桩或群桩中的边桩		±10
	群桩		±20
各施工层上放线	外廊主轴线长度 L/m	$L\leqslant 30$	±5
		$30<L\leqslant 60$	±10
		$60<L\leqslant 90$	±15
		$90<L$	±20
	细部轴线		±2
	承重墙、梁、柱边线		±3
	非承重墙边线		±3
	门窗洞口线		
轴线竖向投测	每层		3
	总高 H/m	$H\leqslant 30$	5
		$30<H\leqslant 60$	10
		$60<H\leqslant 90$	15
		$90<H\leqslant 120$	20
		$120<H\leqslant 150$	25
		$150<H$	30

续表

项目	内容		允许误差/mm
标高竖向传递	每层		±3
	总高 H/m	$H\leqslant 30$	±5
		$30<H\leqslant 60$	±10
		$60<H\leqslant 90$	±15
		$90<H\leqslant 120$	±20
		$120<H\leqslant 150$	±25
		$150<H$	±30

② 施工层标高的传递宜采用悬挂钢尺代替水准尺的水准测量方法进行，并应对钢尺读数进行温度、尺长和拉力改正。

传递点的数目应根据建筑的大小和高度确定。规模较小的工业建筑或多层民用建筑，宜从 2 处分别向上传递，规模较大的工业建筑或高层民用建筑，宜从 3 处分别向上传递。

传递的标高较差小于 3mm 时，可取其平均值作为施工层的标高基准，否则，应重新传递。

③ 施工层的轴线投测，宜使用 2″级激光经纬仪或激光铅直仪进行。控制轴线投测至施工层后，应在结构平面上按闭合图形对投测轴线进行校核。合格后，才能进行本施工层上的其他测设工作；否则，应重新进行投测。

④ 施工的垂直度测量精度，应根据建筑的高度、施工的精度要求、现场观测条件和垂直度测量设备等综合分析确定，但不应低于轴线竖向投测的精度要求。

⑤ 大型设备基础浇筑过程中应及时监测。当发现位置及标高与施工要求不符时，应立即通知施工人员，及时处理。

每次现场测设之前，应根据设计图纸和测量控制点的分布情况，准备好相应的测设数据并对数据进行检核，需要时还可绘出测设略图，把测设数据标注在略图上，使现场测设时更方便、快速，并减少出错的可能。

8.2 建筑定位放线

建筑定位放线和基础施工测量的主要内容包括：建筑的定位放线、桩基施工测量、基槽（坑）开挖中的放线与抄平、建筑的基础放线、

±0.000以下的测量放线与抄平等。

8.2.1 建筑定位放线基本要求

(1) 建筑的定位 建筑四周外廓主要轴线的交点决定了建筑在地面上的位置，称为定位点，或角点。建筑的定位是根据设计条件，将定位点测设到地面上，作为细部轴线放线和基础放线的依据。

(2) 定位放线的依据 建筑定位放线，当以城市测量控制点或场区平面控制点定位时，应选择精度较高的点位和方向为依据；当以建筑红线桩点定位时，应选择沿主要街道且较长的建筑红线边为依据；当以原有建筑或道路中线定位时，应选择外廓规整且较大的永久性建筑的长边（或中线）或较长的道路中线为依据。

(3) 定位方法的选择 建筑定位的方法选择应符合下列规定：

① 建筑轴线平行定位依据，且为矩形时，宜选用直角坐标法；

② 建筑轴线不平行定位依据，或为任意形状时，宜选用极坐标法；

③ 建筑距定位依据较远，且量距困难时，宜选用角度（方向）交会法；

④ 建筑距定位依据不超过所用钢尺长度，且场地量距条件较好时，宜选用距离交会法；

⑤ 使用光电测距仪定位时，宜选用极坐标法，测距仪的精度不应低于Ⅲ级；

⑥ 使用全站仪定位时，宜选用坐标放样法。

8.2.2 建筑定位

由于设计条件和现场条件不同，建筑的定位方法也有所不同，以下为三种常见的定位方法。

(1) 根据控制点定位 如果待定位建筑的定位点设计坐标已知，且附近有高级控制点可供利用，可根据实际情况选用极坐标法、角度交会法或距离交会法来测设定位点。在这三种方法中，极坐标法是用得最多的一种定位方法。这三种方法详见本书5.5节相关内容。

(2) 根据建筑方格网和建筑基线定位 如果待定位建筑的定位点设计坐标已知，并且建筑场地已设有建筑方格网或建筑基线，可利用直角坐标法测设定位点。过程如下。

① 根据坐标值可计算出建筑的长度、宽度和放样所需的数据。

如图 8.1 所示，M、N、P、Q 是建筑方格网的四个点，坐标标于图上。$ABCD$ 是新建筑的四个交点，坐标为：

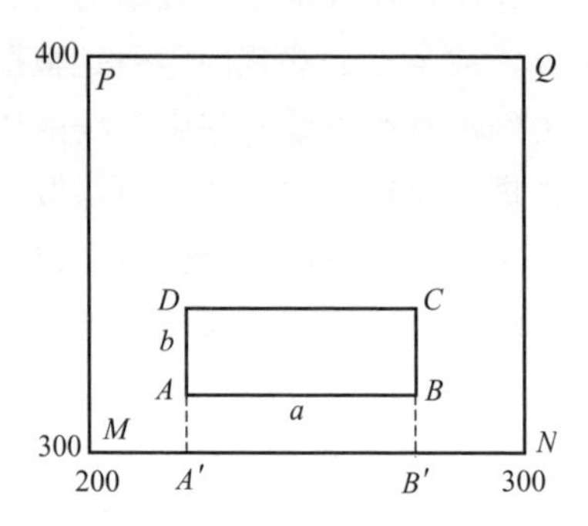

图 8.1 建筑方格网定位

A（316.00，226.00），B（316.00，268.24），

C（328.24，268.24），D（328.24，226.00）。

很容易计算得到新建筑的长宽尺寸：

$a=268.24-226.00=42.24(\text{m})$；$b=328.24-316.00=12.24(\text{m})$

② 按照直角坐标法的水平距离和角度测设的方法进行定位轴线交点的测设，得到 A、B、C、D 四个交点。

③ 检查调整。实际测量新建筑的长宽与计算所得值进行比较，满足边长误差$\leqslant 1/2000$，测量 4 个内角与 90°比较，满足角度误差$\leqslant \pm 40''$。

(3) 根据与原有建筑和道路的关系定位 如果设计图上只给出新建筑与附近原有建筑或道路的相互关系，而没有提供建筑定位点的坐标，周围又没有测量控制点、建筑方格网和建筑基线可供利用，可根据原有建筑的边线或道路中心线将新建筑的定位点测设出来。

测设的基本方法如下。

在现场先找出原有建筑的边线或道路中心线，再用全站仪或经纬仪和钢尺将其延长、平移、旋转或相交，得到新建筑的一条定位直线，然后根据这条定位轴线，测设新建筑的定位点。

① 根据与原有建筑的关系定位。如图 8.2 所示，拟建建筑的外墙边线与原有建筑的外墙边线在同一条直线上，两栋建筑的间距为 10m，

拟建建筑四周长轴为 40m，短轴为 18m，轴线与外墙边线间距为 0.12m，可按下述方法测设其四个轴线的交点。

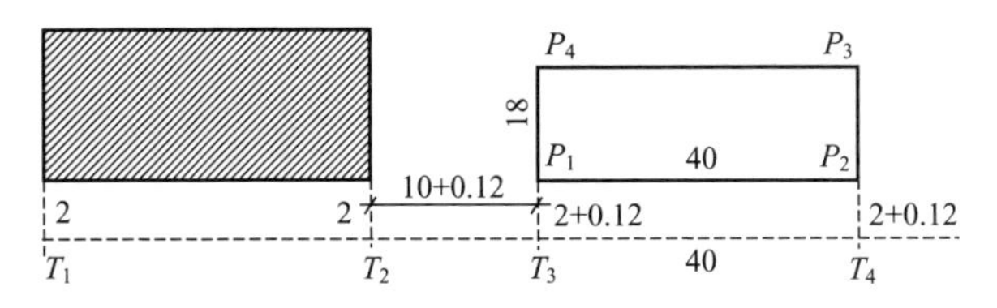

图 8.2 根据与原有建筑的关系定位

a. 沿原有建筑的两侧外墙拉线，用钢尺顺线从墙角往外量一段较短的距离（这里设为 2m），在地面上定出 T_1 和 T_2 两个点，T_1 和 T_2 的连线即为原有建筑的平行线。

b. 在 T_1 点安置经纬仪，照准 T_2 点，用钢尺从 T_2 点沿视线方向量取 10m+0.12m，在地面上定出 T_3 点，再从 T_3 点沿视线方向量取 40m，在地面上定出 T_4 点，T_3 和 T_4 的连线即为拟建建筑的平行线，其长度等于长轴尺寸。

c. 在 T_3 点安置经纬仪，照准 T_4 点，逆时针测设 90°，在视线方向上量取 2m+0.12m，在地面上定出 P_1 点，再从 P_1 点沿视线方向量取 18m，在地面上定出 P_4 点。同理，在 T_4 点安置经纬仪，照准 T_3 点，顺时针测设 90°，在视线方向上量取 2m+0.12m，在地面上定出 P_4 点，再从 P_2 点沿视线方向量取 18m，在地面上定出 P_3 点。则 P_1、P_2、P_3 和 P_4 点即为拟建建筑的四个定位轴线点。

d. 在 P_1、P_2、P_3 和 P_4 点上安置经纬仪，检核四个大角是否为 90°，用钢尺丈量四条轴线的长度，检核长轴是否为 40m，短轴是否为 18m。

需要边长误差≤1/2000，角度误差≤±40″。

② 根据与原有道路的关系定位。如图 8.3 所示，拟建建筑的轴线与道路中心线平行，轴线与道路中心线的距离见图 8.3，测设方法如下。

a. 在每条道路上选两个合适的位置，分别用钢尺测量该处道路的宽度，并找出道路中心点 C_1、C_2、C_3 和 C_4。

b. 分别在 C_1、C_2 两个中心点上安置经纬仪，测设 90°，用钢尺测

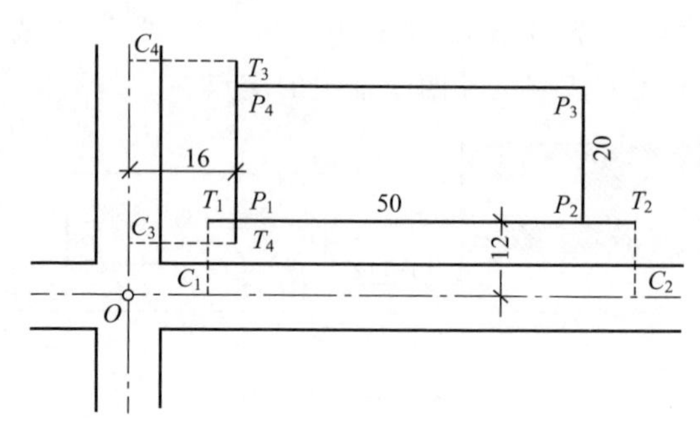

图 8.3 根据与原有道路的关系定位

设水平距离 12m，在地面上得到道路中心线的平行线 T_1T_2，同理做出 C_3 和 C_4 的平行线 T_3T_4。

c. 用经纬仪向内延长或向外延长这两条线，其交点即为拟建建筑的第一个定位点 P_1，再从 P_1 沿长轴方向量取 50m 做 T_3T_4 的平行线，得到第二个定位点 P_2。

d. 分别在 P_1 和 P_2 点安置经纬仪，测设直角和水平距离 20m，在地面上定出点 P_3 和 P_4。在 P_1、P_2、P_3 和 P_4 点上安置经纬仪，检核角度是否为 90°，用钢尺丈量四条轴线的长度，检核长轴是否为 50m，短轴是否为 20m。

8.2.3 建筑放线

建筑的放线是指根据现场已测设好的建筑定位点，详细测设其他各轴线交点的位置，并将其延长到安全的地方做好标志。然后以细部轴线为依据，按基础宽度和放坡要求用白灰撒出基础开挖边线。放样方法如下。

(1) 测设细部轴线交点 如图 8.4 所示，A 轴，E 轴，①轴和⑦轴是四条建筑的外墙主轴线，其轴线交点 $A1$、$A7$、$E1$ 和 $E7$ 是建筑的定位点，这些定位点已在地面上测设完毕，各主次轴线间隔如图 8.4 所示，现欲测设次要轴线与主轴线的交点。

在 $A1$ 点安置经纬仪，照准 $A7$ 点，把钢尺的零端对准 $A1$ 点，沿视线方向拉钢尺，在钢尺上读数等于①轴和②轴间距（4.2m）的地方打下木桩，打的过程中要经常用仪器检查桩顶是否偏离视线方向，钢尺读数是否还在桩顶上，如有偏移要及时调整。打好桩后，用经纬仪视线

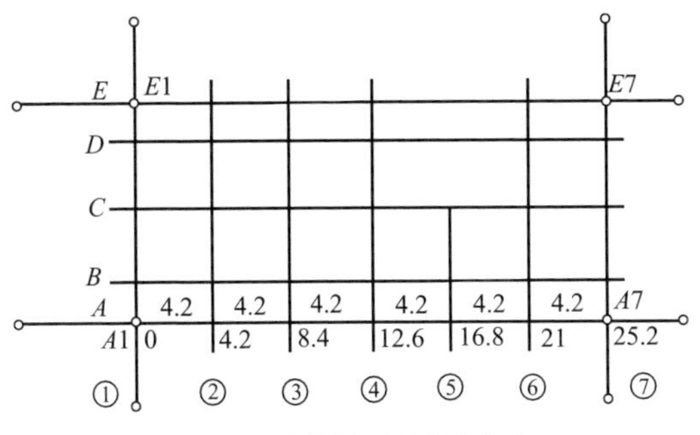

图 8.4 测设细部轴线交点

指挥在桩顶上画一条纵线，再拉好钢尺，在读数等于轴间距处画一条横线，两线交点即 A 轴与②轴的交点 A2。

在测设 A 轴与③轴的交点 A3 时，方法同上，注意仍然要将钢尺的零端对准 A1 点，并沿视线方向拉钢尺，而钢尺读数应为①轴和③轴间距（8.4m），这种做法可以减小钢尺对点误差，避免轴线总长度增长或减短。如此依次测设 A 轴与其他有关轴线的交点。测设完最后一个交点后，用钢尺检查各相邻轴线桩的间距是否等于设计值，误差应小于 1/3000。

测设完 A 轴上的轴线点后，用同样的方法测设 E 轴、1 轴和 7 轴上的轴线点。

(2) 引测轴线 在基槽或基坑开挖时，定位桩和细部轴线桩均会被挖掉，为了使开挖后各阶段施工能准确地恢复各轴线位置，应把各轴线延长到开挖范围以外的地方并做好标志，这个工作称为引测轴线，具体有龙门板法和轴线控制桩法两种形式。

① 龙门板法。适用于小型的民用建筑。

a. 如图 8.5 所示，在建筑四角和中间隔墙的两端，距基槽边线 1～2m 以外，竖直钉设大木桩，称为龙门桩，并使桩的外侧面平行于基槽。

b. 根据附近水准点，用水准仪将±0.000 标高测设在每个龙门桩的外侧上，并画出横线标志。如果现场条件不允许，也可测设比±0.000高或低一定数值的标高线，同一建筑最好只用一个标高，如因地形起伏大用两个标高时，一定要标注清楚，以免使用时发生错误。

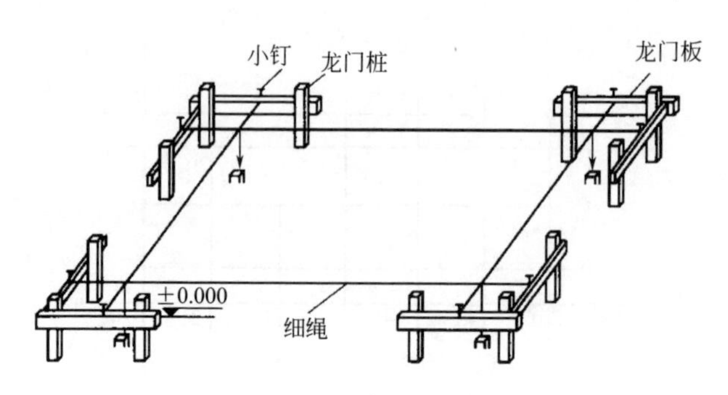

图 8.5　龙门桩与龙门板

c. 在相邻两龙门桩上钉设木板，称为龙门板，龙门板的上沿应和龙门桩上的横线对齐，使龙门板的顶面标高在一个水平面上，并且标高为±0.000，或比±0.000 高低一定的数值，龙门板顶面标高的误差应在±5mm 以内。

d. 根据轴线桩，用经纬仪将各轴线投测到龙门板的顶面，并钉上小钉作为轴线标志，此小钉也称为轴线钉，投测误差应在±5mm以内。

e. 用钢尺沿龙门板顶面检查轴线钉的间距，其相对误差不应超过1/3000。

恢复轴线时，将经纬仪安置在一个轴线钉上方，照准相应的另一个轴线钉，其视线即为轴线方向，往下转动望远镜，便可将轴线投测到基槽或基坑内。也可用细线绳将相对的两个轴线钉连接起来，借助于垂球，将轴线投测到基槽或基坑内，如图 8.6 所示。

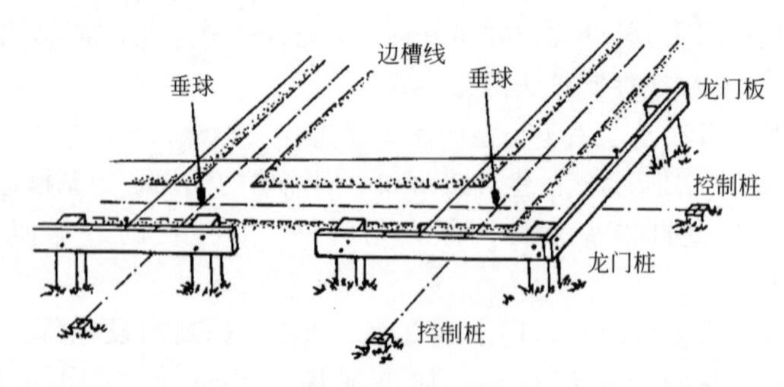

图 8.6　恢复轴线

② 轴线控制桩法。适用于大型的民用建筑，如图 8.7 所示。

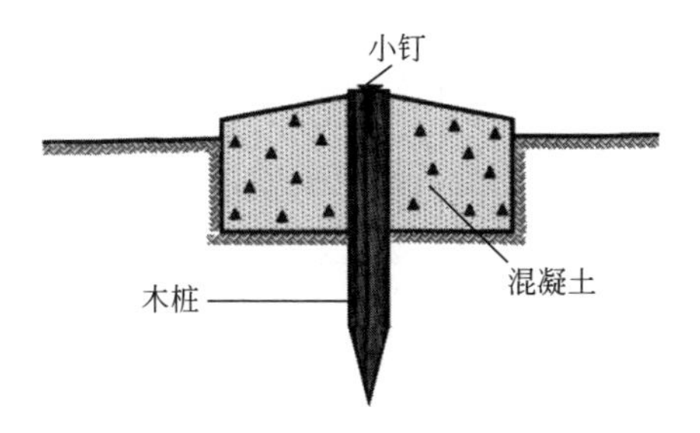

图 8.7 轴线控制桩法

由于龙门板需要较多木料，而且占用场地，使用机械开挖时容易被破坏，因此也可以在基槽或基坑外各轴线的延长线上测设轴线控制桩，作为以后恢复轴线的依据。即使采用了龙门板，为了防止被碰动，对主要轴线也应测设轴线控制桩。

轴线控制桩一般设在开挖边线 4m 以外的地方，并用水泥砂浆加固。最好是附近有固定建筑和构筑物，这时应将轴线投测在这些物体上，使轴线更容易得到保护，以便今后能安置经纬仪来恢复轴线。

轴线控制桩的引测主要采用经纬仪法，当引测到较远的地方时，要注意采用盘左和盘右两次投测取中数法来引测，以减少引测误差和避免错误的出现。

如图 8.8 所示，与在直线上定点的方法完全相同，详见本书 5.2 节相关内容。

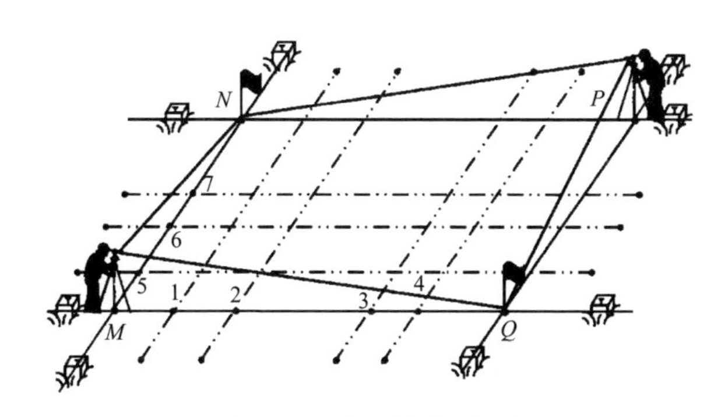

图 8.8 经纬仪轴线引测法

(3) 开挖边线的确定 如图 8.9 所示，B 为半个基底宽度，可由基础剖面图中查取；h 为基槽深度；m 为边坡坡度的分母。先按基础剖面图给出的设计尺寸计算基槽的开挖宽度 $2d$。

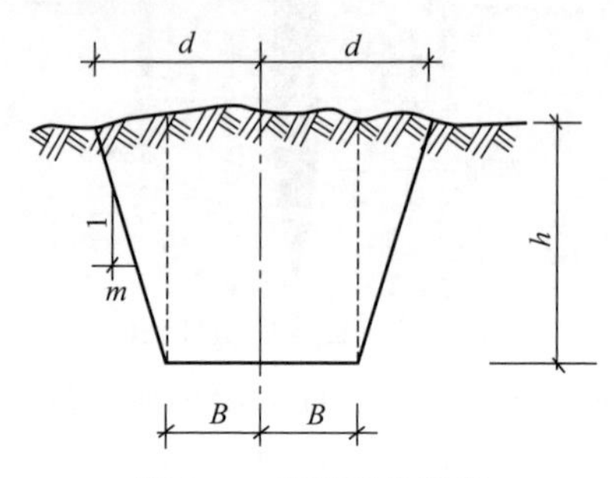

图 8.9　基槽开挖宽度

$$d = B + mh \tag{8.1}$$

根据计算结果，在地面上以轴线为中线往两边各量出 d，拉线并撒上白灰，即为开挖边线。

如果是基坑开挖，则只需按最外围墙体基础的宽度、深度及放坡确定开挖边线。

8.3 建筑基础施工测量

8.3.1 基础放线的有关规定

基槽开挖、主轴线、基础轴线应满足一定的要求。

(1) 基槽开挖　基槽（坑）开挖应符合下列规定。

① 条形基础放线，以轴线控制桩为准测设基槽边线，两灰线外侧为槽宽，允许误差为＋20mm、－10mm。

② 杯形基础放线，以轴线控制桩为准测设柱中心桩，再以柱中心桩及其轴线方向定出柱基开挖边线，中心桩的允许误差为 3mm。

③ 整体开挖基础放线，地下连续墙施工时，应以轴线控制桩为准测设连续墙中线，中线横向允许误差为±10mm；混凝土灌注桩施工时，应以轴线控制桩为准测设灌注桩中线，中线横向允许误差为±20mm；大开挖施工时应根据轴线控制桩分别测设出基槽上、下口位置桩，并标定开挖边界线，上口桩允许误差为＋50mm、－20mm，下

口桩允许误差为+20mm、−10mm。

④ 在条形基础与杯形基础开挖中，应在槽壁上每隔 3m 距离测设距槽底设计标高 50cm 或 100cm 的水平桩，允许误差为±5mm。

⑤ 整体开挖基础，当挖土接近槽底时，应及时测设坡脚与槽底上口标高，并拉通线控制槽底标高。

(2) 主轴线投测 在垫层（或地基）上进行基础放线前，应以建筑平面控制网为准，检测建筑外廓轴线控制桩无误后，投测主轴线，允许误差为±3mm。

(3) 基础轴线投测 基础外廓轴线投测应经闭合检测后，用墨线弹出细部轴线与施工线，基础外廓轴线允许误差应符合表 8.3 的规定。

表 8.3 基础外廓轴线的允许误差

长度 L、宽度 B 的尺寸/m	允许误差/mm	长度 L、宽度 B 的尺寸/m	允许误差/mm
$L(B) \leqslant 30$	±5	$90 < L(B) \leqslant 120$	±20
$30 < L(B) \leqslant 60$	±10	$120 < L(B) \leqslant 150$	±25
$60 < L(B) \leqslant 90$	±15	$150 < L(B)$	±30

8.3.2 基槽开挖深度和垫层标高控制

(1) 设置水平桩 如图 8.10 所示，为了控制基槽开挖深度，当基槽挖到接近槽底设计高程时，应在槽壁上测设一些水平桩，使水平桩的上表面离槽底设计高程为某一整分米数（例如 0.5m），用以控制挖槽深度，也可作为槽底清理和打基础垫层时掌握标高的依据。

(2) 水平桩的测设 一般在基槽各拐角处、深度变化处和基槽壁上每隔 3～4m 左右测设一个水平桩，然后拉上白线，线下 0.50m 即为槽底设计高程。

测设水平桩时，以画在龙门板或周围固定地物的±0.000 标高线为已知高程点，用水准仪进行测设，小型建筑也可用连通水管法进行测设。水平桩上的高程误差应在±10mm 以内。

例如，设龙门板顶面标高为±0.000，槽底设计标高为−2.1m，水平桩高于槽底 0.50m，即水平桩高程为−1.6m，用水准仪后视龙门板顶面上的水准尺，读数 $a=1.286$m，则水平桩上标尺的应有读数为：

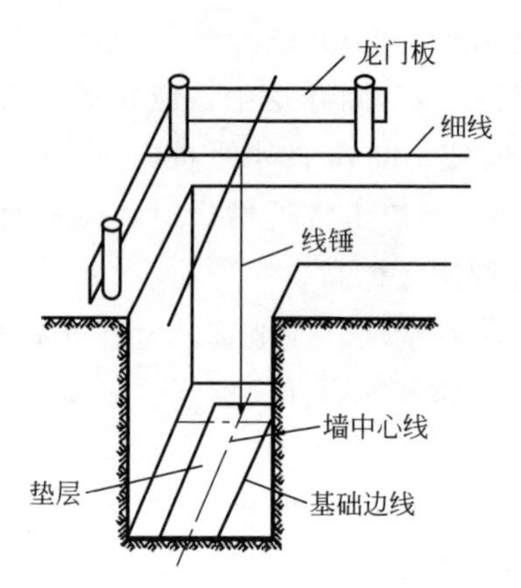

图 8.10　基槽底口和垫层轴线投测

$$0+1.286-(-1.6)=2.886(\text{m})$$

测设时沿槽壁上下移动水准尺，当读数为 2.886m 时沿尺底水平地将桩打进槽壁，然后检核该桩的标高，如超限便进行调整，直至误差在规定范围以内。

(3) 垫层标高的测设　垫层面标高的测设可以以水平桩为依据在槽壁上弹线，也可在槽底打入垂直桩，使桩顶标高等于垫层面的标高。如果垫层需安装模板，可以直接在模板上弹出垫层面的标高线。

如果是机械开挖，一般是一次挖到设计槽底或坑底的标高，因此要在施工现场安置水准仪，边挖边测，随时指挥挖土机调整挖土深度，使槽底或坑底的标高略高于设计标高（一般为 10cm，留给人工清土）。挖完后，为了给人工清底和打垫层提供标高依据，还应在槽壁或坑壁上打水平桩，水平桩的标高一般为垫层面的标高。

8.3.3　基槽底口和垫层轴线投测

如图 8.10 所示，基槽挖至规定标高并清底后，将经纬仪安置在轴线控制桩上，瞄准轴线另一端的控制桩，即可把轴线投测到槽底，作为确定槽底边线的基准线。垫层打好后，用经纬仪或用拉绳挂垂球的方法把轴线投测到垫层上，并用墨线弹出墙中心线和基础边线，以便砌筑基础或安装基础模板。由于整个墙身砌筑均以此线为准，这是确定建筑位置的关键环节，所以要严格校核后方可进行砌筑施工。

8.3.4 基础墙标高的控制

基础墙的标高一般是用基础皮数杆来控制的。皮数杆是用一根木杆做成，在杆上注明±0.000的位置，按照设计尺寸将砖和灰缝的厚度，分层从上往下一一画出来，此外还应注明防潮层和预留洞口的标高位置。

如图8.11所示，基础墙（±0.000以下的砖墙）的标高一般是用基础皮数杆来控制的，基础皮数杆用一根木杆做成，在杆上注明±0.000的位置，按照设计尺寸将砖和灰缝的厚度分皮从上往下一一画出来，此外还应注明防潮层和预留洞口的标高位置。

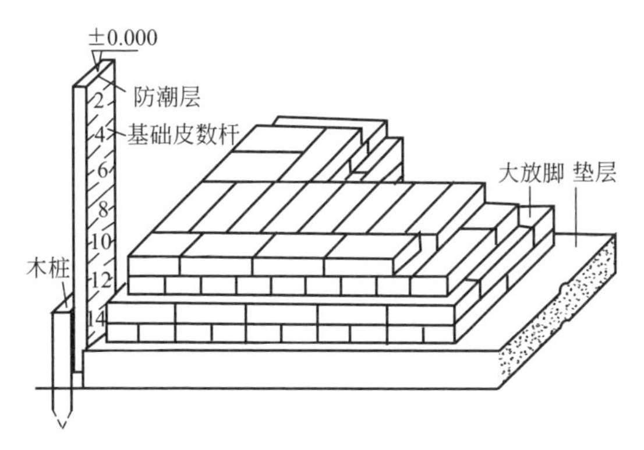

图8.11 基础皮数杆

立皮数杆时，可先在立杆处打一个木桩，用水准仪在木桩侧面测设一条高于垫层设计标高某一数值（如10cm）的水平线，然后将皮数杆上标高相同的一条线与木桩上的水平线对齐，并用大铁钉把皮数杆和木桩钉在一起，作为砌筑基础墙的标高依据。对于采用钢筋混凝土的基础，可用水准仪将设计标高测设于模板上。

基础施工结束后，应检查基础面的标高是否满足设计要求（也可以检查防潮层）。可用水准仪测出基础面上的若干高程，和设计高程相比较，允许误差为±10mm。

8.4 墙体施工测量

8.4.1 首层楼房墙体施工测量

(1) 墙体轴线测设 如图8.12所示，基础工程结束后，应对龙门板或轴线控制桩进行检查复核，经复核无误后，可进行墙体轴线的测设。按以下步骤进行。

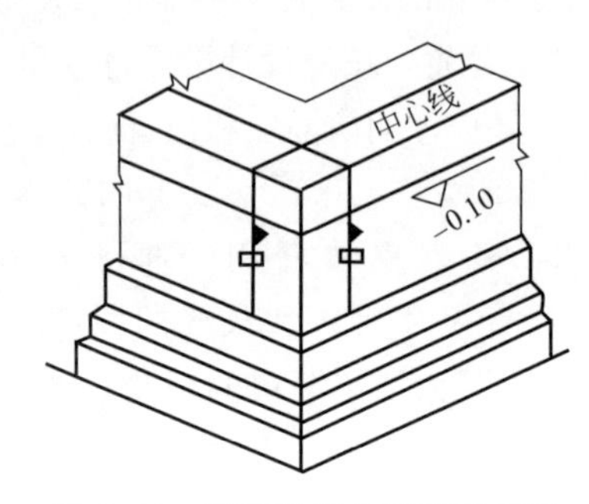

图 8.12 墙体轴线与标高线标注

① 利用轴线控制桩或龙门板上的轴线钉和墙边线标志，用经纬仪或拉细绳挂锤球的方法将首层楼房的墙体轴线投测到基础面上或防潮层上。

② 用墨线弹出墙中线和墙边线。

③ 把墙轴线延长到基础外墙侧面上并弹线和做出标志，作为向上投测各层楼墙体轴线的依据。

④ 检查外墙轴线交角是否等于 90°。

⑤ 将门、窗和其他洞口的边线也在基础外墙侧面上做出标志。

墙体砌筑前，根据墙体轴线和墙体厚度弹出墙体边线，照此进行墙体砌筑。砌筑到一定高度后，用吊锤线将基础外墙侧面上的轴线引测到地面以上的墙体上，以免基础覆土后看不见轴线标志。如果轴线处是钢筋混凝土柱，则在拆柱模后将轴线引测到桩身上。

(2) 墙体标高测设 墙体砌筑时，墙身各部位标高通常是用墙身皮数杆控制。

① 皮数杆设置要求。墙体砌筑之前，应按有关施工图绘制皮数杆，作为控制墙体砌筑标高的依据，皮数杆全高绘制误差为±2mm。皮数杆的设置位置应选在建筑各转角及施工流水段分界处，相邻间距不宜大于 15m，立杆时先用水准仪抄平，标高线允许误差为±2mm。

② 皮数杆设置方法。按下述方法测设，如图 8.13 所示。

a. 在墙身皮数杆上，根据设计尺寸，按砖和灰缝的厚度画出线条，

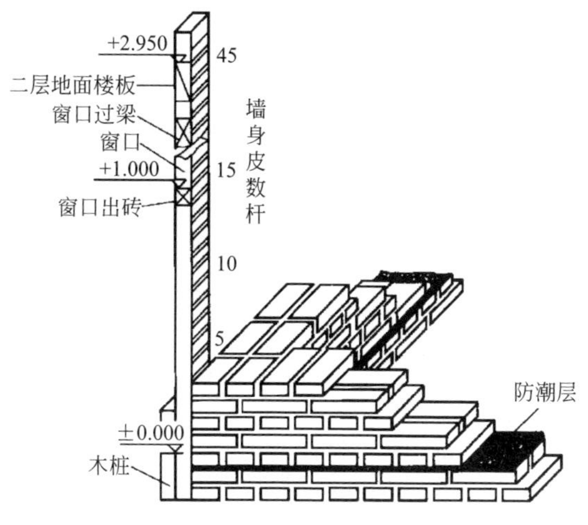

图 8.13 墙身皮数杆设置方法

并标明±0.000、门、窗、过梁、楼板等的标高位置。杆上标高注记从±0.000m 向上增加。

b. 墙身皮数杆一般立在建筑的拐角和内墙处。采用里脚手架时，皮数杆立在墙的外边；采用外脚手架时，皮数杆立在墙里边。墙身皮数杆的设立与基础皮数杆相同，使皮数杆上的±0.000m 标高与立桩处的木桩上测设的±0.000m 标高相吻合。在墙的转角处，每隔 10～15m 设置一根皮数杆。

c. 框架结构的民用建筑，墙体砌筑是在框架施工后进行的，若在砌筑框架或钢筋混凝土柱子之间的隔墙时，可在柱面上画线，代替皮数杆。

墙体砌筑到一定高度后（1.5m 左右），应在内、外墙面上测设出+0.50m 标高的水平墨线，称为“+50 线”。外墙的“+50 线”作为向上传递各楼层标高的依据，内墙的“+50 线”作为室内地面施工及室内装修的标高依据。相邻标高点间距不宜大于 4m，水平线允许误差为±3mm。

8.4.2 二层以上楼房墙体施工测量

(1) 墙体轴线投测 每层楼面建好后，为了保证继续往上砌筑墙体时，墙体轴线均与基础轴线在同一铅垂面上，应将基础或一层墙面上的轴线投测到楼面上，并在楼面上重新弹出墙体的轴线，检查无误后，以此为依据弹出墙体边线，再往上砌筑。

① 吊垂线法。如图 8.14 所示，将较重的锤球悬挂在楼板或柱顶的边缘，慢慢移动，当锤球尖对准基础墙面上的轴线标志时，锤球线在楼板或柱顶边缘的位置即为楼层轴线端点位置，画一短线作为标志。同法投测另一端点，两短点的连线即为墙体轴线。

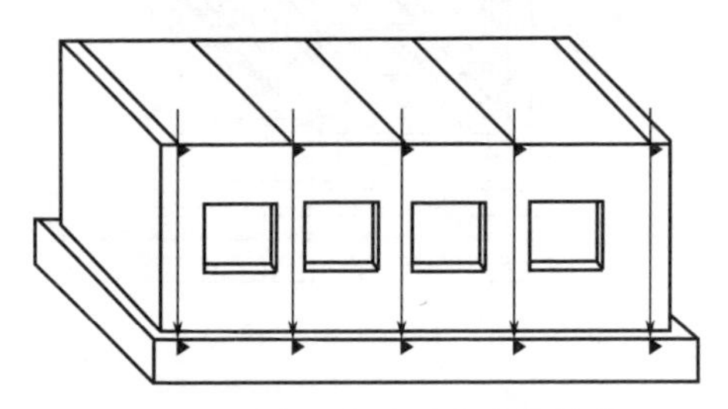

图 8.14 吊垂线法测设墙体轴线

用钢尺检核轴线间的距离，相对误差不得大于 1/3000，符合要求后，以此为依据，用钢尺内分法测设其他细部轴线。

吊垂线法受风的影响较大，因此应在风小的时候作业，投测时应等待吊锤稳定下来后再在楼面上定点。此外，每层楼面的轴线均应直接由底层投测上来，以保证建筑的总竖直度，只要注意这些问题，用吊垂线法进行多层楼房的轴线投测的精度是有保证的。

② 经纬仪投测法。如图 8.15 所示，在轴线控制桩上安置经纬仪，严格整平后，瞄准基础墙面上的轴线标志，用盘左、盘右分中投点法，将轴线投测到楼层边缘或柱顶上。

将所有端点投测到楼板上之后，用钢尺检核其间距，相对误差不得大于 1/3000。检查合格后，才能在楼板弹线，继续施工。

(2) 墙体标高传递 在多层建筑施工中，要由下往上将标高传递到新的施工楼层，以便控制新楼层的墙体施工，使其标高符合设计要求。标高传递一般可有以下两种方法。

① 利用皮数杆传递标高。一层楼房墙体砌完并建好楼面后，把皮数杆移到二层继续使用。为了使皮数杆立在同一水平面上，用水准仪测

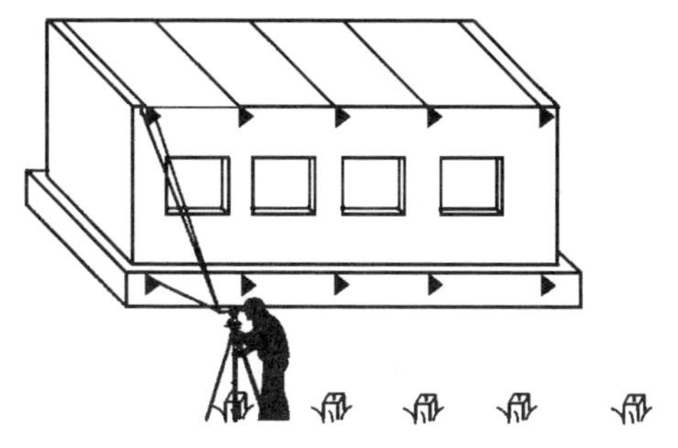

图 8.15　经纬仪投测法测设墙体轴线

定楼面四角的标高，取平均值作为二楼的地面标高，并在立杆处绘出标高线，立杆时将皮数杆的±0.000 线与该线对齐，然后以皮数杆为标高的依据进行墙体砌筑。如此用同样方法逐层往上传递高程。

② 利用钢尺传递标高。在标高精度要求较高时，可用钢尺从底层的+50 标高线起往上直接丈量，把标高传递到第二层，然后根据传递上来的高程测设第二层的地面标高线，以此为依据立皮数杆。在墙体砌到一定高度后，用水准仪测设该层的+50 标高线，再往上一层的标高可以此为准用钢尺传递，依此类推，逐层传递标高。

8.5　高层建筑施工测量

在高层建筑工程施工测量中，由于高层建筑的体形大、层数多、高度高、造型多样化、建筑结构复杂、设备和装修标准高，因此，在施工过程中对建筑各部位的水平位置、轴线尺寸、垂直度和标高的要求都十分严格，对施工测量的精度要求也高。为确保施工测量符合精度要求，应事先认真研究和制订测量方案，选用符合精度要求的测量仪器，拟定出各种误差控制和检核措施，并密切配合工程进度，以便及时、快速、准确地进行测量放线，为下一步施工提供平面和标高依据。

高层建筑施工测量的工作内容很多，主要介绍建筑定位、基础施工、轴线投测和高程传递等几方面的测量工作。

8.5.1　高层建筑定位测量

(1) 测设施工方格网　进行高层建筑的定位放线是确定建筑平面位

置和进行基础施工的关键环节，施测时必须保证精度，因此一般采用测设专用的施工方格网的形式来定位。施工方格网一般在总平面布置图上进行设计，施工方格网是测设在基坑开挖范围以外一定距离，平行于建筑主要轴线方向的矩形控制网。

(2) 测设主轴线控制桩 在施工方格网的四边上，根据建筑主要轴线与方格网的间距，测设主要轴线的控制桩。测设时要以施工方格网各边的两端控制点为准，用经纬仪定线，用钢尺量距来打桩定点。测设好这些轴线控制桩后，施工时便可方便、准确地在现场确定建筑的四个主要角点。

除了四廓的轴线外，建筑的中轴线等重要轴线也应在施工方格网边线上测设出来，与四廓的轴线一起称为施工控制网中的控制线，一般要求控制线的间距为30～50m。控制线的增多可为以后测设细部轴线带来方便，施工方格网控制线的测距精度不低于1/10000，测角精度不低于±10″。

如果高层建筑准备采用经纬仪法进行轴线投测，还应把应投测轴线的控制桩往更远处、更安全稳固的地方引测，这些桩与建筑的距离应大于建筑的高度，以免用经纬仪投测时仰角太大。

8.5.2 高层建筑基础施工测量

(1) 测设基坑开挖边线 高层建筑一般都有地下室，因此要进行基坑开挖。开挖前，先根据建筑的轴线控制桩确定角桩以及建筑的外围边线，再考虑边坡的坡度和基础施工所需工作面的宽度，测设出基坑的开挖边线并撒出灰线。

(2) 基坑开挖时的测量工作 高层建筑的基坑一般都很深，需要放坡并进行边坡支护加固，开挖过程中，除了用水准仪控制开挖深度外，还应经常用经纬仪或拉线检查边坡的位置，防止出现坑底边线内收，致使基础位置不够。

(3) 基础放线 基坑开挖完成后，有三种情况：一是直接打垫层，然后做箱形基础或筏板基础，这时要求在垫层上测设基础的各条边界线、梁轴线、墙宽线和柱位线等；二是在基坑底部打桩或挖孔，做桩基础，这时要求在坑底测设各条轴线和桩孔的定位线，桩做完后，还要测设桩承台和承重梁的中心线；三是先做桩，然后在桩上做箱基或筏基，组成复合基础，这时的测量工作是前两种情况的结合。

测设轴线时，有时为了通视和量距方便，不是测设真正的轴线，而是测设其平行线，这时一定要在现场标注清楚，以免用错。另外，一些基础桩、梁、柱、墙的中线不一定与建筑轴线重合，而是偏移某个尺寸，因此要认真按图施测，防止出错，有偏心桩的基础平面图如图 8.16 所示。

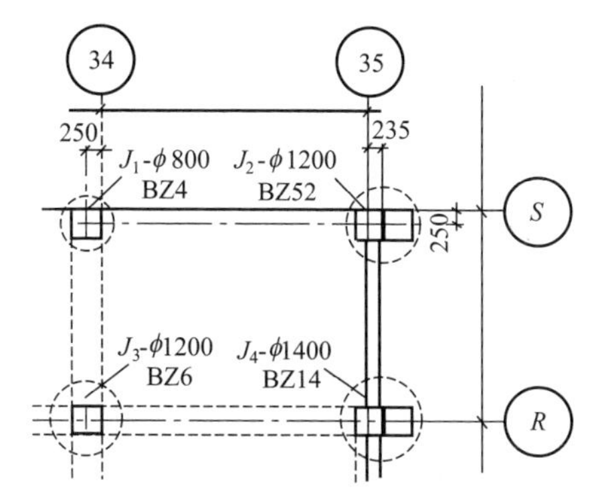

图 8.16 有偏心桩的基础平面图

如果是在垫层上放线，可把有关轴线和边线直接用墨线弹在垫层上，由于基础轴线的位置决定了整个高层建筑的平面位置和尺寸，因此施测时要严格检核，保证精度。如果是在基坑下做桩基，则测设轴线和桩位时，宜在基坑护壁上设立轴线控制桩，以便能保留较长时间，也便于施工时用来复核桩位和测设桩顶上的承台和基础梁等。

从地面往下投测轴线时，一般是用经纬仪投测法，由于俯角较大，为了减小误差，每个轴线点均应盘左、盘右各投测一次，然后取中数。

(4) 基础标高控制 基础标高测设基坑完成后，应及时用水准仪根据地面上的±0.000 水平线将高程引测到坑底，并在基坑护坡的钢板或混凝土桩上做好标高为负的整米数的标高线。由于基坑较深，引测时可多设几站观测，也可用悬吊钢尺代替水准尺进行观测。

8.5.3 高层建筑的轴线投测

随着结构的升高，要将首层轴线逐层往上投测作为施工的依据。为了保证总的竖向施工误差不超限，层间垂直度测量偏差不应超过 3mm，建筑全高 H 垂直度测量偏差不应超过 $3H/10000$。当 $30\text{m} < H \leqslant 60\text{m}$ 时，

±10mm；当 60m<H≤90m 时，±15mm；当 90m<H 时，±20mm。允许偏差与结构类型有关系，高层建筑竖向及标高施工偏差限差见表 8.4。

表 8.4 高层建筑竖向及标高施工偏差限差

结构类型	竖向施工偏差限差/mm		标高偏差限差/mm	
	每层	全高	每层	全高
现浇混凝土	8	H/1000(最大 30)	±10	±30
装配式框架	5	H/1000(最大 20)	±5	±30
大模板施工	5	H/1000(最大 30)	±10	±30
滑模施工	5	H/1000(最大 50)	±10	±30

高层建筑轴线投测是各层放线和结构垂直度控制的依据。常见的投测方法有全站仪或经纬仪法、吊线坠法、垂准仪法等。

(1) 经纬仪法 如图 8.17 所示，当施工场地比较宽阔时，可使用经纬仪法进行竖向投测，安置经纬仪于轴线控制桩上，严格对中整平，盘左照准建筑底部的轴线标志，往上转动望远镜，用其竖丝指挥在施工层楼面边缘上画一点，然后盘右再次照准建筑底部的轴线标志，同法在该处楼面边缘上画出另一点，取两点的中间点作为轴线的端点。其他轴线端点的投测与此法相同。

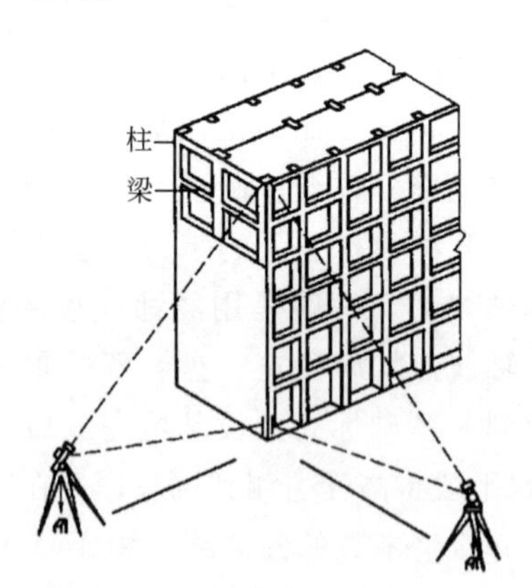

图 8.17 经纬仪轴线竖向投测

当楼层建得较高时，经纬仪投测时的仰角较大，操作不方便，误差也较大，此时应将轴线控制桩用经纬仪引测到远处（大于建筑高度）稳固的地方，然后继续往上投测。如果周围场地有限，也可引测到附近建筑的房顶上。如图 8.18 所示，先在轴线控制桩 A_1 上安置经纬仪，照准建筑底部的轴线标志，将轴线投测到楼面上 A_2 点处，然后在 A_2 上安置经纬仪，照准 A_1 点，将轴线投测到附近建筑屋面上 A_3 点处，以后就可在 A_3 点安置经纬仪，投测更高楼层的轴线。注意上述投测工作均应采用盘左、盘右取中法进行，以减少投测误差。

所有主轴线投测上来后，应进行角度和距离的检验，合格后再以此为依据测设其他轴线。

为了保证投测的质量，仪器必须经过严格的检验和校正，投测宜选在阴天、早晨及无风的时候进行，以尽量减少日照及风力带来的不利影响。

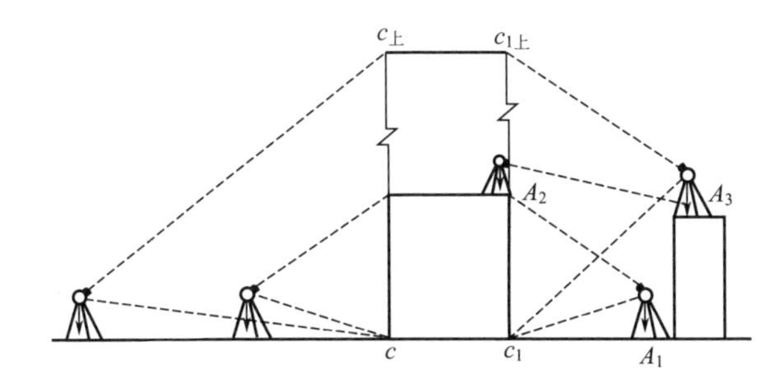

图 8.18 减小经纬仪投测仰角

(2) 吊线坠法 当周围建筑密集，施工场地窄小，无法在建筑以外的轴线上安置经纬仪时，可采用此法进行竖向投测。这种方法一般用于高度在 50～100m 的高层建筑施工中，锤球的重量为 10～20kg，钢丝的直径为 0.5～0.8mm。

如图 8.19 所示，首先在一层地面上埋设轴线点的固定标志，轴线点之间应构成矩形或十字形等，作为整个高层建筑的轴线控制网。各标志上方的每层楼板都预留孔洞，供吊垂线通过。投测时，在施工层楼面上的预留孔上安置挂有吊线坠的十字架，慢慢移动十字架，当吊锤尖静止地对准地面固定标志时，十字架的中心就是应投测的点，同理测设其他轴线点。

使用吊线坠法进行轴线投测，经济、简单又直观，精度也比较可靠，但投测时费时、费力，正逐渐被下面所述的垂准仪法所替代。

(3) 垂准仪法 垂准仪法就是利用能提供铅直向上（或向下）视线

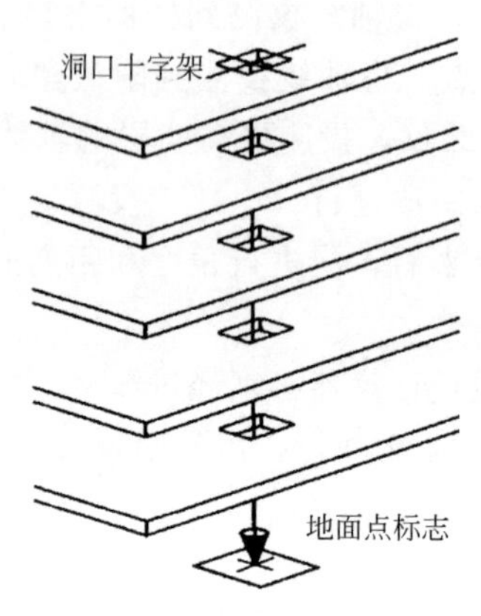

图 8.19 吊线坠法投测

的专用测量仪器，进行竖向投测。常用的仪器有垂准经纬仪、激光经纬仪和激光垂准仪等。用垂准仪法进行高层建筑的轴线投测，具有占地小、精度高、速度快的优点，在高层建筑施工中得到广泛的应用。

垂准仪法需要事先在建筑底层设置轴线控制网，建立稳固的轴线标志，在标志上方每层楼板都预留 30cm×30cm 的垂准孔，供视线通过，如图 8.20 所示。

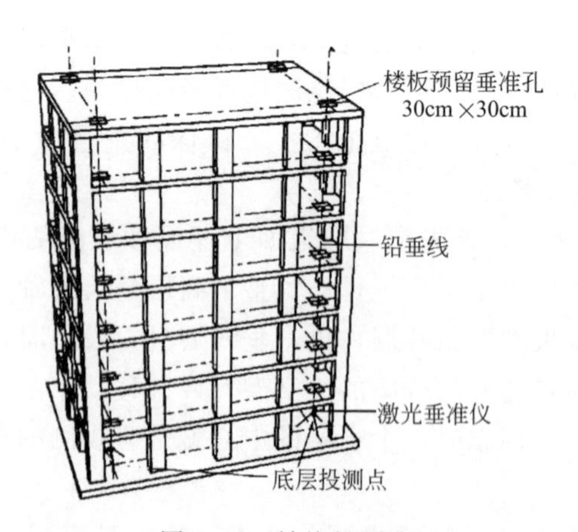

图 8.20 轴线投测孔

在基础施工完毕后，在±0.000 首层平面上的适当位置设置与轴线平行的辅助轴线。辅助轴线距轴线500～800mm为宜，并在辅助轴线交点或端点处埋设标志，如图8.21所示。

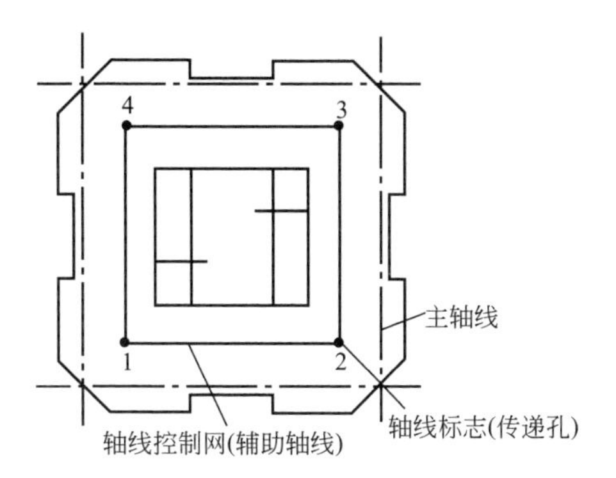

图8.21 辅助轴线控制桩

① 垂准经纬仪。如图8.22（a）所示，该仪器的特点是在望远镜的目镜位置上配有弯曲成90°的目镜，使仪器铅直指向正上方时，测量员能方便地进行观测。此外该仪器的中轴是空心的，使仪器也能观测正下方的目标。

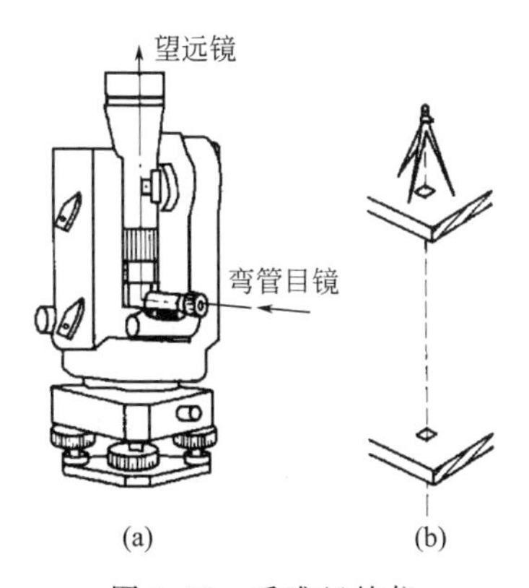

图8.22 垂准经纬仪

使用时，将仪器安置在首层地面的轴线点标志上，严格对中整平，由弯管目镜观测，当仪器水平转动一周时，若视线一直指向一点上，说明视线方向处于铅直状态，可以向上投测。投测时，视线通过楼板上预留的孔洞，将轴线点投测到施工层楼板的透明板上定点，为了提高投测精度，应将仪器照准部水平旋转一周，在透明板上投测多个点，这些点应构成一个小圆，然后取小圆的中心作为轴线点的位置。同法用盘右再投测一次，取两次的中点作为最后结果。由于投测时仪器安置在施工层下面，因此在施测过程中要注意对仪器和人员的安全采取保护措施，防止被落物击伤。

如果把垂准经纬仪安置在浇筑后的施工层上，将望远镜调成铅直向下的状态，视线通过楼板上预留的孔洞，照准首层地面的轴线点标志，也可将下面的轴线点投测到施工层上来，如图 8.22（b）所示。该法较安全，也能保证精度。

该仪器竖向投测方向观测中误差不大于±6″，即 100m 高处投测点位误差为±3mm，相当于约 1/30000 的铅垂度，能满足高层建筑对竖向的精度要求。

② 激光经纬仪。如图 8.23 所示为装有激光器的苏州第一光学仪器厂生产的 J2-JDE 激光经纬仪，它是在望远镜筒上安装一个氦氖激光器，用一组导光系统把望远镜的光学系统联系起来，组成激光发射系统，再配上电源，便成为激光经纬仪。为了测量时观测目标方便，激光束进入发射系统前设有遮光转换开关。遮去发射的激光束，就可在目镜（或通过弯管目镜）处观测目标，而不必关闭电源。

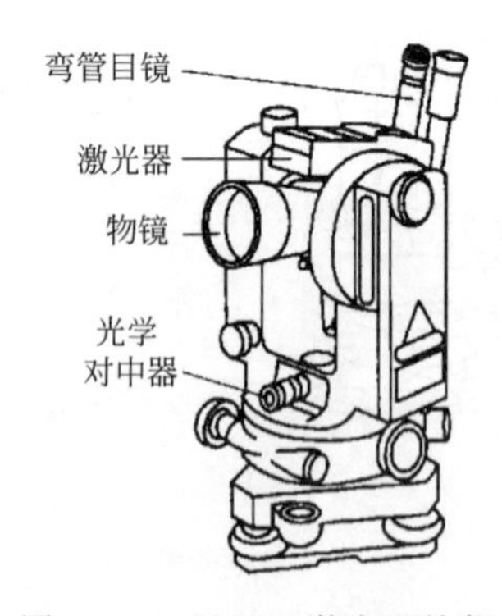

图 8.23　J2-JDE 激光经纬仪

激光经纬仪用于高层建筑轴线竖向投测，其方法与配弯管目镜的经纬仪是一样的，只不过是用可见激光代替人眼观测。投测时，在施工层预留孔中央设置用透明聚酯膜片绘制的接收靶，在地面轴线点处对中整平仪器，起辉激光器，调节望远镜调焦螺旋，使投射在接收靶上的激光束光斑最小，再水平旋转仪器，检查接收靶上光斑中心是否始终在同一点，或划出一个很小的圆圈，以保证激光束铅直，然后移动接收靶使其中心与光斑中心或小圆圈中心重合，将接收靶固定，则靶心即为欲投测的轴线点。

③ 激光垂准仪。如图 8.24 所示为苏州第一光学仪器厂生产的 DZJ2 激光垂准仪，主要由氦氖激光器、竖轴、水准管、基座等部分组成。

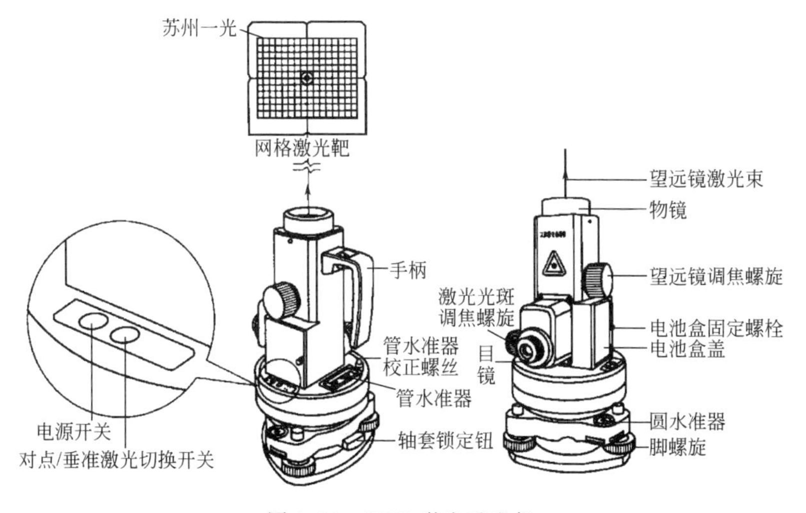

图 8.24 DZJ2 激光垂准仪

该激光垂准仪是在光学垂准系统的基础上添加了半导体激光器，可以分别给出上下同轴的两条激光铅垂线，并与望远镜视准轴同心、同轴、同焦。

使用时，在测站点上安置激光垂准仪，打开电源，按对点/垂准激光切换开关，使仪器向下发射激光，转动激光光斑调焦螺旋，使激光光斑聚焦于地面上一点，然后按常规的对中整平操作安置好仪器；按对点/垂准激光切换开关，使仪器通过望远镜向上发射激光，转动激光光斑调焦螺旋，使激光光斑聚焦于目标面上一点，将网格激光靶放置在目标面上，即可方便地投测轴线点。

激光的有效射程白天为 120m，夜间为 250m，距离仪器望远镜

80m 处的激光光斑直径≤5mm，向上投测——测回垂直测量标准差为1/45000，等价于激光铅垂精度为±5″。

8.5.4 高层建筑的高程传递

高层建筑各施工层的标高是由底层±0.000 标高线传递上来的。高层建筑施工的标高偏差限差见表 8.2。

(1) 用钢尺直接测量 一般用钢尺沿结构外墙、边柱或楼梯间由底层±0.000 标高线向上竖直量取设计高差，即可得到施工层的设计标高线。用这种方法传递高程时，应至少由三处底层标高线向上传递，以便于相互校核。由底层传递到上面同一施工层的几个标高点必须用水准仪进行校核，检查各标高点是否在同一水平面上，其误差应不超过±3mm。合格后以其平均标高为准，作为该层的地面标高。若建筑高度超过一尺段（30m 或 50m），可每隔一个尺段的高度精确测设新的起始标高线，作为继续向上传递高程的依据。

(2) 利用皮数杆传递高程 在皮数杆上自±0.000 标高线起，门窗口、过梁、楼板等构件的标高都已注明。一层楼砌好后，则从一层皮数杆起一层一层往上接。

(3) 悬吊钢尺法 在外墙或楼梯间悬吊一根钢尺，分别在地面和楼面上安置水准仪，将标高传递到楼面上。用于高层建筑传递高程的钢尺应经过检定，量取高差时尺身应铅直和用规定的拉力，并应进行温度改正。

如图 8.25 所示，当一层墙体砌筑到 1.5m 标高后，用水准仪在内墙面上测设一条+50mm 的标高线，作为首层地面施工及室内装修的依据。以后每砌一层，就通过吊钢尺从下层的+50mm 标高线处向上量出设计层高，再测出上一层的+50mm 标高线。根据图 8.25中的相互位置关系：第二层为$(a_2-b_2)-(a_1-b_1)=l_1$，可解出 b_2：

$$b_2=a_2-l_1-(a_1-b_1) \tag{8.2}$$

在进行第二层水准测量时，上下移动水准尺，使其读数为 b_2，沿水准尺底部在墙面上划线，即可得到该层的+50mm 标高线。

同理，第三层的 b_3 为

$$b_3=a_3-(l_1+l_2)-(a_1-b_1) \tag{8.3}$$

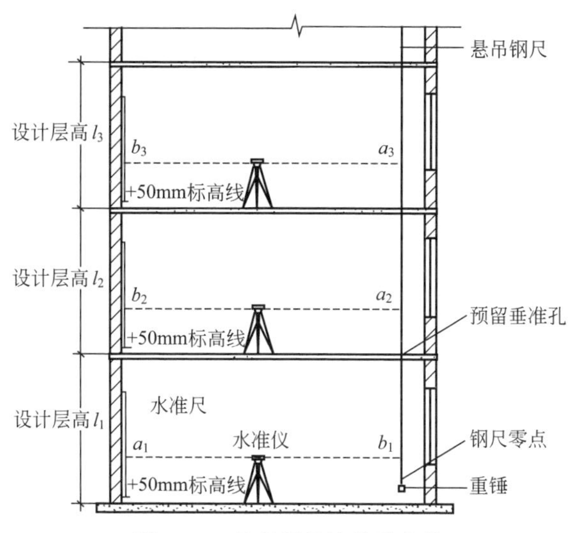

图 8.25　悬吊钢尺法传递高程

8.6　竣工总平面图的编绘

竣工总平面图是设计总平面图在施工结束后实际情况的全面反映。在施工过程中，经常会出现由于设计时没有考虑到的问题而使设计有所变更，使得设计总平面图与竣工总平面图一般不会完全一致，此时这种临时变更设计的情况必须通过测量反映到竣工总平面图上，因此，施工结束后应及时编绘竣工总平面图。

编绘竣工总平面图，需要在施工过程中收集一切有关的资料，并对资料加以整理，然后及时进行编绘。其依据是：设计总平面图、单位工程平面图、纵横断面图和设计变更资料、施工检查测量及其竣工测量资料。

8.6.1　竣工测量的目的

① 它是对建筑工程竣工成果和质量的验收测量；

② 便于日后进行各种设施的管理，特别是地下管道等隐蔽工程的检查和维修工作；

③ 为日后的扩建提供了原有各项建筑、地上和地下各种管线及测

量控制点的坐标、高程等资料。

8.6.2 编绘竣工总平面图的方法和步骤

(1) 绘制前的准备工作 是正确编绘竣工图的基础工作。

① 确定竣工总平面图的比例尺。竣工总平面图的比例尺一般为1∶500或1∶1000。

② 绘制竣工总平面图图底坐标方格网。编绘竣工总平面图，首先要在图纸上精确地绘出坐标方格网。坐标格网画好后，应进行严格检查。一般采用直尺检查有关的交叉点是否在同一直线上；用比例直尺量出正方形的边长和对角线长，看其是否与应有的长度相等。图廓的对角线绘制容许误差为±1mm。为了能长期保存竣工资料，竣工总平面图应该采用质量较好的图纸，如聚酯薄膜、优质绘图纸等。

③ 展绘控制点。以绘出的坐标方格网为依据，将施工控制网点按坐标展绘在图上。展点对所临近的方格而言，其容许误差为±0.3mm。

④ 展绘设计总平面图。根据坐标格网，将设计总平面图的图面内容按其设计坐标，用铅笔展绘于图纸上，作为底图。

(2) 竣工总平面图的编绘 在建筑工程施工过程中，每一个单位工程完成后，应该进行竣工测量，并提供该工程的竣工测量成果。对凡有竣工测量资料的工程，若竣工测量成果与设计值之比差不超过所规定的定位容许误差时，按设计值编绘；否则应按竣工测量资料编绘。

对于各种地上、地下管线，应用各种不同颜色的墨线绘出其中心位置，注明转折点及井位的坐标、高程及有关注记。在没有设计变更的情况下，墨线绘的竣工位置与按设计原图用铅笔绘的设计位置应该重合。随着施工的进展，逐渐在底图上将铅笔线都绘成为墨线。在图上按坐标展绘工程竣工位置和在图底上展绘控制点的要求一样，均以坐标格网为依据进行展绘。

8.6.3 竣工总平面图的附件

为了全面反映竣工成果，便于管理、维修和日后的扩建或改建，下列与竣工总平面图有关的一切资料，应分类装订成册，作为竣工总平面图的附件保存。

① 建筑场地及其附近的测量控制点布置图、坐标、高程一览表；

② 建筑沉降及变形观测资料；

③ 地下管线竣工纵断面图；

④ 工程定位、检查及竣工测量的资料；

⑤ 设计变更文件；

⑥ 建设场地原始地形图等。

第9章　建筑变形测量

建筑的变形主要是由于自然条件以及建筑本身的原因所引起的，因此建筑的变形观测应该从基础施工开始，贯穿整个施工阶段，一直持续到变形趋于稳定或停止为止。

9.1　变形观测

9.1.1　变形观测的基本要求

(1) 变形测量主要任务　建筑的变形观测是对建筑以及地基所产生的沉降、倾斜、挠度、裂缝、位移等变形现象进行的测量工作。其任务就是周期性地对设置在建筑上的观测点进行重复观测，求得观测点位置的变化量，通过对这些变化量的分析，研究建筑的变形规律和原因，从而为建筑的设计、施工、管理和科学研究提供可靠的资料。

(2) 需要进行变形测量的情况　属于下列情况之一者应进行变形测量：

① 地基基础设计等级为甲级的建筑；

② 复合地基或软弱地基上的设计等级为乙级的建筑；

③ 加层、扩建建筑；

④ 受邻近深基坑开挖施工影响或受场地地下水等环境因素变化影响的建筑；

⑤ 需要积累建筑经验或进行设计反分析的工程；

⑥ 因施工、使用或科研要求进行观测的工程。

(3) 施工阶段的变形测量 包括下列主要项目：

① 施工建筑及邻近建筑变形测量；

② 邻近地面沉降监测、护坡桩位移监测、重要施工设备的安全监测等；

③ 地基基坑回弹观测和地基土分层沉降观测；

④ 因特殊的科研和管理等需要进行的变形测量。

(4) 观测周期的确定 变形测量的观测周期应根据下列因素确定：

① 应能正确反映建筑的变形全过程；

② 建筑的结构特征；

③ 建筑的重要性；

④ 变形的性质、大小与速率；

⑤ 工程地质情况与施工进度；

⑥ 变形对周围建筑和环境的影响。

观测过程中，根据变形量的变化情况，观测周期可适当调整。

(5) 变形测量的规定 以下几项是变形观测应该满足的：

① 在较短的时间内完成；

② 每次观测时宜采用相同的观测网形和观测方法，使用同一仪器和设备，固定观测人员，在基本相同的环境和条件下观测（俗称“三固定”）；

③ 对所使用的仪器设备，应定期进行检验校正；

④ 每项观测的首次观测应在同期至少进行两次，无异常时取其平均值，以提高初始值的可靠性；

⑤ 周期性观测中，若与上次相比出现异常或测区受到地震、爆破等外界因素影响时，应及时复测或增加观测次数；

⑥ 记录相关的环境因素，包括荷载、温度、降水、水位等；

⑦ 采用统一基准处理数据。

9.1.2 变形监测项目

工业与民用建筑变形监测项目应根据工程需要按表 9.1 选择。

表 9.1 工业与民用建筑变形监测项目

<table>
<tr><th colspan="2">项　目</th><th colspan="2">主要监测内容</th><th>备注</th></tr>
<tr><td colspan="2">场　地</td><td colspan="2">垂直位移</td><td>建筑施工前</td></tr>
<tr><td rowspan="8">基坑</td><td rowspan="5">支护边坡</td><td rowspan="2">不降水</td><td>垂直位移</td><td rowspan="2">回填前</td></tr>
<tr><td>水平位移</td></tr>
<tr><td rowspan="3">降水</td><td>垂直位移</td><td rowspan="3">降水期</td></tr>
<tr><td>水平位移</td></tr>
<tr><td>地下水位</td></tr>
<tr><td rowspan="3">地基</td><td colspan="2">基坑回弹</td><td>基坑开挖期</td></tr>
<tr><td colspan="2">分层地基土沉降</td><td>主体施工前、竣工初期</td></tr>
<tr><td colspan="2">地下水位</td><td>降水期</td></tr>
<tr><td rowspan="6">建筑</td><td rowspan="2">基础变形</td><td colspan="2">基础沉降</td><td rowspan="2">主体施工前、竣工初期</td></tr>
<tr><td colspan="2">基础倾斜</td></tr>
<tr><td rowspan="4">主体变形</td><td colspan="2">水平位移</td><td rowspan="2">竣工初期</td></tr>
<tr><td colspan="2">主体倾斜</td></tr>
<tr><td colspan="2">建筑裂缝</td><td>发现裂缝初期</td></tr>
<tr><td colspan="2">日照变形</td><td>竣工后</td></tr>
</table>

9.1.3 变形观测的精度要求

变形测量的等级划分及精度要求的具体确定，应根据设计、施工给定的或有关规范规定的建筑变形允许值，并顾及建筑结构类型、地基土的特征等因素进行选择，变形测量的等级划分与精度要求应符合表 9.2 的规定。

表 9.2 变形测量的等级划分与精度要求

<table>
<tr><th rowspan="2">变形测量等级</th><th colspan="2">垂直位移</th><th>水平位移</th><th rowspan="2">适用范围</th></tr>
<tr><th>变形点高程中误差/mm</th><th>变形点高差中误差/mm</th><th>变形点点位中误差/mm</th></tr>
<tr><td>一级</td><td>±0.3</td><td>±0.1</td><td>±1.5</td><td>变形特别敏感的高层，高耸建、构筑物，精密工程设施，地下管线等</td></tr>
<tr><td>二级</td><td>±0.5</td><td>±0.3</td><td>±3.0</td><td>变形比较敏感的高层，高耸建、构筑物，重要工程设施，地下管线，隧道拱顶下沉，结构收敛等</td></tr>
<tr><td>三级</td><td>±1.0</td><td>±0.5</td><td>±6.0</td><td>一般性高层、高耸构筑物、地下管线等</td></tr>
<tr><td>四级</td><td>±2.0</td><td>±1.0</td><td>±12.0</td><td>观测精度要求低的建、构筑物，地下管线等</td></tr>
</table>

9.2 网点的布设

9.2.1 变形监测网的网点

变形监测网的网点，宜分为基准点、工作基点和变形观测点。其布设应符合下列要求。

(1) **基准点** 应选在变形影响区域之外稳固可靠的位置。每个工程至少应有3个基准点。大型的工程项目，其水平位移基准点应采用带有强制归心装置的观测墩，垂直位移基准点宜采用双金属标或钢管标。

(2) **工作基点** 应选在比较稳定且方便使用的位置。设立在大型工程施工区域内的水平位移监测工作基点宜采用带有强制归心装置的观测墩，垂直位移监测工作基点可采用钢管标。对通视条件较好的小型工程，可不设立工作基点，在基准点上直接测定变形观测点。

(3) **变形观测点** 应设立在能反映监测体变形特征的位置或监测断面上，监测断面一般分为：关键断面、重要断面和一般断面。需要时，还应埋设一定数量的应力、应变传感器。

9.2.2 水准基点布设

(1) **水准基点的布设** 建筑的沉降观测是根据建筑附近的水准点进行的，所以这些水准点必须坚固稳定。为了对水准点进行相互校核，防止其本身产生变化，水准点的数目应尽量不少于3个，以组成水准网。对水准点要定期进行高程检测，以保证沉降观测成果的正确性。在布设水准点时应考虑下列因素：

① 水准点应尽量与观测点接近，其距离不应超过100m，以保证观测的精度；

②水准基点必须设置在建筑或构筑物基础沉降影响范围以外，并且避开交通管线、机械振动区以及容易破坏标石的地方，埋设深度至少应在冰冻线以下0.5m；

③ 离开公路、铁路、地下管道和滑坡至少5m。避免埋设在低洼易积水处及松软土地带；

④ 为防止水准点受到冻胀的影响，水准点的埋设深度至少要在冰冻线下0.5m。

在一般情况下，可以利用工程施工时使用的水准点，作为沉降观测的水准基点。如果由于施工场地的水准点离建筑较远或条件不好，为了便于进行沉降观测和提高精度，可在建筑附近另行埋设水准基点。

(2) 水准点的形式与埋设 沉降观测水准点的形式与埋设要求，一般与三、四等水准点相同，但也应根据现场的具体条件、沉降观测在时间上的要求等决定。

当观测急剧沉降的建筑和构筑物时，若建造水准点已来不及，可在已有房屋或结构物上设置标志作为水准点，但这些房屋或结构物的沉降必须证明已经达到终止。在山区建设中，建筑附近常有基岩，可在岩石上凿一洞，用水泥砂浆直接将金属标志嵌固于岩层之中，但岩石必须稳固。当场地为砂土或其他不利情况下，应建造深埋水准点或专用水准点。

9.2.3 观测点的布设

沉降观测点的布设应能全面反映建筑的地基变形特征，并结合地质情况以及建筑结构特点确定。观测点宜选择在下列位置进行布设：

① 建筑的四角、大转角处及沿外墙每10～15m处或每隔2～3根柱基上；

② 高低层建筑、新旧建筑、纵横墙等交接处的两侧；

③ 建筑裂缝和沉降缝两侧、基础埋深相差悬殊处、人工地基与天然地基接壤处、不同结构的分界处以及填挖方分界处；

④ 宽度大于等于15m或小于15m而地质复杂以及膨胀土地区的建筑，在承重内隔墙中部设内墙点，在室内地面中心及四周设地面点；

⑤ 邻近堆置重物处、受震动影响的部位及基础下的暗沟处；

⑥ 框架结构建筑的每个或部分柱基上或沿纵横轴线设点；

⑦ 片筏基础、箱形基础底板或接近基础的结构部分之四角处及其中部位置；

⑧ 重型设备基础和动力设备基础的四角、基础形式或埋深改变处以及地质条件变化处两侧；

⑨ 电视塔、烟囱、水塔、油罐、炼油塔、高炉等高耸建筑，沿周边在与基础轴线相交的对称位置上布点，点数不少于4个。

9.2.4 观测点的形式与埋设

(1) 民用建筑沉降观测点的形式和埋设 民用建筑沉降观测点，一般设置在外墙勒脚处。观测点埋在墙内的部分应大于露出墙外部分的5～7倍，以便保持观测点的稳定性。常用观测点如下。

① 预制墙式观测点。混凝土预制，大小为普通黏土砖规格的1～3倍，中间嵌以角钢，角钢棱角向上，并在一端露出50mm。在砌砖墙勒脚时，将预制块砌入墙内，角钢露出端与墙面夹角为50°～60°，如图9.1所示。

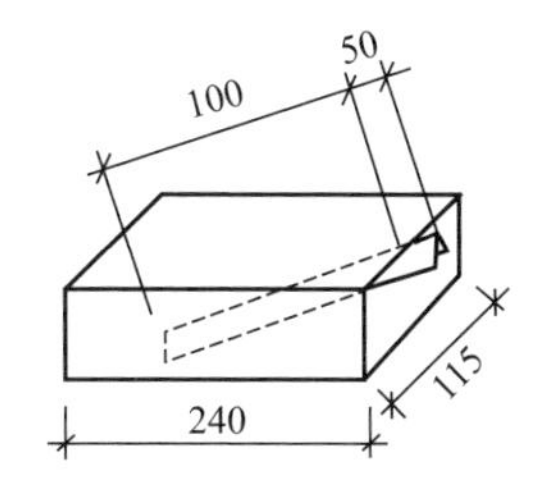

图9.1 预制墙式观测点

② 如图9.2所示，利用直径20mm的钢筋，一端弯成90°角，一端制成燕尾形埋入墙内。

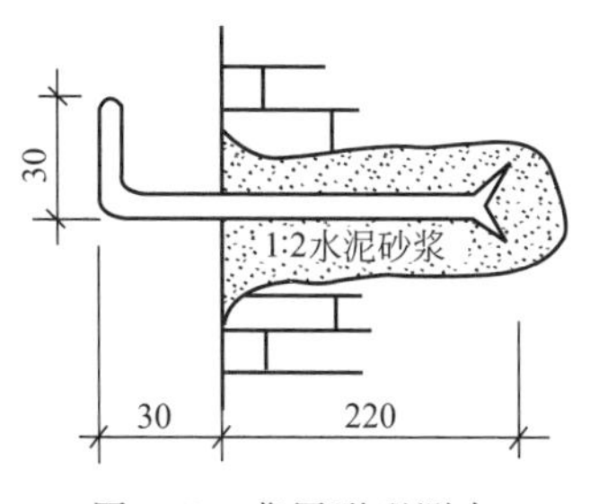

图9.2 燕尾形观测点

③ 如图9.3所示，用长120mm的角钢，在一端焊一铆钉头，另一端埋入墙内，并以1∶2水泥砂浆填实。

(2) 设备基础观测点的形式和埋设 一般利用铆钉或钢筋来制作，然后将其埋入混凝土内，其形式如下。

① 垫板式。如图9.4（a）所示，用长约60mm、直径20mm的铆

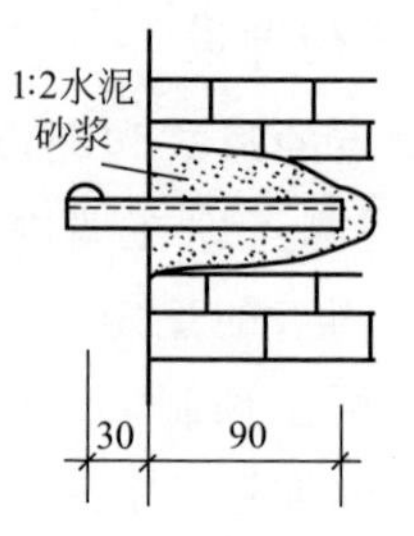

图 9.3　角钢埋设观测点

钉，下焊 40mm×40mm×5mm 的钢板。

② 弯钩式。如图 9.4（b）所示，将长约 100mm、直径 20mm 的铆钉一端弯成直角。

③ 燕尾式。如图 9.4（c）所示，将长 80～100mm、直径 20mm 的铆钉，在尾部中间劈开，做成夹角为 30°左右的燕尾形。

④ U 字式。如图 9.4（d ）所示，用直径 20mm，长 220mm 左右的钢筋弯成 U 形，倒埋在混凝土中。

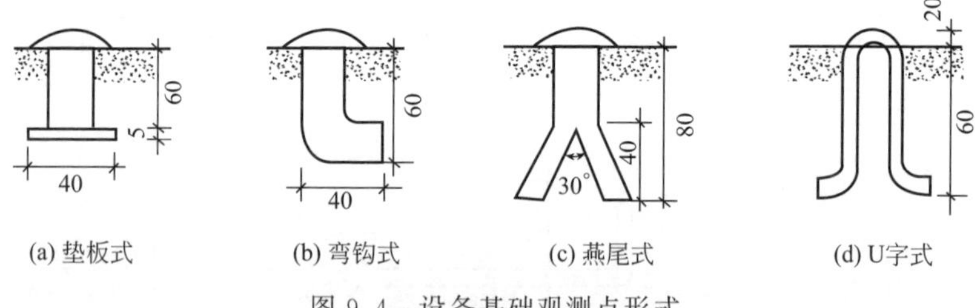

图 9.4　设备基础观测点形式

如观测点使用期长，应埋设有保护盖的永久性观测点，如图 9.5 (a)所示。对于一般工程，如因施工紧张而观测点加工不及时，可用直径 20～30mm 的铆钉或钢筋头（上部锉成半球状）埋置于混凝土中作为观测点，如图 9.5（b）所示。

在埋设观测点时应注意下列事项。

① 铆钉或钢筋埋在混凝土中露出的部分，不宜过高或太低，高了易被碰斜撞弯；低了不易寻找，而且水准尺置在点上会与混凝土面接触，影响观测质量。

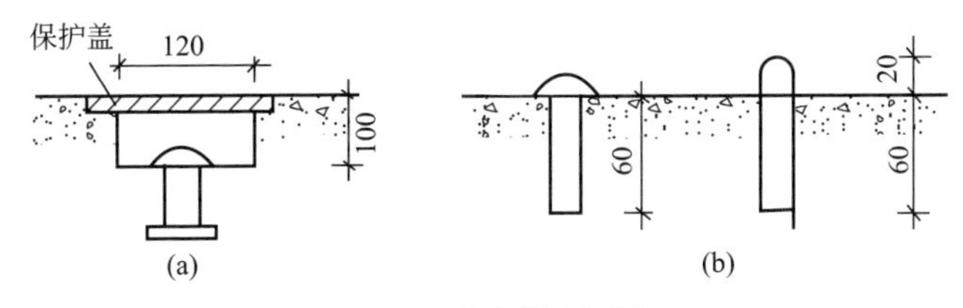

图 9.5　永久性观测点

② 观测点应垂直埋设，与基础边缘的间距不得小于 50mm，埋设后将四周混凝土压实，待混凝土凝固后用红油漆编号。

③ 埋点应在基础混凝土将达到设计标高时进行。如混凝土已凝固须增设观测点时，可用钢凿在混凝土面上确定的位置凿一洞，将标志埋入，再以 1∶2 水泥砂浆灌实。

(3) 柱基础及柱身观测点的形式和埋设　柱基础沉降观测点的型式和埋设方法与设备基础相同。但是当柱子安装后进行二次灌浆时，原设置的观测点将被砂浆埋掉，因而必须在二次灌浆前，及时在柱身上设置新的观测点。柱身观测点的型式及设置方法如下。

① 钢筋混凝土柱。用钢凿在柱子±0 标高以上 10～50cm 处凿洞（或在预制时留孔），将直径 20mm 以上的钢筋或铆钉，制成弯钩形，平向插入洞内，再以 1∶2 水泥砂浆填实，如图 9.6（a）所示，也可采用角钢作为标志，埋设时使其与柱面成 50°～60°的倾斜角，如图 9.6（b）所示。

② 钢柱。将角钢的一端切成使脊背与柱面成 50°～60°的倾斜角，将此端焊在钢柱上，如图 9.7（a）所示。或者将铆钉弯成钩形，将其一端焊在钢柱上，如图 9.7（b）所示。

在柱子上设置新的观测点时应注意以下事项。

① 新的观测点应在柱子校正后二次灌浆前，将高程引测至新的观测点上，以保持沉降观测的连贯性。

② 新旧观测点的水平距离不应大于 1.5m，以保证新旧点的观测成果的相互联系。新旧点的高差不应大于 1.5m，以免由旧点高程引测于新点时，因增加转点而产生误差。

③ 观测点与柱面应有 30～40mm 的空隙，以便于放置水准尺。

④ 在混凝土柱上埋标时，埋入柱内的长度应大于露出的部分，以

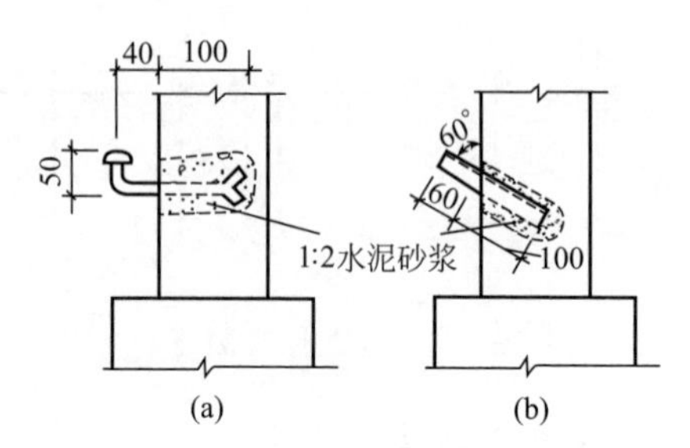

图 9.6 钢筋混凝土柱观测点

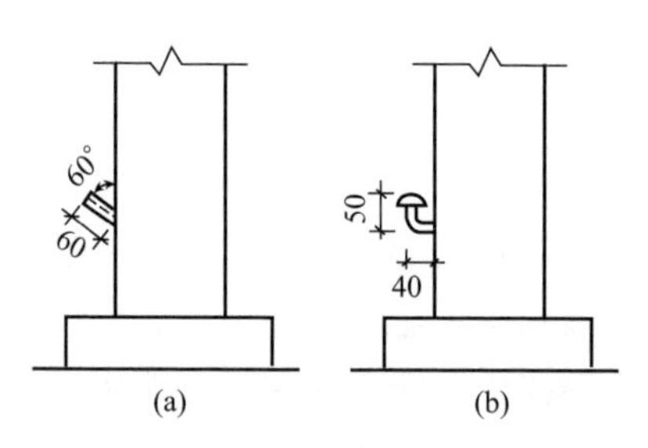

图 9.7 钢柱观测点

保证点位的稳定。

9.3 建筑沉降观测

在建筑的施工过程中，随着上部结构的逐渐完成，地基荷载逐步增加，将使建筑产生下沉现象，这就要求应定期地对建筑上设置的沉降观测点进行水准测量，测得其与水准基点之间的高差变化值，分析这些变化值的变化规律，从而确定建筑的下沉量及下沉规律，这就是建筑的沉降观测。

9.3.1 沉降观测的基本要求

(1) 工作内容和范围 沉降测量根据不同观测对象确定工作内容和范围，应符合下列规定：

① 建筑沉降观测应测定其地基的沉降量、沉降差，并计算沉降速度和建筑的倾斜度；

② 基坑回弹观测应测定在基坑开挖后，由于卸除地基土自重而引

起的基坑内外影响范围内相对于开挖前的回弹量；

③ 地基土分层沉降观测应测定地基内部各分层土的沉降量、沉降速度以及有效压缩层的厚度；

④ 建筑场地沉降观测，应分别测定建筑相邻影响范围之内的相邻地基沉降，以及与建筑相邻影响范围之外的场地地面沉降。

(2) 沉降观测的周期数 沉降观测的时间和次数，应根据工程性质、工程进度、地基土质情况及基础荷重增加情况等决定。

① 在施工期间沉降观测次数。沉降观测周期宜符合下列规定。

a. 当埋设的沉降观测点稳固后，在建筑主体开工之前，进行第一次观测。

b. 在建筑主体施工过程中，一般每盖1～2层观测一次。

c. 施工过程中如暂时停工，在停工时及重新开工时应各观测一次。停工期间，可每隔2～3个月观测一次。

d. 较大荷重增加前后，均应进行观测。如基础浇灌、回填土、安装柱子、房架、设备安装、设备运转、工业炉砌筑期间、烟囱每增加15m左右等。

e. 在观测过程中，如果基础附近地面荷载突然增减、基础四周大量积水、长时间连续降雨等情况，应及时增加观测次数。当建筑突然发生大量沉降、不均匀沉降或严重裂缝时，应立即进行逐日或几天一次的连续观测。

② 结构封顶至工程竣工。沉降观测周期宜符合下列规定。

a. 均匀沉降且连续三个月内平均沉降量不超过1mm时，每三个月观测一次。

b. 连续两次每三个月平均沉降量不超过2mm时，每六个月观测一次。

c. 外界发生剧烈变化时应及时观测。

d. 交工前观测一次。

e. 交工后建设单位应每六个月观测一次，直至基本稳定（1mm/100d）为止。

工业厂房或多层民用建筑的沉降观测总次数，不应少于5次。竣工后的观测周期，可根据建筑的稳定情况确定。

(3) 沉降观测工作的要求 沉降观测是一项较长期的系统观测工作，为了保证观测成果的正确性，应尽可能做到：

① 固定人员观测和整理成果；

② 使用固定的水准仪及水准尺；

③ 使用固定的水准点；

④ 按规定的日期、方法及路线进行观测。

(4) 对使用仪器的要求 水准测量所使用的仪器及水准尺，应符合下列规定。

① 水准仪视准轴与水准管轴的夹角 i：DS05 型不应超过 10″；DS1 型不应超过 15″；DS3 型不应超过 20″。

② 补偿式自动安平水准仪的补偿误差 Δa：对于二等水准不应超过 0.2″；三等不应超过 0.5″。

③ 水准尺上的米间隔平均长与名义长之差：对于铟瓦水准尺，不应超过 0.15mm；对于条形码尺，不应超过 0.10mm；对于木质双面水准尺，不应超过 0.5mm。

(5) 测站作业规定 沉降观测要求较高，应遵守下列规定：

① 观测应在成像清晰、稳定时进行；

② 仪器离前、后视水准尺的距离要用皮尺丈量，或用视距法测量，视距一般不应超过 50m。前后视距应尽可能相等；

③ 前、后视观测最好用同一根水准尺；

④ 前视各点观测完毕以后，应回视后视点，最后应闭合于水准点上。

9.3.2 沉降观测的精度要求

(1) 沉降监测网 应布设成闭合环、结点网或附合路线，其主要技术要求和测量方法应符合表 9.3 的规定。

表 9.3 沉降监测网主要技术要求和测量方法

等级	相邻基准点高差中误差/mm	每站高差中误差/mm	往返较差附合或环线闭合差/mm	检测已测高差较差/mm	使用仪器、观测方法及要求
一等	±0.3	±0.07	$\pm 0.15\sqrt{n}$	$0.2\sqrt{n}$	DS05 型仪器，宜按国家一等水准测量的技术要求施测

续表

等级	相邻基准点高差中误差/mm	每站高差中误差/mm	往返较差附合或环线闭合差/mm	检测已测高差较差/mm	使用仪器、观测方法及要求
二等	±0.5	±0.13	$\pm0.30\sqrt{n}$	$0.5\sqrt{n}$	DS05型仪器，宜按国家一等水准测量的技术要求施测
三等	±1.0	±0.30	$\pm0.60\sqrt{n}$	$0.8\sqrt{n}$	DS05或DS1型仪器，宜按国家二等水准测量的技术要求施测
四等	±2.0	±0.70	$\pm1.40\sqrt{n}$	$2.0\sqrt{n}$	DS1或DS3型仪器，宜按国家三等水准测量的技术要求施测

（2）观测方法　沉降观测应采用几何水准测量或液体静力水准测量等方法进行。沉降观测点的精度等级和观测方法，应根据工程需要的观测等级确定并符合表9.4的规定。

表9.4　沉降观测点的精度等级和观测方法

等级	高程中误差/mm	相邻点高差中误差/mm	往返较差及附合或环线闭合差/mm	观测方法及使用仪器
一等	±0.3	±0.15	$\pm0.15\sqrt{n}$	按国家一等精密水准测量，使用DS05水准仪、精密液体静力水准测量，微水准测量等
二等	±0.5	±0.30	$\pm0.30\sqrt{n}$	按国家一等精密水准测量，使用DS05型水准仪、精密液体静力水准测量等
三等	±1.0	±0.50	$\pm0.60\sqrt{n}$	按国家二等水准测量，使用DS05或DS1型水准仪、液体静力水准测量
四等	±2.0	±1.00	$\pm1.40\sqrt{n}$	按国家三等水准测量，使用DS05或DS1型水准仪

（3）测站限差　使用精密水准仪光学测微法按后—前—前—后的顺序进行观测，观测应在成像清晰、稳定时进行，有多个前视观测点时前视各点观测完毕以后，应回测后视点，最后应闭合于水准点上。一个测站上观测限差如表9.5所示。

表9.5　一个测站上观测限差

项目＼类别	高精度	较高精度	中精度
视线长度/m	≤20	≤30	≤40

续表

项目 \ 类别	高精度	较高精度	中精度
前后视距差/m	≤0.5	≤0.5	≤1.0
前后视距累计差/m	≤1.5	≤1.5	≤3.0
视线离地面高度/m	≥0.5	≥0.5	≥0.5
基辅分划读数差/mm	≤0.2	≤0.3	≤0.4
基辅分划所测高差之差/mm	≤0.3	≤0.4	≤0.6

9.3.3 沉降观测的方法

(1) 确定沉降观测的路线 在进行沉降观测时，因施工的影响，造成通视困难。因此对观测点较多的建筑进行沉降观测前，应到现场进行规划，确定安置仪器的位置，选定若干较稳定的沉降观测点或其他固定的、能起到转点作用的作为临时水准点，并与永久水准点组成环路。最后，应根据选定的临时水准点、设置仪器的位置以及观测路线，绘制沉降观测路线图，如图 9.8 所示。

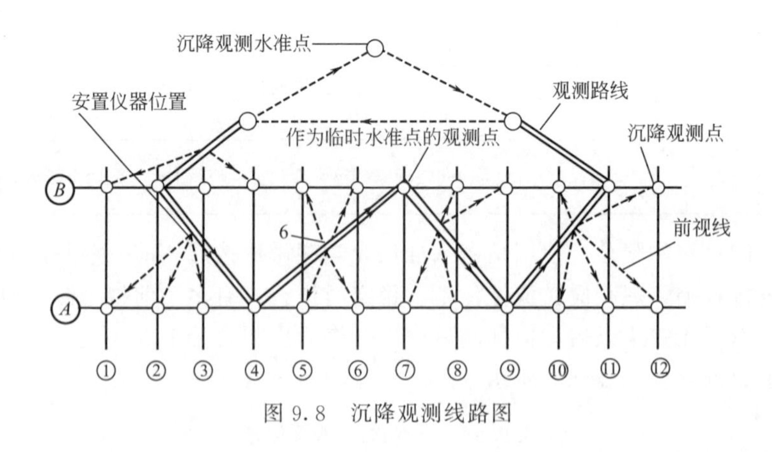

图 9.8 沉降观测线路图

采用这种方法进行沉降测量，不仅避免了寻找设置仪器位置的麻烦，加快施测进度，而且由于路线固定，比任意选择观测路线可以提高沉降测量的精度。

注意

必须在测定临时水准点高程的同一天内同时观测其他沉降观测点。

(2) 沉降观测点的首次高程测定 沉降观测点首次观测的高程值是以后各次观测的根据，因此必须提高初测精度。最好采用精密水准仪进行首次高程测定。同时每个沉降观测点首次高程，应在同期进行两次观测后确定。

(3) 沉降观测方法 在进行沉降观测前，应首先把水准基点布设成闭合水准路线或附合水准路线，以便检查水准基点的高程是否发生变化，在保证水准基点高程没有变化的情况下，再进行沉降观测。

对于建筑比较少或者测区较小的地方，可以将水准基点和沉降观测点组合成单一层次的闭合水准路线或附合水准路线形式；对于建筑比较多或测区较大的地方，可以先将水准基点组成高程控制网，然后再把沉降观测点和水准基点组成扩展网，高程控制网一般组合成闭合水准路线形式或者附合水准路线形式。

进行沉降观测时先后视水准基点，接着依次前视各沉降观测点，最后再次后视该水准基点。一般对于高层建筑的沉降观测应采用 DS1 精密水准仪，按国家二等水准测量方法进行，其水准路线的闭合差不应超过$\pm1.0\sqrt{n}$mm(n 为测站数)，同一后视点两次后视读数之差不应超过$\pm$1mm；对于多层建筑的沉降观测，可采用 DS3 水准仪，用普通水准测量的方法进行，其水准路线的闭合差不应超过$\pm2.0\sqrt{n}$mm(n 为测站数)，同一后视点两次后视读数之差不应超过$\pm$2mm。

9.3.4 沉降观测的成果整理

(1) 整理原始记录 每次观测结束后应检查记录的数据和计算是否正确，精度是否合格，然后调整高差闭合差，推算出各沉降观测点的高程，并填入表 9.6 中。

表 9.6 沉降观测记录表

观测次数	观测时间	各观测点的沉降情况							施工进展情况	荷载情况 /(t/m²)
		1			2			3		
		高程 /m	本次下沉 /mm	累积下沉 /mm	高程 /m	本次下沉 /mm	累积下沉 /mm	…		
1	1998.02.10	40.354	0	0	40.373	0	0	…	上一层楼板	
2	03.22	40.350	−4	−4	40.368	−5	−5	…	上三层楼板	45
3	04.17	40.345	−5	−9	40.365	−3	−8	…	上五层楼板	65
4	05.12	40.341	−4	−13	40.361	−4	−12	…	上七层楼板	75
5	06.06	40.338	−3	−16	40.357	−4	−16	…	上九层楼板	85
6	07.31	40.334	−4	−20	40.352	−5	−21	…	主体完	115
7	09.30	40.331	−3	−23	40.348	−4	−25	…	竣工	
8	12.06	40.329	−2	−25	40.347	−1	−26	…	使用	
9	1999.02.16	40.327	−2	−27	40.346	−1	−27	…		
10	05.10	40.326	−1	−28	40.344	−2	−29	…		
11	08.12	40.325	−1	−29	40.343	−1	−30	…		
12	12.20	40.325	0	−29	40.343	0	−30	…		

(2) 计算沉降量 计算内容和方法如下。

① 计算各沉降观测点的本次沉降量：

沉降观测点的本次沉降量＝本次观测所得的高程－上次观测所得的高程

② 计算累积沉降量：

累积沉降量＝本次沉降量＋上次累积沉降量

将计算出来的各沉降观测点的本次沉降量、累积沉降量和观测日期、荷载等情况填入表 9.6 中。

(3) 绘制沉降曲线 为了更好地反映每个沉降观测点随时间和荷载的增加，观测点的沉降量的变化，并进一步估计沉降发展的趋势以及沉降过程是否渐趋稳定或者已经稳定，还要绘制时间 t 与累积沉降量 s 的关系曲线和时间 t 与荷载 p 的关系曲线，如图 9.9 所示。

① 绘制时间 t 与沉降量 s 的关系曲线。首先，以沉降量 s 为纵轴，以时间 t 为横轴，组成直角坐标系。然后，以每次累积沉降量为纵坐标，以每次观测日期为横坐标，标出沉降观测点的位置。最后，用曲线将标出的各点连接起来，并在曲线的一端注明沉降观测点号码，绘制出时间与沉降量关系曲线。

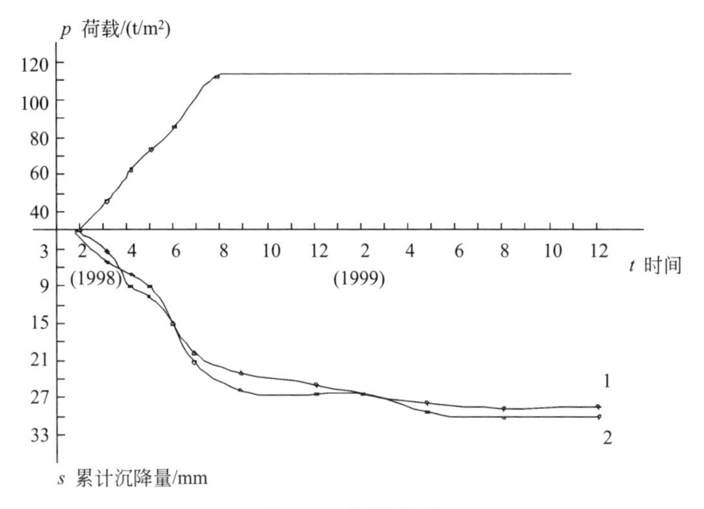

图 9.9 沉降曲线

② 绘制时间与荷载关系曲线。首先，以荷载 p 为纵轴，以时间 t 为横轴，组成直角坐标系。再根据每次观测时间和相应的荷载标出各点，将各点连接起来，即可绘制出如图 9.9 所示的时间与荷载关系曲线。

9.3.5 沉降观测中常遇到的问题及其处理

在沉降观测工作中常遇到一些矛盾现象，并从沉降与时间关系曲线上表现出来。对于这些问题，必须分析产生的原因，予以合理的处理。

(1) 曲线在第二次观测后发生回升现象 在第二次观测时发现曲线上升，至第三次后，曲线又逐渐下降。

① 产生原因。发生此种现象，一般都是由于初测精度不高，而使观测成果存在较大误差所引起的。

② 处理方法。在处理这种情况时，如曲线回升超过 5mm，应将第一次观测成果作废，而采用第二次观测成果作为初测成果；如曲线回升在 5mm 之内，则可调整初测标高与第二次观测标高一致。

(2) 曲线中间突然回升 曲线在中间某点产生突然回升现象。

① 产生原因。一般是因为水准点或观测点被碰动导致的，而且只有当水准点碰动后低于被碰前的标高及观测点被碰后高于被碰前的标高

时，才有出现回升现象的可能。

水准点或观测点被碰撞，其外形必有损伤，比较容易发现。

② 处理方法。如水准点被碰动时，可改用其他水准点来继续观测。

a. 如观测点被碰后已活动，则需另行埋设新点。

b. 若碰后点位尚牢固，则可继续使用。但因为标高改变，对这个问题必须进行合理的处理，其办法是：选择结构、荷重及地质等条件都相同的邻近另一沉降观测点，取该点在同一期间内的沉降量，作为被碰观测点之沉降量。

(3) 曲线自某点起渐渐回升 沉降曲线应该逐渐向下的，渐渐回升不是客观现象。

① 产生原因。一般是水准点下沉。如采用设置于建筑上的水准点，由于建筑尚未稳定而下沉；或者新埋设的水准点，由于埋设地点不当，时间不长，以致发生下沉现象。水准点是逐渐下沉的，而且沉降量较小，但建筑初期沉降量较大，即当建筑沉降量大于水准点沉降量时，曲线不发生回升。到了后期，建筑下沉逐渐稳定，如水准点继续下沉，则曲线就会发生逐渐回升现象。

② 处理方法。在选择或埋设水准点时，特别是在建筑上设置水准点时，应保证其点位的稳定性。如已查明确系水准点下沉而使曲线渐渐回升的，则应测出水准点的下沉量，以便修正观测点的标高。

(4) 曲线的波浪起伏现象 曲线在后期呈现波浪起伏现象，此种现象在沉降观测中最常遇到。

① 产生原因。测量误差所造成的。曲线在前期波浪起伏不突出，是因下沉量大于测量误差，但到后期，由于建筑下沉极微或已接近稳定，因此在曲线上就出现测量误差比较突出的现象。

② 处理方法。根据整个情况进行分析，决定自某点起，将波浪形曲线改成为水平线。

(5) 曲线中断现象 曲线在某点发生断开现象。

① 产生原因。由于沉降观测点开始是埋设在柱基础面上进行观测，在柱基础二次灌浆时没有埋设新点并进行观测；或者由于观测点被碰毁，后来设置之观测点绝对标高不一致，而使曲线中断。

② 处理方法。为了将中断曲线连接起来，可按照处理曲线在中间

某点突然回升现象的办法，估求出未做观测期间的沉降量；并将新设置的沉降点不计其绝对标高，而取其沉降量，一并加在旧沉降点的累计沉降量中去，如图 9.10 所示。

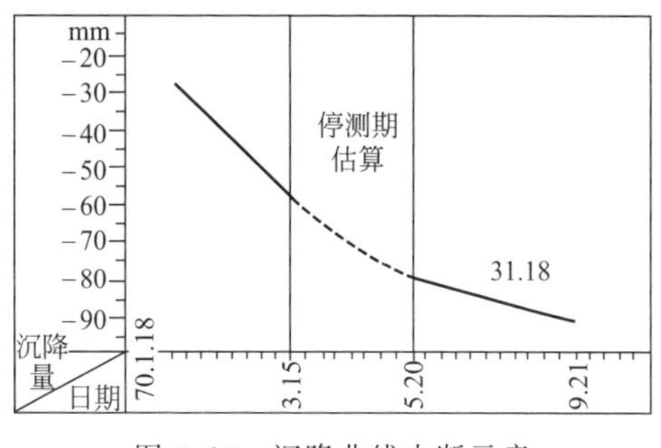

图 9.10 沉降曲线中断示意

9.4 建筑位移观测

9.4.1 观测内容

位移测量根据不同观测项目来确定具体工作内容，应符合下列规定：

① 水平位移观测应测定建筑地基基础等在规定平面位置上随时间变化的位移量和位移速度；

② 主体倾斜观测应测定建筑顶部相对于底部或上层相对于下层的水平位移和高差，分别计算整体或分层的倾斜度、倾斜方向及倾斜速度；

③ 日照变形观测应测定建筑上部由于向阳面与背阳面温度引起的偏移及其变化规律；

④ 挠度观测应测定其挠度值及挠曲程度；

⑤ 裂缝观测应测定建筑上裂缝的分布位置、走向、长度、宽度及其变化程度；

⑥ 滑坡观测应测定滑坡的周界、面积、滑动量、滑移方向、主滑线及滑动速度，并视需要进行滑坡预报。

9.4.2 水平位移监测网及精度要求

(1) 水平位移监测网 可采用建筑基准线、三角网、边角网、导线网等形式，宜采用独立坐标系统，并进行一次布网。

① 控制点的埋设应符合下列规定：

a. 基准点应埋设在变形影响范围以外，坚实稳固，便于保存处；

b. 通视良好，便于观测与定期检验；

c. 宜采用有强制归心装置的观测墩，照准标志宜采用有强制对中装置的觇牌。

② 水平位移变形观测点，应布设在建筑的下列部位：

a. 建筑的主要墙角和柱基上以及建筑沉降缝的顶部和底部；

b. 当有建筑裂缝时，还应布设在裂缝的两边；

c. 大型构筑物的顶部、中部和下部。

(2) 水平位移监测网的主要技术要求 应符合表9.7的规定。

表9.7 水平位移监测网的主要技术要求

等级	相邻基准点的点位中误差/mm	平均边长/m	测角中误差/(″)	测边中误差	水平角观测测回数	
					1″级经纬仪	2″级经纬仪
一等	1.5	≤300	0.7	≤1/300000	12	—
		≤200	1.0	≤1/200000	9	—
二等	3.0	≤400	1.0	≤1/200000	9	—
		≤200	1.8	≤1/100000	6	9
三等	6.0	≤450	1.8	≤1/100000	6	9
		≤350	2.5	≤1/80000	4	6
四等	12.0	≤600	2.5	≤1/80000	4	6

9.4.3 基准线法测定建筑的水平位移

当要测定某大型建筑的水平位移时，可以根据建筑的形状和大小，布设各种形式的控制网进行水平位移观测，当要测定建筑在某一特定方向上的位移量时，这时可以在垂直于待测定的方向上建立一条基准线，定期地测量观测标志偏离基准线的距离，就可以了解建筑的水平位移情况。

建立基准线的方法有视准线法、引张线法和激光准直法。

(1) 视准线法 由经纬仪的视准面形成基准面的基准线法，称为视准线法。视准线法又分为直接观测法、角度变化法（即小角法）和移位法（即活动觇牌法）三种。

① 基本要求。采用视准线法进行水平位移观测宜符合下列规定：

a. 应在建筑的纵、横轴（或平行纵、横轴）方向线上埋设控制点；

b. 视准线上应埋设三个控制点，间距不小于控制点至最近观测点间的距离，且均应在变形区以外；

c. 观测点偏离基准线的距离不应大于 20mm；

d. 采用经纬仪、全站仪、电子经纬仪投点法和小角度法时，应对仪器竖轴倾斜进行检验。

② 直接观测法。可采用 J2 级经纬仪正倒镜投点的方法直接求出位移值，简单且直接，为常用的方法之一，如图 9.11 所示。

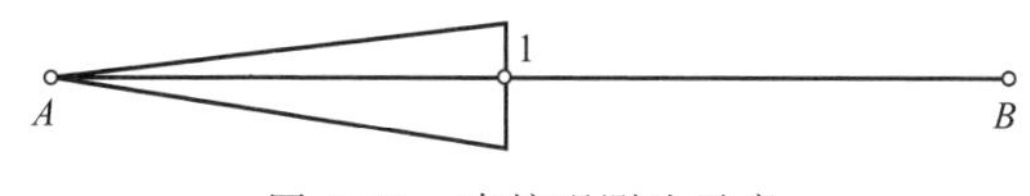

图 9.11 直接观测法示意

仪器安置在控制点 A，正镜瞄准控制点 B，投影至观测点 1，用小钢皮尺直接读数；倒镜再瞄准 B，投影至 1 再读数，取两读数的平均值，即观测点 1 的水平位移值。

③ 小角法。小角法是利用精密光学经纬仪，精确测出基准线与置镜端点到观测点视线之间所夹的角度。由于这些角度很小，观测时只用旋转水平微动螺旋即可。

如图 9.12 所示，A、B、C 为控制点，M 为观测点。控制点必须埋设牢固稳定的标桩，每次观测前对所使用的控制点应进行检查，以防止其变化。建筑上的观测点标志要牢固、明显。

设第一次在 A 点所测之角度为 β_1，第二次测得之角度为 β_2，两次观测角度的差数 $\beta=\beta_2-\beta_1$，d 为测站点到照准点之间的距离，则观测标志偏离基准线的横向偏差 δ 为：

$$\delta=\frac{\beta''}{\rho''}\times d \tag{9.1}$$

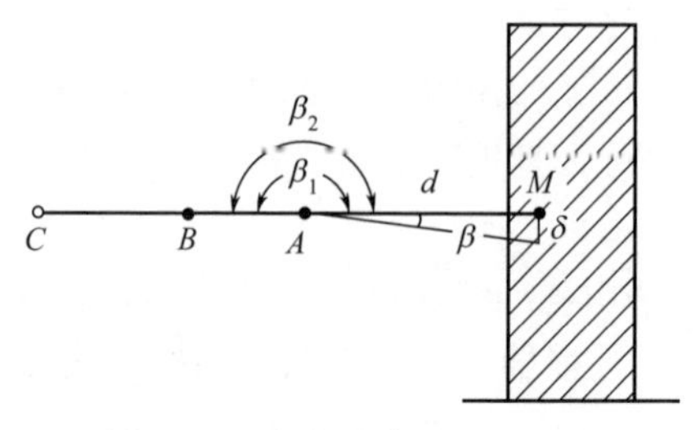

图 9.12 小角法位移观测示意

④ 活动觇牌法。该法是直接利用安置在观测点上的活动觇牌来测定偏离值。其专用仪器设备为精密视准仪、固定觇牌和活动觇牌。

施测步骤如下。

a. 将视准仪安置在基准线的端点上，将固定觇牌安置在另一端点上。

b. 将活动觇牌仔细地安置在观测点上，视准仪瞄准固定觇牌后，将方向固定下来，然后由观测员指挥观测点上的工作人员移动活动觇牌，待觇牌的照准标志刚好位于视线方向上时，读取活动觇牌上的读数。然后再移动活动觇牌从相反方向对准视准线进行第二次读数，每定向一次要观测四次，即完成一个测回的观测。

c. 在第二测回开始时，仪器必须重新定向，其步骤相同，一般对每个观测点需进行往测、返测各 2～6 个测回。

(2) 引张线法 引张线法是在两固定端点之间用拉紧的金属丝作为基准线，用于测定建筑水平位移。引张线的装置由端点、观测点、测线（不锈钢丝）与测线保护管四部分组成。

在引张线法中假定钢丝两端固定不动，则引张线是固定的基准线。由于各观测点上之标尺是与建筑体固定连接的，所以对于不同的观测周期，钢丝在标尺上的读数变化值，就是该观测点的水平位移值。引张线法常用在大坝变形观测中，引张线安置在坝体廊道内，不受旁折光和外界影响，所以观测精度较高，根据生产单位的统计，三测回观测平均值的中误差可达 0.03mm。

(3) 激光准直法 激光准直法可分激光束准直法和波带板激光准直系统两类。

① 基本要求。采用激光准直法进行水平位移观测宜符合下列规定。

a. 激光器在使用前，必须进行检验校正，使仪器射出的激光束轴线、发射系统轴线和望远镜视准轴三者共轴，并使观测目标与最小激光斑共焦。

b. 对于要求具有 10^{-5}～10^{-4} 量级准直精度时，宜采用 DJ2 型激光经纬仪；对要求达到 10^{-6} 量级准直精度时，宜采用 DJ1 型激光经纬仪。

c. 对于较短距离（如数十米）的高精度准直，宜采用衍射式激光准直仪或连续成像衍射板准直仪；对于较长距离（如数百米）的高精度准直，宜采用激光衍射准直系统或衍射频谱成像及投影成像激光准直系统。

② 第一类是激光束准直法。它是通过望远镜发射激光束，在需要准直的观测点上用光电探测器接收。由于这种方法是以可见光束代替望远镜视线，用光电探测器探测激光光斑能量中心，所以常用于施工机械导向的自动化和变形观测。

③ 第二类是波带板激光准直系统，波带板是一种特殊设计的屏，它能把一束单色相干光会聚成一个亮点。波带板激光准直系统由激光器点光源、波带板装置和光电探测器或自动数码显示器三部分组成。第二类方法的准直精度高于第一类，可达 10^{-7}～10^{-6} 以上。

9.4.4 用前方交会法测定建筑的水平位移

在测定大型工程建筑（例如塔形建筑、水工建筑等）的水平位移时，可利用变形影响范围以外的控制点用前方交会法进行。

(1) 基本要求 用前方交会法进行水平位移观测应符合下列规定：

① 控制点不应少于三个，其间距不应小于交会边的长度；

② 交会角在 60°～120°范围内；

③ 当三条方向线交会形成误差三角形时，取其内心位置；

④ 同一测站上以同仪器、同盘位、同后视点进行观测；

⑤ 各测回间应转动基座 120°；

⑥ 位移值可采用观测周期之间前方交会点坐标值的变化量计算。

(2) 观测方法 如图 9.13 所示，A、B 点为相互通视的控制点，P 为建筑上的位移观测点。

仪器安置在 A 点，后视 B 点，前视 P 点，测得角∠BAP 的外角，

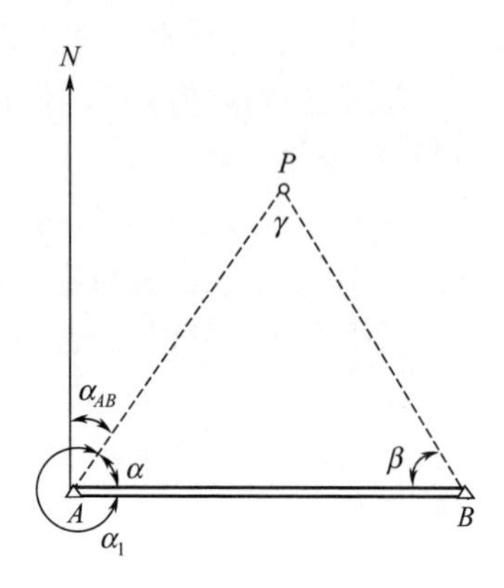

图 9.13　前方交会法示意

$\alpha=(360°-\alpha_1)$；然后，仪器安置在 B 点，后视 A 点，前视 P 点，测得 β，通过内业计算求得 P 点坐标。

当 α、β 角值变化而 P 点坐标亦随之变化，再根据公式计算其位移量。

$$\delta=\sqrt{(x_2-x_1)^2+(y_2-y_1)^2} \tag{9.2}$$

9.4.5 建筑裂缝观测

建筑发现裂缝，除了要增加沉降观测的次数外，应立即进行裂缝变化的观测。为了观测裂缝的发展情况，要在裂缝处设置观测标志。设置标志的基本要求是，当裂缝开展时标志就能相应的开裂或变化，正确地反映建筑裂缝发展情况。

其形式有下列三种。

(1) 石膏板标志　用厚 10mm，宽 50～80mm 的石膏板（长度视裂缝大小而定），在裂缝两边固定牢固。当裂缝继续发展时，石膏板也随之开裂，从而观察裂缝继续发展的情况。

(2) 白铁片标志　如图 9.14 所示，用两块白铁片，一片取 150mm×150mm 的正方形，固定在裂缝的一侧，并使其一边和裂缝的边缘对齐。另一片为 50mm×200mm，固定在裂缝的另一侧，并使其中一部分紧贴相邻的正方形白铁片。当两块白铁片固定好以后，在其表面均涂上红色油漆。如果裂缝继续发展，两白铁片将逐渐拉开，露出正方形白铁上原被覆盖没有涂油漆的部分，其宽度即为裂缝加大的宽度，可用尺子量出。

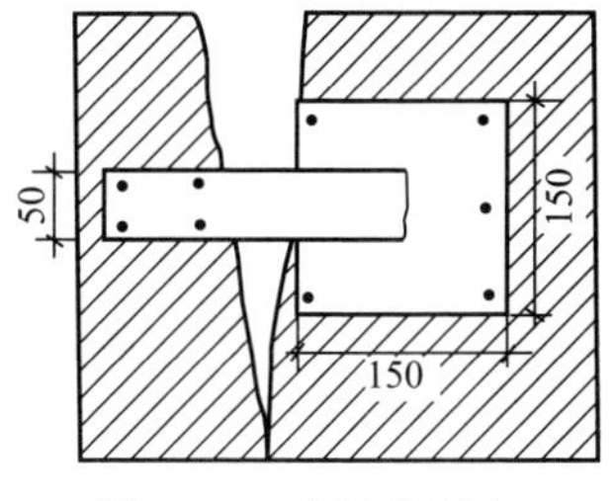

图 9.14 白铁片标志

(3) 金属棒标志 如图 9.15 所示，在裂缝两边凿孔，将长约 10cm、直径 10mm 以上的钢筋头插入，并使其露出墙外 2cm 左右，用水泥砂浆填灌牢固。在两钢筋头埋设前，应先把钢筋一端锉平，在上面刻画十字线或中心点，作为量取其间距的依据。待水泥砂浆凝固后，量出两金属棒之间的距离，并记录下来。以后如裂缝继续发展，则金属棒的间距也就不断加大。定期测量两棒之间距并进行比较，即可掌握裂缝开展情况。

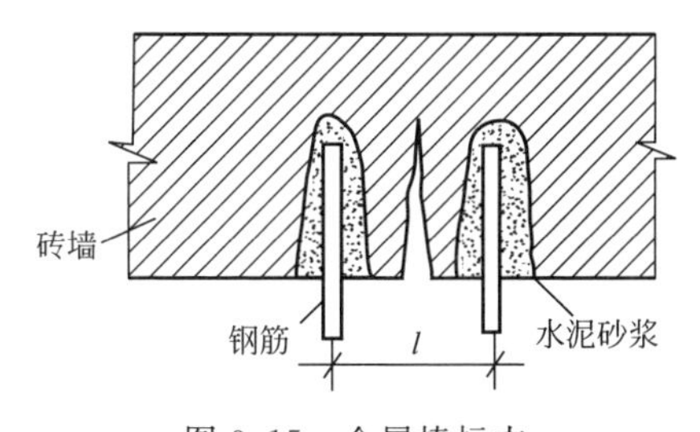

图 9.15 金属棒标志

9.4.6 建筑倾斜观测

建筑在施工和使用过程中由于某些因素的影响，可能会使建筑的基础产生不均匀沉降，这会导致建筑的上部主体结构产生倾斜，当倾斜严重时就会影响建筑的安全使用，对于这种情况应该进行倾斜观测。

(1) 一般建筑的倾斜观测 在进行观测之前，首先要在进行倾斜观测的建筑上设置上、下两点或上、中、下三点标志，作为观测点，各点应位于同一垂直视准面内。如图 9.16 所示，M、N 为观测点。

如果建筑发生倾斜，MN 将由垂直线变为倾斜线。观测时，经纬

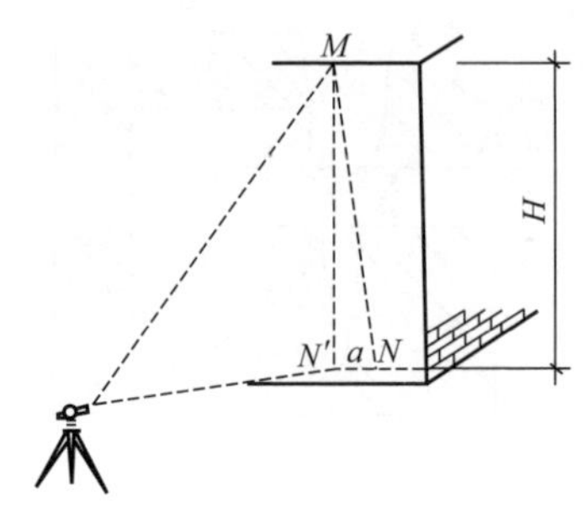

图 9.16 倾斜观测

仪的位置距离建筑应大于建筑的高度，瞄准上部观测点 M，用正倒镜法向下投点得 N'，如 N'与 N 点不重合，则说明建筑发生倾斜，以 a 表示 N'、N 之间的水平距离，i 即为建筑的倾斜值。若以 H 表示其高度，则倾斜度为：

$$i = \arctan\frac{a}{H} \tag{9.3}$$

高层建筑的倾斜观测，必须分别在互成垂直的两个方向上进行。

(2) 圆形建筑的倾斜观测 当测定圆形构筑（如烟囱、水塔、炼油塔）的倾斜度时，首先要求得顶部中心对底部中心的偏距。

如图 9.17 所示，在构筑物底部放一块木板，木板要放平放稳。用经纬仪将顶部边缘两点 A、A'投影至木板上而取其中心 A_0，再将底部边缘上的两点 B 与 B'也投影至木板上而取其中心 B_0，A_0B_0 之间的距离 a 就是顶部中心偏离底部中心的距离。

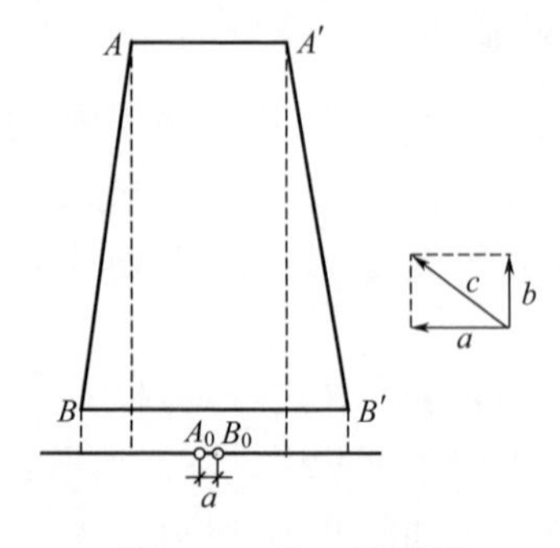

图 9.17 偏心距观测

同法可测出与其垂直的另一方向上顶部中心偏离底部中心的距离 b。再用矢量相加的方法，即可求得建筑总的偏心距即倾斜值。即：

$$c=\sqrt{a^2+b^2} \tag{9.4}$$

构筑物的倾斜度为：

$$i=\arctan\frac{c}{H} \tag{9.5}$$

参考文献

[1] GB 50026—2016 工程测量规范.
[2] DB11/T446—2015 建筑施工测量技术规程.
[3] CJJ/T8—2011 城市测量规范.
[4] 胡伍生，等. 土木工程施工测量手册. 北京：人民交通出版社，2005.
[5] 赵桂生. 建筑工程测量. 武汉：华中科技大学出版社，2010.
[6] 王光遐，等. 测量放线工岗位培训教材. 北京：中国建筑工业出版社，2004.
[7] 李峰，赵雪云. 建筑工程测量. 上海：同济大学出版社，2010.
[8] 王冰. 建筑工程测量员培训教材. 北京：中国建材工业出版社，2011.